食品加工过程安全控制丛书
Safety Control in Food Processing Series

食品热加工过程安全原理与控制

Principle and Safety Control in
Thermal Processing of Food Production

李琳 苏健裕 李冰 徐振波 编著

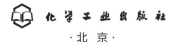

·北京·

本书是按照"什么是食品加工，食品热加工存在哪些安全问题，这些安全问题应当如何去解决"这样一条主线进行编写的。从绪论开始便贯彻这一主线，总述了整本书的主题框架和思路。第 2 章主要介绍了现代食品加工体系中的传统与新型热加工的方式、原理、应用，第 3、4 章详细论述了食品热加工过程中的三种典型化学反应（美拉德反应、焦糖化反应和抗坏血酸引起的褐变反应）和其中产生的化学危害物（晚期糖基化终末产物、丙烯酰胺、杂环胺、苯并芘等），即交代了食品热加工过程中存在哪些安全隐患。第 5 章针对第 4 章中涉及的食品热加工过程中产生的化学危害物，阐述了各种化学危害物的检测技术，为食品加工过程中的实际应用提供参考。由于解决食品热加工中的食品安全问题是一个关系重大的综合性难题，因此编者在第 6 章着重介绍了发达国家关于食品安全问题所制定的相关标准和安全体系，为我国食品安全法规、体系的完善提供相应的参考。

本书可作为从事食品科学、食品工程、粮油加工、食品检验、卫生检验、外贸商检等相关工作人员的参考书。亦可作为农业、食品、生物、环境等各学科方向的有关研究人员、专业技术工作者、食品监督检验和管理人员及相关专业院校师生的参考资料。

图书在版编目（CIP）数据

食品热加工过程安全原理与控制/李琳等编著. —北京：化学工业出版社，2016.10
国家出版基金项目
"十三五"国家重点图书
（食品加工过程安全控制丛书）
ISBN 978-7-122-28089-3

Ⅰ.①食… Ⅱ.①李… Ⅲ.①食品加工-生产过程控制　Ⅳ.①TS205

中国版本图书馆 CIP 数据核字（2016）第 219697 号

责任编辑：赵玉清　　　　　　　　文字编辑：周　偶
责任校对：王素芹　　　　　　　　装帧设计：尹琳琳

出版发行：化学工业出版社（北京市东城区青年湖南街 13 号　邮政编码 100011）
印　　刷：北京永鑫印刷有限责任公司
装　　订：三河市胜利装订厂
710mm×1000mm　1/16　印张 16¾　字数 258 千字　2017 年 3 月北京第 1 版第 1 次印刷

购书咨询：010-64518888（传真：010-64519686）　售后服务：010-64518899
网　　址：http://www.cip.com.cn
凡购买本书，如有缺损质量问题，本社销售中心负责调换。

定　　价：68.00 元　　　　　　　　　　　　　　　　　　　版权所有　违者必究

《食品加工过程安全控制丛书》
编委会名单

主任委员： 陈　坚

副主任委员： 谢明勇　李　琳　胡小松　孙远明　孙秀兰
王　硕　孙大文

编委会委员：（按汉语拼音排序）

陈　芳	陈　坚	陈　奕	陈　颖	邓启良
邓婷婷	方　芳	胡松青	胡小松	雷红涛
李　冰	李　昌	李　琳	李晓薇	李　耘
刘英菊	聂少平	皮付伟	尚晓虹	申明月
石吉勇	苏健裕	孙大文	孙秀兰	孙远明
王俊平	王　盼	王鹏璞	王　娉	王　硕
王周平	吴　青	吴世嘉	肖治理	谢明勇
辛志宏	熊振海	徐　丹	徐小艳	徐振波
徐振林	杨艺超	袁　媛	张银志	张　英
张继冉	钟青萍	周景文	邹小波	

前言
PREFACE

本书针对人们对于食品安全的重视程度日益提高的社会情况，并按照国家973项目"食品加工过程组分结构变化及危害物产生机理"的要求编写而成，是一本有关食品热加工过程中化学安全与控制技术的、科研性较强的专著。

本书是按照"什么是食品加工，食品热加工存在哪些安全问题，这些安全问题应当如何去解决"这样一条主线进行编写的。从绪论开始便贯彻这一主线，总述了整本书的主题框架和思路。第2章主要介绍了现代食品加工体系中的传统与新型热加工的方式、原理、应用，传统加热方式主要包括热烫、烘焙、煎炸及水煮等，新型加热方式主要包括微波加热、红外加热、欧姆加热及挤压等。第3、4章详细论述了食品热加工过程中的三种典型化学反应（美拉德反应、焦糖化反应和抗坏血酸引起的褐变反应）和其中产生的化学危害物（晚期糖基化终末产物、丙烯酰胺、杂环胺、苯并芘等），即交代了食品热加工过程中存在哪些安全隐患。同时在技术层面系统详述了解决这些隐患的途径，为实际生产中的操作提供理论支持和指导。这两章是本书的精华所在，特别是在美拉德反应机理、反应中化学危害物的生成机理、抑制技术方面，编者发挥所在科研团队的优势，加入了许多相关学科发展的新概念、新理论和新成果，为本书的一大特色。第5章针对第4章中涉及的食品热加工过程中产生的化学危害物，阐述了各种化学危害物的检测技术，为食品加工过程中的实际应用提供参考。由于解决食品热加工中的食品安全问题是一个关系重大的综合性难题，因此编者在第6章着重介绍了国外发达国家关于食品安全问题所制定的相关标准和安全体系，为我国食品安全法规、体系的完善提供相应的参考。

本书编者以国内外前人研究成果和所在科研团队的研究进展为基础，增加了大量相关学科发展的新概念、新理论和新成果，所述的许多内容为食品学科国际上的研究热点和难点问题。此外编者发挥所在科研团队的特色优势，将美拉德反应的机理和其中化学危害物生成机理、抑制技术作为本书的一大特色，详加论述。

限于编者的水平和所述内容本身的前瞻性，书中疏漏与不妥之处敬请读者批评指正。

编著者
2016 年 3 月于华南理工大学

目录
CONTENTS

1 绪论

1.1 食品加工工业 …………………………………………………… 2
1.2 食品加工方式的分类 ……………………………………………… 2
   1.2.1 食品热加工 ………………………………………………… 2
   1.2.2 食品非热加工 ……………………………………………… 4
   1.2.3 新型热加工方式的发展 …………………………………… 5
1.3 热加工与食品安全 ……………………………………………… 6
   1.3.1 有毒有害化学物质 ………………………………………… 6
   1.3.2 微生物 ……………………………………………………… 10
1.4 食品热加工中危害物的检测 …………………………………… 10
   1.4.1 样品前处理 ………………………………………………… 11
   1.4.2 危害物检测 ………………………………………………… 12
1.5 食品热加工的安全性控制 ……………………………………… 14
参考文献 ………………………………………………………………… 15

2 食品热加工方式

2.1 传统热加工方式 ………………………………………………… 18
   2.1.1 食品传统热加工原理 ……………………………………… 18
   2.1.2 热烫 ………………………………………………………… 22
   2.1.3 煎炸 ………………………………………………………… 23
   2.1.4 烘焙 ………………………………………………………… 25
   2.1.5 水热处理（水煮）………………………………………… 28
2.2 新型热加工技术 ………………………………………………… 29
   2.2.1 微波加热 …………………………………………………… 29
   2.2.2 红外加热 …………………………………………………… 34

2.2.3　欧姆加热 ·· 36
　　2.2.4　挤压 ·· 38
2.3　食品热加工对食品品质的影响 ·· 42
　　2.3.1　质地 ·· 42
　　2.3.2　味道、风味和香味 ·· 42
　　2.3.3　色泽 ·· 42
　　2.3.4　食品的营养特性 ·· 43
2.4　食品热加工中的微生物安全性 ·· 44
　　2.4.1　食品污染源和途径 ·· 44
　　2.4.2　食源性致病微生物 ·· 46
　　2.4.3　食品热加工对微生物的控制 ·· 53
2.5　热加工食品产品货架期和安全性的确定 ·· 55
参考文献 ··· 56

3　食品热加工过程中的典型化学反应

3.1　美拉德反应 ·· 60
　　3.1.1　美拉德反应发展简介 ·· 60
　　3.1.2　美拉德反应机理 ·· 63
　　3.1.3　美拉德反应的影响因素 ·· 72
　　3.1.4　美拉德反应对食品品质的影响 ·· 77
3.2　焦糖化反应 ·· 82
　　3.2.1　焦糖化反应简介 ·· 82
　　3.2.2　焦糖化反应机理 ·· 83
　　3.2.3　焦糖化反应影响因素 ·· 85
　　3.2.4　焦糖化反应对食品品质的影响 ·· 86
3.3　抗坏血酸引起的褐变反应 ·· 86
　　3.3.1　抗坏血酸反应产生色素原理 ·· 87
　　3.3.2　抗坏血酸引起的褐变反应对食品品质的影响 ·································· 88
参考文献 ··· 89

4 食品热加工过程中化学危害物的生成机理与控制

4.1 晚期糖基化终末产物 …… 94
4.1.1 晚期糖基化终末产物概述 …… 94
4.1.2 食品热加工过程中晚期糖基化终末产物的形成机制 … 100
4.1.3 食品热加工过程中晚期糖基化终末产物的安全控制 … 101

4.2 丙烯酰胺 …… 103
4.2.1 丙烯酰胺概述 …… 103
4.2.2 食品热加工过程中丙烯酰胺的形成机制 …… 111
4.2.3 控制食品中丙烯酰胺的方法 …… 116

4.3 N-亚硝基化合物 …… 120
4.3.1 N-亚硝基化合物概述 …… 120
4.3.2 食品热加工过程中 N-亚硝基化合物的形成机制 …… 124
4.3.3 食品热加工过程中 N-亚硝基化合物的安全控制 …… 127

4.4 苯并[a]芘 …… 129
4.4.1 苯并[a]芘概述 …… 129
4.4.2 食品热加工过程中苯并[a]芘的来源与形成机制 …… 130
4.4.3 食品热加工过程中苯并[a]芘的安全控制 …… 132

4.5 杂环胺 …… 133
4.5.1 杂环胺概述 …… 133
4.5.2 食品中杂环胺的含量 …… 136
4.5.3 杂环胺的形成机制 …… 138
4.5.4 杂环胺形成的影响因素 …… 141
4.5.5 杂环胺形成的控制措施 …… 143

4.6 羟甲基糠醛 …… 145
4.6.1 羟甲基糠醛概述 …… 145
4.6.2 食品热加工过程中羟甲基糠醛的形成机制 …… 146
4.6.3 食品热加工过程中羟甲基糠醛的安全控制 …… 151

4.7 油脂氧化过程中的危害物以及其他危害物 …… 154
4.7.1 反式脂肪酸 …… 154

4.7.2 丙烯醛 …………………………………………………………… 161

4.7.3 油脂氧化物 …………………………………………………… 164

参考文献 …………………………………………………………………… 170

5 食品热加工过程中化学危害物的检测技术

5.1 食品热加工过程中化学危害物前处理技术 …………………… 182

5.1.1 固相萃取 ……………………………………………………… 183

5.1.2 固相微萃取 …………………………………………………… 185

5.1.3 凝胶渗透色谱 ………………………………………………… 186

5.1.4 膜萃取 ………………………………………………………… 188

5.1.5 加速溶剂萃取 ………………………………………………… 188

5.1.6 微波辅助萃取 ………………………………………………… 189

5.1.7 超临界流体萃取 ……………………………………………… 190

5.1.8 化学衍生化技术 ……………………………………………… 191

5.2 食品热加工过程中化学危害物常用检测技术 …………………… 194

5.2.1 薄层色谱检测技术 …………………………………………… 195

5.2.2 气相色谱检测技术 …………………………………………… 199

5.2.3 高效液相色谱检测技术 ……………………………………… 202

5.2.4 色谱-质谱检测技术 ………………………………………… 205

5.2.5 酶联免疫吸附检测技术 ……………………………………… 209

5.2.6 其他先进检测技术 …………………………………………… 211

5.3 食品热加工过程中典型化学危害物检测技术 …………………… 212

5.3.1 晚期糖基化终末产物检测技术 ……………………………… 212

5.3.2 N-亚硝基化合物检测技术 …………………………………… 217

5.3.3 杂环胺检测技术 ……………………………………………… 218

5.3.4 丙烯酰胺检测技术 …………………………………………… 222

5.3.5 苯并[a]芘检测技术 …………………………………………… 223

5.3.6 羟甲基糠醛检测技术 ………………………………………… 225

5.4 小结 …………………………………………………………………… 228

参考文献 ………………………………………………………… 229

6 食品热加工过程安全控制

6.1 食品热加工过程安全控制的意义 …………………………… 236
6.1.1 食品热加工过程中的质量安全问题 ……………………… 236
6.1.2 过程控制对食品热加工过程的质量安全的重要性 ……… 237
6.2 食品热加工过程安全控制的主要技术 ……………………… 240
6.2.1 食品热加工过程安全控制的现状 ………………………… 240
6.2.2 食品加工过程安全控制相关技术 ………………………… 244
参考文献 ………………………………………………………… 252

索引 ……………………………………………………………… 255

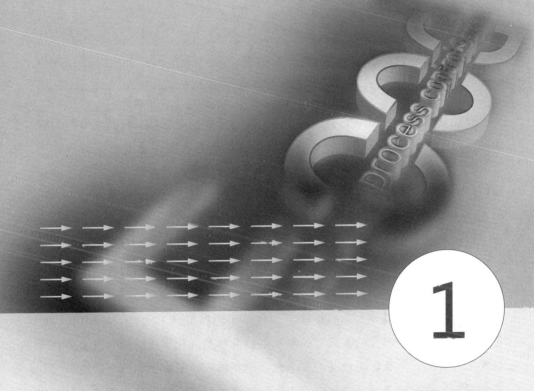

1

绪论

1.1　食品加工工业

民以食为天，食品是人类获得营养、维持生命的必需品。食品工业作为我国的支柱产业，与农业、工业有着密切关系，是关系国计民生的生命产业之一，是国家经济发展水平和人民生活质量的重要指标。饮食结构和食品工业化程度反映了人民生活质量及国家文明程度。据国家统计局的最新数据显示，我国食品工业产值在2014年第一季度突破2.28万亿元，同比增长16.5%，预计今年增长速度不低于10%（金征宇等，2014）。

食品加工，是指对各种直接来源于农、林、牧、渔业产品的食物原料进行不同方式的人工加工，从而获得食物终产品的过程（秦文等，2011）。根据加工方式的不同，可以分为食品热加工和食品非热加工（王允圃等，2011）。近年来随着食品科学研究的深入，越来越多的有毒有害化学物质被报道于多种食品加工过程中，严重影响食品的安全性，给我国人民的生命和健康造成重大危害和威胁，也对国民经济造成重大损失。食品质量安全问题被列为继人口、资源、环境之后的第四大社会问题，尤其是如何在食品热加工过程中进行安全性控制，成为食品加工工业中急需解决的难题。

1.2　食品加工方式的分类

1.2.1　食品热加工

传统食品热加工目的以加热杀菌为主，加热杀菌（杀菌钝酶）技术有诸多优点，在食品加工工业上应用了近300年（Heldman D R et al，2001）。食品热加工过程涉及质量传递和热量传递，前者在热处理中不可避免，是造成营养损失的一个重要因素；后者则是热加工的重要目的，通过热传递使食品由生变熟，并提供食品特有的风味。传递过程的好坏、热量传递系数的高低，以及热处理体系的黏度高低均影响热量传递及质量传递的效率（Fellows P J，2006）。

传统的食品热加工方式包括烹饪、焙烤、油炸、热烫、挤压、灭菌等处理方式。烹饪是从膳食的艺术角度对食品作加工处理，使食物获得更好的色、香、味，不但提高食用的满足感，而且能让食物营养更易为人体吸收。焙烤，又称为烘烤、烘焙，指在物料燃点之下通过干热的方式使物料脱水变干变硬的过程。烘焙是面包、蛋糕类产品制作不可缺少的步骤，通过烘焙后淀粉产生糊化、蛋白质变性等一系列变化后，面包、蛋糕达到熟化；除提供食品的风味外，烘烤和焙烤可以通过杀灭微生物和降低水分活度起到防腐的作用。油炸指将食品置于热油中，食品表面温度迅速升高使水分汽化，表面出现一层干燥层后水分汽化层便向食品内部迁移。当食品的表面形成一层干燥层，其表面温度升至热油的温度，而食品内部的温度逐渐趋向 100℃（Capuano E et al，2009）。传热的速率取决于油温与食品内部之间的温度差及食品的热导率，传热的主要目的是用来改变食品风味和口感，同时也能通过高温处理（超过100℃）破坏微生物和酶及降低食品表面水分活度来获得防腐效果。在家庭饮食中，油炸食品一般能存放更久。煎炸食品的货架期长短主要取决于食品内部的含水量，包括内部湿润的食品，在储存过程中水分和油的迁移，其货架期相对较短。经过煎炸被干燥得更彻底的食品如炸马铃薯条等货架期可长达 12 个月，其品质通过包装材料的栅栏性能和正常的存储条件来保持（张国治，2005）。热烫处理的首要目的是纯化食品中特定的酶，获得贮藏的稳定性，以免有些酶在冷藏、冻藏或脱水食品中保持其活性；其次，热烫处理足以减少微生物的营养细胞，杀死部分微生物，尤其是那些残留在产品表面的微生物，同时热烫可去除水果或蔬菜细胞间的空气，对罐藏制品，在密封前这一处理对食品保存较为有利；最后，热烫可增强大部分水果和蔬菜的色泽（秦文等，2011）。食品挤压加工技术是集混合、搅拌、破碎、加热、蒸煮、杀菌、膨化及成型等为一体的高新技术，该技术在我国应用时间不长，但由于其具有显著特点而迅速得到推广应用。随着对挤压机理研究的不断深入和新型挤压设备的研制开发，用挤压法加工高效节能、富含营养、风味多样化和美味化、食用方便的新型食品已成为我国食品工业在今后相当长一段时期内的发展重点（戴宁等，1998）。杀菌技术是以杀死微生物为目的的热加工方式，以食品原料、加工品为对象，通过对引起食品变质的主要因素——微生物的杀菌及除菌，达到食品品质稳定化，有效延长食品的保质期，并降低食品中有害细菌的存活数量，避免活菌的摄入引起人体（通常是肠道）感染或预先在食品中产生的细菌毒素导致人类中毒。根据要杀灭的微生物分为巴氏杀菌和商业杀菌。巴氏杀菌较温和，处理温度在100℃以下，牛奶的巴氏杀菌为62～65℃、30min。巴氏杀菌可以使酶失活，并破坏食品中热敏性微生物和致病菌。商业杀菌是一种较强烈的杀菌方式，以杀灭所有致病菌、腐败菌和大部分微生物为目的的热处理方式，但同时对食品营养成分破坏较大。商业杀菌处理无法保证食品完全无菌，一些处于休眠期的微生物仍然存在，在正常存储情况下不会生长繁殖。主要杀菌技术包括低温加热杀菌、高温杀菌和超高温加热灭菌（Fellows P J，2006）。

1.2.2 食品非热加工

食品非热加工是一门新兴的食品加工技术，包括超高压处理、高压脉冲电场、高压二氧化碳、电离辐射、脉冲磁场等方法，主要应用于食品的杀菌与钝酶（王允圃等，2011）。与热力杀菌相比，非热加工对食品特别是热敏性食品的色、香、味、功能性及营养成分等具有很好的保护作用，能够在很大程度上保证食品原有的新鲜度，确保食品的质量。各种非热加工方式分述如下。

（1）高压脉冲电场（pulsed electric fields, PEF） 该技术是一种非热处理技术，具有处理时间短、温升小、能耗低和杀菌效果明显等特点，成为近几年来国内外研究的热点之一。早在1967年，英国学者就发现25kV/cm直流脉冲能有效致死营养细菌和酵母菌。20世纪80年代后期以来，美国、日本等发达国家研究比较活跃，并制造了成套的技术设备。近几年来，我国已有几所大学和研究机构设计了自己的高压脉冲装置，并进行了相关研究，如吉林大学、华南理工大学和江南大学等。

（2）振荡磁场 由于磁场影响物质移动方向，进而改变微生物生长和繁殖。磁场的作用是促进DNA合成，把生物分子和生物膜的方向转成平行或垂直于磁场方向，并能通过改变穿过质膜的离子的移动，改变细胞繁殖率。毒性细胞放入振荡磁场后，数目大大减少，实际应用是癌症的治疗。

（3）光脉冲 该技术是一种食品冷保鲜方法，利用广谱"白"光的密集、短周期脉冲进行处理，主要用于包装材料表面、包装和加工设备、食品、医疗器械以及其他物质表面杀菌或用来减少微生物数目。光脉冲的使用可以减少甚至不再需要化学灭菌剂和保鲜剂。

（4）食品辐射 该技术利用原子能射线的辐射能量对食品及其他加工产

品进行杀菌、杀虫、抑制发芽、延迟后熟等处理,借以延长食品保藏期。目前辐照保藏的食品种类还不是十分普遍,主要应用在以下几个方面:①香辛料杀菌,包括汤料包杀菌;②抑制马铃薯、洋葱等发芽;③干制品,如核桃等杀虫;④药材、药物杀菌杀虫;⑤其他物品辐照用途,如材料改性、育种、木制文物养护、档案资料保存等。

1.2.3 新型热加工方式的发展

近年来,食品热加工技术加速发展,各种相关研究成果大为增加,为食品热加工的发展提供强大的科技动力(宋洪波等,2013)。现代食品热加工技术并不局限于传统的热处理方式,通过与多学科交叉日益广泛结合,食品热加工已应用于各类原料和产品,特别是现代食品工业为了满足人们营养、功能等消费需要,食品热加工将朝着追求安全、营养、美味及方便、多样化的方向发展,这要求食品热加工方式不断突破和创新。当今食品热加工技术的创新,以传热学、热力学等为理论支撑,围绕微波学、红外、辐射科学等领域新技术的科学研究及技术开发进一步发展。同时食品热加工的过程也越来越趋于自动化、数字化控制,更多的加工过程模型研究,为新的热加工技术提供理论支撑,主要包括微波热加工、红外热加工、欧姆热加工等方式(周家春等,2004)。

食品微波加热主要是利用了微波的热效应,通过微波透入物料内,与物料的极性分子相互作用,使其极性取向随着外电磁场的变化而变化,致使分子急剧摩擦、碰撞,使物料内各部分在同一瞬间获得热量而升温(Schubert H et al,2008)。这种具有使物体整体成为热源的加热方式称为微波加热。微波加热具有选择性和即时性、加热效率高、节约能源、穿透性好等特点,但由于被加工食品的表面温度低,不足以在表面产生褐变反应,不能在食品表面产生预期的发色。此外,微波加热所需时间极短,$1\sim2\text{min}$ 误差就可能导致加工过度,产生意想不到的后果,因而对于加工过程的参数设定特别重要。欧姆加热又称为电阻抗加热、焦耳加热或直接电阻加热,其把物料作为电路中的一段导体,利用导电时它本身所产生的热达到加热的目的(耿建暖,2006)。其基本原理是利用食品本身的介电性质,当电流通过时,在食品物料内部将电能转化为热能,引起食品温度升高,从而达到直接均匀加热杀菌的目的。欧姆加热系统是采用低频交流电（50～60Hz）配合特殊的惰性电极来提供电流，由于电流具有一定的穿透性，因此待加热食品物料之间以及物料中各部分的导电性差异，将直接影响其加热杀菌效果；此外食品物料在加热器中的滞留时间也是影响欧姆加热制品品质的一个重要因素。

1.3 热加工与食品安全

1.3.1 有毒有害化学物质

在食品加工过程中，难免会添加一些辅料以达到不同的加工目的。在加工过程中添加其他物质，能使食品在保鲜和风味上达到色香味俱全的效果，但近年越来越多的研究表明，烟熏、油炸、焙烤、腌制等加工技术能够改善食品质构和风味的同时也产生了一些有毒有害物质，如N-亚硝基化合物、多环芳香烃、杂环胺和丙烯酰胺等，这些有毒有害化学物质严重威胁人类健康，引起了社会的关注。

1.3.1.1 晚期糖基化终末产物（AGEs）

美拉德反应（Maillard reaction），又名糖基化反应，是氨基化合物（氨基酸、肽、蛋白质等）与羰基化合物（还原糖、油脂氧化物等）之间以羰胺反应为基础的一系列复杂反应的总称（Waller G R，1983）。美拉德反应对食品色、香、味的形成起关键作用，包括传统的面包烘焙、咖啡豆烤制、肉类烧烤等过程。美拉德反应不仅发生在温度较高的食品烹煮过程中，也可在室温条件下发生，因此涵盖了食品贮藏、运输、发酵和加工等多个环节。AGEs的概念起源于内源性美拉德反应的研究，人们在研究糖尿病、白内障等一系列人体慢性疾病的过程中发现，这些病变组织中存在一类能够在人体内稳定存在的美拉德反应产物。AGEs属于类黑素，不同于其他种类类黑素的是，AGEs能够在人体环境中稳定存在而不被人体内酶所分解，因此其在人体内的长期积累与多种人体慢性疾病的发病有关。由于体内组织中美拉德反应以蛋白质为主，因此AGEs的结构是以赖氨酸和精氨酸为主（Ahmed N，2003）。

在食品加工过程中，几乎所有的食品均含有羰基（来源于糖或油脂氧化酸败产生的醛和酮）和氨基（来源于各种蛋白质），因此美拉德反应普遍存在形成食源性 AGEs，有些未经过加工的食品中也含有 AGEs。食品热加工过程（如焙烤、烧烤和油炸等）可导致 AGEs 急剧增加，碱性条件可进一步加速 AGEs 的转化。按照氨基酸种类和数量的差异，AGEs 可大致分为五类：①由赖氨酸侧链氨基修饰而形成，如羧甲基赖氨酸（CML）、羧乙基赖氨酸（CEL）、吡咯素、AFGP、GALA 等；②由精氨酸咪唑基团被修饰形成，如羧甲基精氨酸、S12、S11、S17、S16、THP、GLARG 等；③包含两个赖氨酸，如 GOLA、GOLD、MOLD、CROSSPY 等；④包含一个赖氨酸和一个精氨酸，如戊糖素、GODIC、MODIC、ALI 等；⑤半胱氨酸巯基的修饰，如羧甲基半胱氨酸。

AGEs 在体内的毒性作用机制包括：①对体内的蛋白质进行修饰从而导致其丧失功能性；②使蛋白质交联而导致组织僵硬化，如骨胶原蛋白中的戊糖素积累是引发老年骨质疏松的重要诱因；③AGEs 作为配体和体内一些 AGEs 受体（receptor for AGE，RAGE）结合从而产生炎症信号，如慢性心绞痛患者体内的 RAGE 值和心肌肌钙蛋白表明 AGEs 促进了心肌细胞的损伤，此外有研究通过检测根尖周炎病变组织中的 RAGE 和 AGEs，表明 RAGE 和 AGEs 的相互作用可能引发细胞异常和组织损伤；④在体内引发自由基从而引起人体氧化衰老（顾春梅，2010）。

1.3.1.2 丙烯酰胺

2002 年瑞典食品管理局（Swedish National Food Administration，SNFA）首次发现了某些热加工食品中有较高含量的丙烯酰胺。此后，食品热加工过程中产生的丙烯酰胺开始引起人们的广泛关注。丙烯酰胺为有毒的无色、无臭透明片状晶体，可溶于水、醇、丙酮、醚和三氯甲烷，微溶于甲苯，不溶于苯和庚烷。丙烯酰胺可发生霍夫曼反应、水解反应和烃基化反应，而其中的双键则会发生迈克尔型加成反应。固态丙烯酰胺在室温下稳定，热熔或与氧化剂接触时可以发生剧烈的聚合反应，在乙醇、乙醚、丙酮等有机溶剂中易聚合和共聚。当丙烯酰胺加热使其溶解时，丙烯酰胺释放出强烈的腐蚀性气体和氮的氧化物类化合物。聚丙烯酰胺（PAM）是一种水溶性高分子聚合物，具有良好的絮凝性，广泛应用于石油开采以及工业污水和生活污水处理，是应用最广、效能最高的水处理絮凝剂,但其单体丙烯酰胺是公认的神经性致毒剂和准致癌物质,被世界各国均列为危险化学品,严重危害人体健康。

大量的食品调查表明,淀粉性食品只在经过烘烤、煎炸等烹调过程后才会形成大量的丙烯酰胺,经过煮沸烹调则不会形成丙烯酰胺。丙烯酰胺主要存在于高温(100℃以上)煎炸、烘烤的食品中,如油炸土豆片、薯条、面包、饼干和谷物早餐等。目前多数学者认为丙烯酰胺的形成与美拉德反应有关,研究普遍表明天冬酰胺是形成丙烯酰胺的关键因素(刘雪莉,1999)。

1.3.1.3 羟甲基糠醛(HMF)

HMF 是一种广泛应用于化工、食品、医药等行业的重要有机原料,感官评价为具有木香、面包香、焦糖香并带有烘烤食品的气味。糠醛及其衍生产品糠酸和糠醇可直接用作防腐剂,以糠醛为原料可以合成重要的有机酸——苹果酸、麦芽酚和乙基麦芽酚,作为增香剂和食品添加剂使用。5-HMF 是美拉德反应、焦糖化褐变、抗坏血酸氧化分解反应和纤维素降解的共同中间产物,不仅会导致果蔬汁风味变化和颜色加深,还会影响食用安全性。5-HMF 是体系形成色素沉积的潜在条件,也是美拉德反应和非酶褐变的重要指示因子。研究表明 HMF 对人体有毒副作用,对眼、黏膜、皮肤有刺激性,过量食用会引起中毒,造成动物横纹肌麻痹和内脏损害,因而近年来成为食品安全关注的热点。

对糠醛反应的研究处于初步探索阶段,基本限于单一成分和单糖体系的糠醛反应。HMF 的生成途径为己糖脱水,而糠醛的生成途径有两条:一是戊糖脱水生成糠醛,如工业上由生物质水解得到木糖,木糖在酸性条件下分子内脱去 3 个水分子,环化生成五元杂环化合物糠醛;二是 HMF 受热裂解生成糠醛。多个研究表明,木糖在酸的催化作用下脱水,转化步骤包括 1,2 位脱去两分子水和 1,4 位脱去一分子水。其中 1,2 位脱水过程发生在两个相邻的 C 原子上,并且脱水后形成双键;而 1,4 位脱水过程则发生在其他两个 C 原子分隔的 1,4 位碳原子上,并且最终脱水后形成环状(刘力谦,2010)。

1.3.1.4 苯并[a]芘

苯并[a]芘(B[a]P)在自然界分布极广,是多环芳烃化合物中致癌性、急性毒性等对生物体危害最大的一种,一般以其作为多环芳烃类致癌物的代表物和多环芳烃化合物的典型代表加以研究。B[a]P也叫3,4-苯并芘,是由5个苯环构成的多环芳烃,其分子式为$C_{20}H_{12}$,相对分子质量为252.32,常温下为黄色晶体,熔点179～180.2℃,沸点310～312℃,相对密度1.351,挥发性小,微溶于水,溶于环己烷、苯、甲苯、己烷、丙酮,呈紫蓝色荧光,在硫酸内呈现橙红色并带有绿色荧光。

B[a]P具有"三致作用",多环芳烃的致癌作用与其本身的结构有关,三环以下不具有致癌作用,四环芳烃开始出现致癌性质,致癌物也多集中在四环至七环范围中,超过七环的芳烃未发现有致癌作用。B[a]P能够与DNA直接结合,引起DNA断裂,染色体畸变等;动物实验证明其能诱导肺、皮肤和肠道等多种肿瘤的发生。同时,B[a]P具有生物累积性,极易溶于脂肪,能迅速进入细胞但难排出体外;环境中的B[a]P易通过食物链进行传递,进而在高级动物以及人体内进行累积,增大了致癌、致畸、致突变的风险。另有报道指出B[a]P还可致生殖障碍,影响大鼠的血液成分和一些器官组织如肾脏等。

1.3.1.5　N-亚硝基化合物

N-亚硝基化合物又名亚硝胺,是四大食品污染物之一,在自然界中广泛存在,主要通过饮食、饮水等途径吸收进入人体。迄今为止,已发现的N-亚硝基化合物有300多种,其中90%以上可诱发人和动物基因突变,是一类致癌性很强的化学物质,可诱发食管癌、胃癌、肝癌、结肠癌、膀胱癌和肺癌等,是导致组织缺氧、肝脏病变等症状的化学物质。尽管目前还不能完全证明N-亚硝基化合物与人类的肿瘤有关,但很多研究表明N-亚硝基化合物是引起人类胃、食管、肝和鼻咽癌的危险因素。由于畜禽肉类及水产品中含有丰富的蛋白质,在烘烤、腌制、油炸等加工过程中会分解产生胺类,腐败的肉制品会产生大量的胺类化合物。用硝酸盐腌制鱼、肉等食品是许多国家和地区的一种古老和传统的方法,其作用机理是通过细菌将硝酸盐还原为亚硝酸盐,亚硝酸盐与肌肉中的乳酸作用生成游离的亚硝酸,亚硝酸能抑制许多腐败菌的生长,从而可以达到防腐的目的。虽然使用亚硝酸盐作为食品添加剂有产生N-亚硝基化合物的可能,但目前无更好的替代品,故仍允许限量使用(宋圃菊,1995)。腌制肉制品时加入一定量的硝酸盐和亚硝酸盐,使肉制品具有良好的色泽和风味,且具有一定的防腐作用。咸猪肉中某些非致癌物质如亚硝基脯氨酸，在油煎时可变成致癌物质亚硝基吡咯烷。

1.3.2 微生物

食品微生物污染是指食品在加工、运输、贮藏、销售过程中被微生物及其毒素污染。食品中微生物污染途径有土壤、空气、水、人和动物、食品原料和加工设备等。由于微生物的作用使食品产生有害物质，失去应有的营养价值、性状、色、香、味等，使食品变质，甚至产生毒素，造成食品中毒。因此，应对涉及食品的各个环节严格管理，掌握微生物的生命活动规律，采取具有针对性的有效措施，才能预防和控制微生物对食品产生的安全隐患。

食源性致病微生物是导致食源性疾病的微生物，主要包括三种：细菌性微生物、真菌性微生物以及病毒介导的食源性致病微生物。常见的细菌性微生物主要有芽孢杆菌、肉杆菌、肉毒梭状芽孢杆菌、弯曲杆菌、大肠埃希菌、李斯特菌和金黄色葡萄球菌；常见的真菌性微生物主要有曲霉、青霉、葡萄孢和麦角菌属；常见的病毒介导的食源性微生物主要有禽流感病毒、轮状病毒和诺沃克病毒等。

食品热加工很多过程都能控制微生物在食品中繁殖生长，如常见的热烫、烹饪、杀菌等。杀菌包括低温加热杀菌、高温杀菌和超高温加热灭菌。

1.4 食品热加工中危害物的检测

食品是人类赖以生存和发展的最基本物质条件，随着人们生活水平不断提高，人们以往对食品短缺的担忧逐渐变为对食品安全的恐慌。近年来，食品安全问题日趋成为人们关注的焦点，并发展成为一个世界性的问题。食品工业一直是我国的第一大产业，由于国家加强宏观调控、推动农业产业化发展、人民生活水平提高、食品消费结构的改善等原因，我国食品工业快速发展。但是，近年来食品安全事故频发，已成为当今人们最关注的热点话题之一，严重地阻碍了食品工业的良性发展。

在食品热加工过程中，伴随各类有毒有害化学物质与微生物的形成，如晚期糖基化终末产物、N-亚硝基化合物、丙烯酰胺、杂环胺、苯并芘和羟甲基糠醛等，这些危害物的产生直接或间接地影响食品质量，进入人体经消化吸收后威胁生命安全。对这些危害物进行准确、可靠的检测与鉴定，是对食品质量进行安全性控制的前提。在食品组分检验的过程中，除了选择合适的测定方法外，还应重视食品样品前处理的合理性。

在食品热加工过程中出现各类有毒有害化学物质，对其进行检测需包括样品采集、样品处理、分析测定、数据处理和报告结果等步骤。

1.4.1 样品前处理

在样品采集后，需要对制备的样品采用合适的分解和溶解方法以及对待测组分进行提取、净化和浓缩等处理，使被测组分转变成可以测定的形态，为后续进行定性和定量分析提供便利；其目的包括消除基体干扰，提高方法的准确度、精密度、选择性和灵敏度等。目前，常见的样品前处理技术按照不同分类有其相应标准，包括各种色谱方法、膜技术，以及化学衍生技术等。在食品体系中对样品进行前处理一般根据样品形态进行选择，如将样品分为固体、液体和气体予以区分。其中，对于固体样品，一般采用加压溶剂萃取、微波辅助提取和超临界流体萃取等方法；而对于液体样品，一般采用固相萃取、固相微萃取、凝胶渗透色谱和膜萃取技术等。常见的萃取技术包括色谱技术、膜分离技术、有机溶剂分离技术、超临界流体技术、微波技术以及化学衍生技术等。

在各种前处理技术中，利用色谱原理发展的多种萃取技术在食物样品前处理过程中较常用，如固相萃取（固相微萃取）、凝胶渗透色谱技术等。固相萃取法基于液相色谱原理，根据吸附剂与洗脱液的极性大小可以分为正相、反相和离子交换固相萃取。在固相萃取技术中，吸附剂的选择尤为关键，需综合考虑极性、溶剂强度、溶解度、共价键、离子化以及竞争程度等因素；常用的有吸附型硅镁吸附剂、活性炭、氧化铝和硅胶等。固相微萃取技术则是近年来发展起来的，其原理与固相萃取相同，其主要步骤包括萃取、转移和解吸三个基本步骤；该方法与传统方法相比具有较多优势，包括无需有机溶剂、简单方便、测试快、费用低，集采样、萃取、浓缩、进样于一体，能够与气相或液相色谱仪联用，使得样品处理技术及分析操作简单省时等。凝胶渗透色谱是液相色谱中的一种，是食品样品分析中最常用的净化技术，该技术适用于各种食品样品萃取液的净化；该技术中，凝胶的选择是关键，需符合可使用有机溶剂洗脱和凝胶孔径较小，一般根据目标物和欲分离的杂质分子大小进行选择。基于膜分离原理的膜萃取技术结合了膜技术和液液萃取过程，是基于非孔膜技术发展起来的一种样品前处理方法；该技术在少量溶剂添加下仍能获得显著净化效力，同时能避免传统手性液膜拆分存在的"返混"和"液泛"以及手性载体耗量大的缺陷，易于实现工业化和同级萃取拆分。基于有机溶剂萃取原理发展起来的加速溶剂萃取技术，是一种高温高压条件下的自动化技术，其优点包括有机溶剂用量少、快速、回收率高、克服了超临界流体萃取选择性差和回收率低等问题，目前已被美国环境保护署作为标准方法采用。微波辅助萃取是一种利用微波能量在密闭的容器中进行微波萃取的技术。与传统方法相比其具有较大优势，包括：选择性高，可提高回收率及提取物质纯度；快速高效、节能、节省溶剂、污染小、质量稳定，可避免长时间高温引起样品分解；高通量处理，可同时处理多份试样，适合于大批量样品处理。利用超临界流体原理，超临界流体萃取根据流体溶解能力与其密度的关系，利用压力和温度对超临界流体溶解能力的影响对样品进行处理；该技术克服了传统提取技术费时、费力、回收率低、重现性差、污染严重等弊端，使样品提取过程更加快速简便，能大大降低有机溶剂对人体和环境的危害，同时可与多种分析检测仪器联用。化学衍生化技术则利用化学反应把样品中分析物与衍生化试剂相互作用生成衍生物，使其适合于对特定目标化合物进行检测分析；针对不同的目标化合物所选择的衍生化试剂也有所不同。衍生化过程主要把较难分析的物质转化为与其结构相似但更易于分析，便于量化和分离。

总体上，对食物样品进行前处理，过程较为复杂繁琐，在检测分析过程中较为耗时，但对分析方法准确度和精密度具有决定性影响。

1.4.2 危害物检测

在样品前处理后，将对食品热加工过程中产生的各类化学危害物进行检测，主要的方法根据原理可分为色谱法、质谱法、酶联免疫法等。

色谱技术基于混合物中的组分在互不相溶的两种物质间进行吸附或分配，以达到分离的目的。按其分离原理可分为吸附色谱法、分配色谱法、离子交换色谱法与分子排阻色谱法等。按操作形式可分为平面色谱法、柱色谱法及电泳法。按两相物态分类,而根据流动相聚集状态及在分离中所处位置可分为气相色谱法和液相色谱法,以及气固色谱、气液色谱、液固色谱、液液色谱技术。各种色谱技术目前已广泛应用于食品化学检测与分析领域。薄层色谱法从经典柱色谱法和纸色谱的基础上发展而来,以薄层吸附剂为固定相,溶剂为流动相的分离技术;具有简单、迅速、灵敏高度、分离效能好等优点,已成为食品分析领域不可缺少的一种分离分析方法,与气相色谱法、高效液相色谱法并列为三种最常用的色谱分析方法。气相色谱技术则以气体为流动相,具有特异、高效、快速的分离特性,已广泛应用于食品化学分析等领域,但分析的样品限于气体和沸点较低的具有挥发性的化合物。高效液相色谱法在经典液相色谱法的基础上引入了气相色谱理论发展而来,近年来得到广泛应用;该技术应用粒径更细、更均匀的固定相填充色谱柱,适用于高沸点、大分子、强极性和热稳定性差的化合物的分析;目前已在食品危害物检测领域得到广泛应用,如丙烯酰胺、生物胺等。质谱技术是一种通过测量离子质荷比,通过使样品中各组分在离子源中电离成不同质荷比的离子,在电场作用下形成离子束进入质量分析器,利用电场和磁场作用聚焦获得质谱图的技术;该技术具有非常高的灵敏度,分析高极性、难挥发和热不稳定样品,具有迅速、灵敏、准确的优点。通过结合色谱法与质谱法的联用技术近年来获得迅猛发展,如气相色谱-质谱联用技术,该技术灵敏度高,适用于低分子化合物特别适合挥发性成分的分析,已应用于食品中羟甲基糠醛、苯并芘等物质的检测;高效液相色谱-质谱联用技术,该技术利用选择离子等方法,能有效增强液相色谱的分离能力,因而具有较高灵敏度,目前已广泛应用于复杂甘油三酯类化合物、类固醇激素、杂环胺、丙烯酰胺等物质的检测。酶联免疫吸附检测技术(ELISA)是利用抗原抗体间的特异反应,同时结合酶反应的一种检测技术,由于抗原抗体反应的特异性,因此 ELISA 具有较高特异性,ELISA 可用于抗原或抗体的检测,目前开发的各种 ELISA 已广泛应用于丙烯酰胺等常见危害物的检测。此外,近年来在食品危害物的分析检测领域出现多种新型检测技术,包括高效毛细管电泳法、紫外-可见光分光光度法、红外吸收光谱分析法、原子吸收分光光度法、聚合酶链反应检测法和生物芯片检测法等。

综上,食品原材料具有多种营养物质,在热加工后更使其形成一个复杂的体系,要对其中的各种危害物进行检测、分析和定量,需综合考虑目标化合物的特点，结合各种前处理和检测方法的特点，从而达到对食品热加工后化学危害物的有效检测与鉴定，为今后对热加工过程的食品安全控制提供重要科学依据。

1.5　食品热加工的安全性控制

食品安全问题涉及食品加工和运输过程中的方方面面，如食品原料的安全、食品生产的安全、食品包装的安全和食品贮藏的安全等。随着食品加工技术的发展，虽然非热加工技术取得了巨大的发展，相比热加工技术，具有诸多的优点，但是目前仍然无法完全替代传统的热加工技术，随着近年来对食品安全研究的深入，在食品热加工过程中，越来越多的有毒有害化学物质和致病性微生物产生与形成的机制被披露，如何有效对食品热加工过程中产生的各种危害物进行安全性控制成为急需解决的难题（王允圃，2011）。

自 2002 年首次报道了某些热加工食品中有较高含量的丙烯酰胺，此后，食品热加工过程导致的食品污染问题就开始引起包括欧盟、FAO/WHO、美国食品工艺师协会（IFT）、美国谷物化学协会（AACC）等国际组织的广泛关注。多项研究表明，薯片、薯条、咖啡、面包、饼干等高温油炸和烘烤食品中丙烯酰胺的含量较高。与丙烯酰胺相似，呋喃也广泛存在于热加工食品中，容易被肠道吸收，引起肿瘤和癌变。近年来报道的几种危害物如氯丙醇、氯丙二醇（3-MCPD）和 1,3-二氯丙醇（3-DCP）等，也得到了全球食品安全界的广泛关注。

食品热加工过程中的方方面面都可能引起各种有毒有害化学物质的产生，包括如原料加工温度过高、时间过长、蛋白质烧煮过度、油温过高或烤制食品、添加剂使用量不当、烹调生产者带菌等都可能对烹调食品的安全性问题产生影响，因此，对食品热加工过程进行安全性控制包括对食品原料、加工方式、热处理条件以及添加剂等多个方面。其中，对各种危害物产生进行分析，从而对关键节点进行控制是实现热加工食品安全控制的核心；而这种控制理论的形成与应用，有赖于更多学者对食品热加工过程的危害物形成与消除进行深入研究与分析。

参 考 文 献

戴宁，张裕中，王治. 1998. 食品挤压加工与传统加工的分析研究. 包装与机械，16（4）：1-7.

耿建暖. 2006. 欧姆加热及其在食品中的应用. 江苏食品与发酵，(4)：16-18.

顾春梅，王红月，赵颖等. 2010. 晚期糖基化终末产物与老年慢性肾衰竭患者颈动脉粥样硬化的关系. 中国老年学杂志，(30)：2441-2442.

金征宇，彭池方. 2014. 食品加工安全控制. 北京：化学化工出版社.

刘力谦. 2010. 单糖转化制备 5-羟甲基糠醛的研究. 北京：北京化工大学.

刘雪莉，陈凯. 1999. 谷胱甘肽拮抗环磷酰胺和丙烯醛所致 PC3 细胞毒性及小鼠免疫抑制. 中国药理学报，20（7）：643-646.

马君刚，张煌涛，于洪等. 2012. GPC-HPLC-FLD 法测定动植物油脂中的苯并［a］芘. 食品科学，33（10）：278-281.

奉文，曾凡坤. 2011. 食品加工原理. 北京：中国质检出版社.

宋洪波等. 2013. 食品加工新技术. 北京：科学出版社.

宋圃菊. 1995. N-亚硝基化合物. 中国酿造，(3)：3-8.

王允圃，刘玉环，阮榕生，曾稳稳，杨柳，刘成梅，彭红. 2011. 食品热加工与非热加工技术对食品安全性的影响［J］. 食品工业科技，32（7）：463-467.

张国治. 2005. 油炸食品生产技术. 北京：化学工业出版社.

周家春，翁新楚. 2004. 食品工业新技术. 北京：化学工业出版社.

Ahmed N, Thornalley P J. 2003. Quantitative screening of protein biomarkers of early glycation, advanced glycation, oxidation and nitrosation in cellular and extracellular proteins by tandem mass spectrometry multiple reaction monitoring. Biochem Soc Trans，(31)：1417-1422.

Capuano E, Ferrigno A, Acampa I, et al. 2009. Effect of flour type on Maillard reaction and acrylamide formation during toasting of bread crisp model systems and mitigation strategies. Food Research International，42（9）：1295-1302.

Fellows P J. 2006. 食品加工技术——原理与实践. 蒙秋霞等译. 第 2 版. 北京：中国农业大学出版社.

Heldman D R, Hartel R W. 2001. 食品加工原理. 夏文水等译. 北京：中国轻工业出版社.

Schubert H, Regier M. 2008. 食品微波加工技术. 徐树学，郑先哲译. 北京：中国轻工业出版社.

Waller G R, Feather M S, Milton S. 1983. The Maillard Reaction in Foods and Nutrition. Washington D C, USA：ACS：1-15.

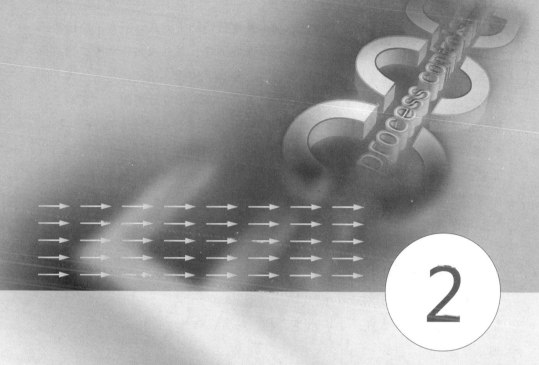

2

食品热加工方式

食品热加工方式主要分为传统热加工及现代热加工方式。前者主要包括热烫、烘焙、煎炸及水煮等，后者主要包括微波加热、红外加热、欧姆加热及挤压等。食品热加工过程涉及的最重要环节是传热、传质。热量传递是热加工的主要目的，通过热传递使食品由生变熟，食品中蛋白质变性聚集、油脂赋予食物特殊的香气及碳水化合物如淀粉等发生糊化等，总体赋予食品特有的风味，杀灭食物中的微生物，更易于人们的消化吸收，同时也伴随着一些热不稳定营养素的破坏。质量传递在热加工中也是不可或缺的，也是不可避免的，也是造成营养损失的一个重要因素。在热处理中，热量传递系数的高低、食品体系的黏度等许多因素共同影响热量传递及质量传递的效率。

2.1 传统热加工方式

传统的热加工方式主要有以下几种：热烫、焙烤、煎炸、水煮（水热处理）等。

2.1.1 食品传统热加工原理

传统的食品热处理方式，主要是为了提供食品所特有的风味，如蒸煮肉类食物，其中蛋白质质构和风味都发生变化，提供肉类特有的风味、香气等。同时起到杀灭微生物、钝化酶及破坏抗营养因子等作用，如大豆热加工中破坏脲酶，避免酶促产生不良风味。传统热加工的传热介质常见的有沸水、油脂等。而油脂的热处理温度比水高，一般可达到200℃以上。

受100℃或以上较高温度的影响，食品中不同组分之间会发生一些化学变化，这些化学反应可产生一些风味物质，如美拉德反应会产生很多风味物质，但是也会产生对人体不利的因素，如糖基化终末产物（AGEs），如果在人体内长期积累，会引起慢性疾病。而当油脂作为加热介质长时间加热时，油脂本身会发生氧化酸败产生醛酮等小分子。因此在达到加工目的的前提下，要尽量降低热处理温度。

2.1.1.1 质量传递

物质传递是许多食品热加工过程操作中的重要内容，也是其中的一个关键工艺，赋予各种食品特别的风味同时也造成了一些营养物质的损失，甚至会产生一些对人体有害的物质。食品热处理对食品起到钝化酶及灭活有害物质微生物的作用，而且有些热处理的主要作用是为了杀灭微生物，如巴氏杀菌。

质量守恒定律在食品热加工中的应用，即进入到一个加工过程的物质质量与从加工系统出来的物质质量守恒。这一定律不仅适用于整个系统，也适用于热处理系统的单个对象。(Fellows P J, 2006)。

热加工过程的质量平衡可用以下等式表示：投入的原材料质量＝产出的产品＋存留的物质质量＋质量损耗。在稳定的热处理中，质量损耗和留存物质量需要尽可能少，并尽可能循环使用。许多质量守恒均是在假设存留物质质量和损耗都接近零（可以忽略）的稳定处理条件下进行分析的（Fellows P J, 2006）。如在烘烤中，典型的质量平衡关系如图 2-1 所示。

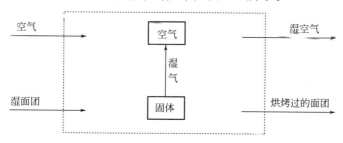

图 2-1 质量平衡图

总的质量平衡是：空气＋湿面团＝湿空气＋烘烤过的面团；空气的质量平衡为：空气＋湿气＝湿空气。固体的质量守恒为：湿面团＝湿气＋烘烤过的面团。对于不同的对象在热处理系统中都存在质量守恒，进入到系统的质量等于流出系统的质量之和。

热加工对产品有很大影响，但是影响的大小还取决于温度的高低。以干燥处理为例，水分的多少不仅影响产品品质还影响产品的货架期，水分散失的速率还影响到产品的质构。这是由水分含量与水分散失速率常数（k）之间的关系而定。温度对于速率常数的变化关系可以用阿伦尼乌斯方程式来表示：

$$d(\ln k)/dT = E/(RT^2)$$

式中，E 为活化能常数；R 为气体常数；T 为热力学温度。

2.1.1.2 热量传递

传热方式主要通过三个途径：辐射传热、热传导、热对流。对于传统的热加工方式主要是通过热传导和热对流的方式进行。普通的水热处理或者油脂中的热处理主要是通过热传导的方式，而利用热空气的加热以热对流为主，但三种传热类型往往同时出现，在特定的传热过程中，以一种传热方式为主，其他传热方式为辅（Hayhurst et al, 1997）。

热量传递过程遵循热量守恒定律，即进入一个过程的热能或机械能等于随产品和废料一起带走的能量＋存留的能量＋散失到周围环境的能量。在热处理中，尽量将热量损失减少到最低，将热量重复利用。当处于稳定过程时，可忽略不计能量的损失，再对需要的热蒸汽、热空气等用量大致进行计算，如果需要更精确的计算就需要对热损失做出补偿才可以。

2.1.1.3 传热机制

当两种物质之间的温差恒定并保持稳定时，会发生稳态热交换，当操作条件趋于稳定的连续式加工过程中可能达到稳态热交换。但在一般的热操作中介质的温度往往不停地变化，很难达到稳态传热，因此更常发生的是非稳态传热。而在非稳态传热条件下热传递的计算就很复杂，一般需要一些假设或者通过建立模型对其简化处理（Toledo et al, 1999）。

（1）稳态传导　传导的传热速率取决于食品和加热介质之间的温度差及传热的总阻力及热阻。食品和介质之间的温差是传热的动力，而传热阻力用物质的热导率来表示，不同材料其热导率不同，热导率都有统计（杨同舟，2005）。在稳态条件下传热速率的计算公式为：

$$Q = kA(\theta_1 - \theta_2)/x$$

式中，Q 为传热速率，J/s；k 为热导率；A 为表面积，m²；$(\theta_1 - \theta_2)$ 为温度差；x 为材料厚度；$(\theta_1 - \theta_2)/x$ 也称为温度梯度。

（2）非稳态传导　在加热过程中，食品某个点的温度取决于加热速度及该点在食品中所处的位置，因此其温度不断变化。影响温度变化的因素有：加热介质的温度；食品的传热系数；食品的比热容。而加热介质的温度往往不停地变化，因此很多过程都是非稳态传热。

（3）对流　流体温度变化时所引起的介质密度变化会产生自然对流。人工对流依靠搅拌器，可减少界面层的厚度，从而获得较高的传热速率和更快速的温度再分配，因此在食品加工中，经常会用到人工对流，用到搅拌桨搅拌。

当运用液体或气体作为加热介质时,从流体到食品表面的传热速率用下式计算:

$$Q = h_s A(\theta_b - \theta_s)/x$$

式中,Q 为传热速率,J/s;A 为表面积,m²;θ_s 为食品表面温度,K;θ_b 为流体内部温度,K;h_s 为表面传热系数,W/(m²·K);x 为流体到食品表面的距离。

表面传热系数用来衡量边界流层对热传递的阻力,湍流的传热系数高于层流。

表 2-1　表面传热系数

流体	表面传热系数 h_s/[W/(m²·K)]
沸腾液体	2400~60000
压缩饱和空气	12000
压缩蒸汽	
含 3% 的空气	3500
含 6% 的空气	1200

注:引自 Loncin 和 Merson (1979) 及 Earle (1983)。

从表 2-1,可以发现通过空气进行的传热速率低于通过液体进行的传热,且运动气体的传热速率高于静止的气体。在研究中,表面传热系数与流体的物理性质(如密度、黏度、比热容)、重力、温差和容器的长度或直径有关。这些因素的关系式可用三个无量纲数表示(杨同舟,2005):

$$努塞特数\ Nu = \frac{h_c D}{k}$$

$$普朗特数\ Pr = \frac{C_p \mu}{k}$$

$$格拉斯霍夫数 = Gr = \frac{D^3 g \beta \Delta\theta}{\nu^2}$$

式中,h_c 为固液界面上对流系数,W/(m²·K);D 为特征尺寸(长度或尺寸),m;k 为流体的热导率,W/(m·K);C_p 为常压的比热容,J/(kg·K);μ 为黏度,Pa·s;g 为重力加速度,m/s;β 为热膨胀系数,m/(m·K);$\Delta\theta$ 为温度差,K;ν 为运动黏度,m²/s。

物料在热处理中,一般不是静止的,流体的流动在其中起了很大的作用。所以对于热交换,应尽量降低层流层的厚度,扩大湍流程度。

2.1.2 热烫

热烫最大的用途是在其他加工之前破坏食品中的酶和抗营养因子，其常作为其他加工的预处理，因此热烫处理的时间和温度关系是建立在使产品内部酶失活的基础上。由于不同的食品原料及产品内酶系的多样性，热烫处理量及温度要根据需要而变化。对于许多酶系而言，热能对酶的影响可用指数递减时间（D）和耐热性常数（Z）表示（Fellows P J，2006）。例如，过氧化物酶，$D_{121}=3min$，$Z=37.2℃$。根据这些耐热特性，在121℃使酶的活力减少到0.01%需要12min。这个热处理温度在常压下难以实现，121℃要在加压下实现。而在多数情况下，热烫是采用100℃的热水或者热蒸汽，因此为了实现对过氧化物酶的钝化，需要超过12min的热处理时间。

热烫处理将产品直接暴露于加热介质，产品中心温度快速上升，达到钝化酶预先设计的温度，并维持一定的处理时间。热烫处理时，加热介质与粒子表面接触使得粒子表面的温度快速增加到加热介质的温度，而热量通过热传导的方式传递到粒子中心，因此粒子中心温度上升相对比较缓慢。而对于被热烫处理所要钝化的酶系来说，其在产品粒子中心的活性比表面更大，所以热烫处理的完成必须以产品粒子中心达到预订的热烫温度后维持的时间为依据（Heldman et al，2001）。

有很多因素都会影响产品中心粒子的升温速度，其中有外在因素和产品的内在因素。前者主要有热介质的温度，热介质的温度越高，产品的升温速度也较快。对流传热系数也是一个重要的因素，其受加热介质和热能与粒子表面之间维持充分接触的程度的影响。而内部因素主要是产品的热导率。一般而言，较小粒子的中心温度的升高远快于较大粒子，因此在产品热烫处理前使粒子尽可能小。加热介质的性质也很关键，一般认为用蒸汽作为加热介质时的对流系数要明显高于用水作加热介质的体系。前边也提到，热烫的完成是以恒温产品中心达到预定温度的停留时间来确定的，而不是以总的加热时间。

热烫处理会造成产品质量或多或少的损失。对于水果和蔬菜，热烫处理对于其营养素的影响取决于各种因素，如产品的成熟度及产品热烫处理前的预处理。一般来说，会造成营养素的损失，造成产品颜色及品质下降，产品质构的变化会使水果等变软。在尽量降低这些影响的基础上，应尽量钝化酶，避免酶引起的食品更快地变质或者抗营养因子的产生，尽量降低热烫对水果的质构和营养素的影响。

2.1.3 煎炸

煎炸或者油炸有很多功能，其主要目的是改变食品的风味和口感及外观，以及通过高温处理破坏微生物和酶，同时降低食品表面的水分活度而达到防腐的效果。一般家庭饮食中，煎炸食品可以存放得更久。而对于煎炸食品的货架期主要取决于食品内部的水分，内部水分含量高的食品，储存过程中水分会在油分和食品内部之间发生迁移，货架期较短；而内部水分含量低的食品如炸薯条等在正常包装的储存条件下货架期可达到一年。

2.1.3.1 煎炸原理

煎炸过程中，食品置于热油里，其表面的温度迅速升高，同时水分蒸发失去，食品表面逐渐干透，蒸发层逐渐向食品内部移动，逐渐形成焦皮。随着食品表面温度升高，食品内部的温度也逐渐升高，这个过程受到食品热传导的控制，而传热速率受到热油和食品间的温差和表面传热系数控制。

食品表皮之间形成的焦皮是具有多孔结构的，内含有不同的毛细管。煎炸过程中，水分和蒸汽先从比较大的毛细管中失去，并且逐渐被热油取代。水分穿过一层油形成的边界膜离开食品的表面，膜的厚度控制着热量和质量的传递。食品内部的水分和含水极少的热油之间的水蒸气压梯度是食品水分散失的主要推动力。而将食品完全炸透所需要的时间取决于食品的种类、油的温度及煎炸方式等。而对于内部湿润的食品被煎炸至其热中心吸收足够的热量，以杀灭污染性微生物和达到干燥食品的感官特性，使其达到要求的程度（Fellows P J，2006）。

煎炸温度是控制煎炸过程的关键因素。煎炸的温度选择要综合考虑成本和产品的要求。高温（180~200℃）下煎炸，可以缩短生产周期，提高生产率。但是高温会加速油脂劣变和游离脂肪酸的产生，从而在煎炸后提高油脂黏度、颜色以及产生不良味道。在以后使用中油脂会产生泡沫，就必须更换用油，提高了成本。而对于食品，在高温下沸腾，使油因为气溶胶和产品夹带而损失，造成食品残油率提高，造成经济损失。

煎炸的温度取决于对食品本身的要求及食品应该有的口感。根据传热方式的不同，可以分为两种煎炸方式，即浅层油煎和深层油炸。

2.1.3.2 浅层油煎

这种方法常用于比表面积大的食品，常需要食品具有外焦里嫩的口感。这种一般是高温热油煎炸出来的，高温能使焦皮迅速形成，把水分密封在食品内部，同时限制了热量向食品内部传递，因此能在食品内部形成湿润的质地，并保留原料的风味，外边形成焦皮。煎锅的热表面传来的热量通过一薄层油，主要以传导的方式传递到食品。由于食品表面不规则，油层厚度也不一样，再加上形成的气泡将食品脱离加热表面，使油煎过程中食品温度不断变化，产生不规则的褐变。虽然油煎食品表面的传热系数变化不一样，但传热系数很高。

2.1.3.3 深层油炸

油炸时，传热通过热油的对流和向食品内部的热传导完成。食品沉没在油脂里边，其表面受到的热处理相近，会产生相同的颜色和外观。传热系数随着蒸发面从表面移动到食品内部，传热阻力逐渐增大，传热系数降低。当食品失去水分，就开始吸收油分。油炸食品在出锅时吸收和夹带的油量较大(Selman et al, 1989)。而利用热油进行干燥的食品就需要在低温的油里进行，使蒸发层在焦皮形成前到达食品内部，而食品在风味和味道过度变化前已经被干燥。

2.1.3.4 煎炸设备

油煎设备由加热金属面构成，金属面上覆盖一薄层油。根据食品表面色泽来估计食品是否达到要求的油煎程度。工业化的油煎加工需要连续式操作，因此需要有连续输送设备（图2-2）。当完成煎炸时需要过滤油脂中的食品残渣，使油脂重复利用。油经过外部的加热器通过过滤器除掉食品渣，可进行连续操作，新油也可以自动加入，确保金属面上所需的油脂深度。

对于工业化操作，热量和油的回收系统可降低能源和油脂的成本。利用换热器回收的热量，可以用于对进料食品或油进行预热和加热生产用水。

2.1.3.5 煎炸对食品的影响

煎炸过程伴随着油脂品质下降，油脂颜色逐渐加深、黏度增大，而长时间

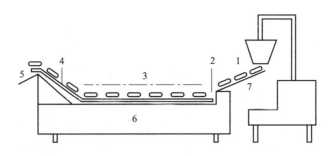

图 2-2　连续深层油炸设备

1—出自成型机的食物生坯；2—油炸机的入口；3—潜油网带；4—炸货输送机；

5—油炸机出口；6—机体；7—食物生坯输送带

加热会引起油脂氧化，产生游离脂肪酸、氢过氧化物并产生小分子醛、酮等挥发性物质，使油产生哈喇味等一些不愉快的气味和味道，油中脂溶性维生素的氧化造成营养价值的损失。视黄酮、类胡萝卜素和生育酚在油炸过程中受到破坏，都会改变原有的味道和色泽。现在国内所用的煎炸用油主要是棕榈油，其价格便宜，且有很好的煎炸特性。

煎炸的主要目的是形成煎炸食品焦皮中特殊性的色泽、风味和香气。这些食用品质的形成通过美拉德反应和食品从油中吸收的化合物共同实现。在日常饮食中煎炸食品占比例较大会造成脂肪的过量摄入，因此应控制摄入，降低糖尿病、冠心病等的风险，同时迫于消费者的要求，生产商需要改变加工工艺，尽量减少食品吸收和夹带的油量。高的油温使焦皮迅速形成，将食品表面密封起来，减少了食品内部的变化程度，因此保留了大部分的营养物质。旨在干燥和延长货架期的煎炸使营养素损失量大大增加，尤其是脂溶性维生素。在低温长时间的油炸处理时对热和氧气敏感的水溶性维生素也受到破坏（Saguy et al，1995）。

2.1.4　烘焙

烘烤和焙烤在本质上属于同一个单元操作，都是利用热空气来改变食品的口感等。但其应用的领域不同，烘烤主要是面制品如面包等。而焙烤主要应用于肉类、坚果等。除了提供食品的风味外，烘烤和焙烤可以通过杀灭微生物和降低水分活度起到防腐的作用。

2.1.4.1 烘焙的原理

烘焙过程包括传热和传质两个过程。热量从烤炉内的热表面和空气中传递到食品中而水分从食品中传递到其周围的空气中,然后再到烤炉之外。

在烤炉中,热通过炉壁的红外辐射、循环空气的对流和盛放食品的托盘的传导三种方式相结合,最终传递到食品表面。烤炉内的空气、其他气体和水蒸气以对流的方式传递热量。空气边界层是热向食品内部传递和水蒸气离开食品的障碍,界面层的厚度大部分取决于空气的流速和食品的表面特性,同时在一定程度上控制了传热和传质的速度。对流气流可以促使热量均匀地分布于整个烤炉,所以在很多烤炉内安装了风扇,就是为了加大烤炉内的对流可以提高传热系数和能量利用率。

在面制品表面以对流方式进行,当蒸发面向内移动,热量通过表层传导到食品内部。而热在托盘中的传导提高食品底部接触面的温度,因此与食品表面焦皮相比接触面烘焙速度提高。食品体积的大小是影响烘焙的一个重要因子,它决定了热对食品中心的烘焙要传递一定的距离。

当食品送入高温烤炉后,由于炉内空气的含水量低,形成了一个水蒸气压梯度,使食品表面的水分蒸发,这又反过来使得食品内部的水分向表面移动。水分丧失的程度取决于食品的特性、烤炉内空气的运动和产热速率。当水分从表面散失的速度高于其从内部向表面移动的速率时,蒸发区就扩大到食品内部,食品的表面逐渐干透,且温度升高至热气的温度,形成焦皮。这种处理不仅改善了食品食用品质,也有助于保持食品内部的水分。与旨在尽量除去食品中的水分而不改变其感官的脱水过程相比,烘焙所导致的食品表面变化及一些产品内部水分的保持是必需的质量标准,比如饼干,其内部的水分也必须除去以达到需要的松脆质地。烘焙的传质和传热见表2-2。

表 2-2 烘焙的传质和传热

食品部位	传质类型	传热类型
界面层	蒸发扩散	传导、对流、辐射
焦皮	蒸发扩散	传导、对流
蒸发区	蒸发扩散、表面扩散、毛细管流动	传导、蒸汽和液体水的运动
内部	毛细管流动	传导

2.1.4.2 烘焙所用的设备

烤炉分为直接加热型和间接加热型。直接加热型烤炉是空气借助天然对流或风扇再循环，通过调节进入烤炉的空气流量，可对炉温进行自动控制。直接加热烤炉的优点有：焙烤时间短、热效率高、烘焙条件好控制、启动速度快、只需加热炉内的空气。微波和电介质烤炉都是直接加热型烤炉。间接加热型烤炉即用燃料直接加热蒸汽管或用锅炉供应蒸汽，再通过蒸汽管道加热烘焙管，热气经过烘焙室和独立的换热器进行再循环。由于只需要对空气进行加热，人工对流系统与辐射烤炉相比启动时间短、对温度控制的反应快。

常见的烘烤设备见图 2-3。

图 2-3 常见的烘烤设备

2.1.4.3 焙烤对食品的影响

烘烤和焙烤的目的是为了改变食品的感官特性，以提高食品的可食性及得到所需要的味道、香气和质构。烘焙也可以钝化酶和杀灭微生物，一定程度上降低水分活度，从而使食品防腐。

食品质构的变化取决于食品本身的性质如含水、脂肪、蛋白质和碳水化合物的含量及加热的温度和时间。许多焙烤食品的特点是形成一层干的焦皮、内部包被着湿润的部分。另一些食品水分含量降低到较低水平，使食品酥脆。

烘焙产生的香气是烘焙食品一个重要的感官特征。在高温下食品表层的糖和氨基酸之间发生美拉德褐变。食品表层的高温低湿条件引起糖的焦化和脂质氧化，产生醛、酯、酮和醚等。根据不同食品表层含有的脂肪、氨基酸和糖的组合以及在加热期间食品的温度、含水量和加热时间决定了产生的香气类型，产生的芳香物质可进一步分解产生焦味或烟熏味等。烘焙食品通常是金褐色的，这是美拉德反应、糖和糊精的焦化形成的糠醛和羟甲基糠醛以及糖、脂肪和蛋白质炭化的结果。烘焙食品的营养变化主要发生在食品表面，因此食品的比表面积是一个重要因子。对于面包来说，只有面包上表面受到影响，生面中除维生素C在烘焙中受到破坏以外，其他维生素的损失相对较少。对于肉类来说，营养素的损失受肉块大小、类型及骨和脂肪的比例等的影响。一部分脂溶性维生素会随油脂流动到烤盘上，可能会损失掉。当温度更高，烤盘滴流物质被炭化，无法食用，则这部分损失就大大增加。烘焙时蛋白质和脂肪的物理状态发生变化，淀粉焦化并水解成糊精，再被变为还原糖。美拉德反应中的氨基酸和还原糖的结合使营养价值稍有降低。美拉德反应中赖氨酸的损失可能会稍微降低蛋白质的品质。损失的程度随温度的升高、烘焙时间的加长和还原糖量的增加而增加。

2.1.5 水热处理（水煮）

水热处理是我们生活中经常会用到的热处理方式，最常见的就是水煮。在水煮过程中，淀粉糊化，由生淀粉变成熟淀粉，更利于人体的消化吸收，同时产生食品所特有的香味。在水煮处理中，热量通过水介质传递给食物，达到沸腾状态，食物随着翻滚，起到传递热量的作用。食物在介质中受热比较均匀。在处理中涉及食品与水的传热与传质，一般食品成分会有部分残留在水中，食品中的维生素、蛋白质和油脂等均能溶解在水中，根据水煮时间长短，营养物质损失不同。处理时间越长，食品中营养物质损失越多。一般人们会把煮过食材的汤也有效利用，这时损失的主要是不耐受100℃温度的部分。与焙烤等热处理不同，水热处理很少发生美拉德反应，一般只会出现淀粉的糊化、油脂溶解变成液态以及蛋白质变性，这都是人们想利用水煮达到的目的。如果水煮处理时间足够长，大部分的营养物质会留存在汤里边，因此固形物的营养价值就大大降低。水煮过程不但杀灭了微生物，也破坏了食材中可能存在的毒素。水煮在提供食品香气、质构、风味的同时，起到了杀灭微生物、提高贮藏稳定性的作用。但是由于微生物的广泛存在，经处理后的食品需真空或密封包装之后才能长时间保存。

2.2 新型热加工技术

随着各个学科的发展以及交叉学科的不断延伸扩展，食品热加工技术迅速发展，同时关于食品热加工的科学知识呈指数规律增长，重大科研成果数、科技图书的数量等快速增加，为食品热加工的发展提供强大的科技动力。食品热加工技术不仅局限于传统的热处理方式，而且与多学科交叉形成新的热加工技术越来越多。食品热加工涉及各类原料和产品，特别是现代食品工业为了满足人们营养、功能等消费需要，食品热加工将朝着安全、营养、美味及方便、多样化的方向发展，这要求食品热加工方式的不断突破和创新。当今食品热加工技术的创新，以传热学、热力学等为理论支撑，围绕微波学、红外、辐射科学等领域的新技术的科学研究及技术开发进一步发展，同时食品热加工的过程也越来越趋于自动化、数字化控制，更多的加工过程模型研究，为新的热加工技术提供理论支撑。

2.2.1 微波加热

2.2.1.1 微波加热原理

微波是一种频率在300MHz到300GHz的电磁波。在电磁波谱中，它们介于低频的无线电波和高频的红外线及可见光之间，因而微波属于非电离辐射。

依靠微波透入物料内，与物料的极性分子间相互作用转化为热能，使物料内各部分都在同一瞬间获得热量而升温。当微波作用于电介质材料时，一部分能量透射出去，一部分能量被材料反射出去，另一部分则被材料吸收，于是材料因吸收能量而温度升高，即材料被加热，加热是由于材料内部的偶极子在适应入射波振荡电场时产生分子摩擦引起的，材料获得的能量与辐射源辐射出的微波频率、场强的平方和材料的介电损失成比例。

通常把微波炉应用的波段限制在一定的范围内，最常用的是2.45GHz。在此频率下，电场使水分子方向每秒改变10^9次，从而产生大量的热，使温度以每秒10℃的速度提高，因此水成为材料加热过程中的关键因素。但还有许多其他次要因素影响加热效果。食品材料的比热容是食品材料加热的重要参数，低比热容的物质加热速度非常快，甚至比水的加热速度快，比如油脂的加热速度比水快，因为油脂的比热容比水的比热容低，所以油性材料的加热时间更短一些。在现代微波加热中，比热容成为对其加热影响的关键因素。

2.2.1.2 影响微波加热的因素

微波加热的速率和加热不均匀性受加热设备因素和负载特性的影响。任何参数的改变都会显著影响微波加热过程，其中影响较大的有电介质偏振、偶极子偏振、界面极化、传导效应和组合效应。人们很早就知道高频率微波可以对材料进行加热。热效应是由微波场中材料的电子相互作用产生的。在微波辐射下，电子传导和偶极子偏振都可以产生热效应。

微波作用于电介质时，会释放出能量，电介质材料会因偶极子旋转和离子偏振面而升高温度。极性分子（如水）在正常情况下是无序的，但当放在电场里时就会有序化，如果电场改变，极性分子会随着微波频率而改变，并保持有序的状态。当水分子旋转时，水分子间的氢键被破坏而产生能量。产热率部分取决于旋转极性分子的自由度。

微波加热时，影响能量吸收和传递的电特性是介电常数ε（电介质储存电磁能的能力）和介电损耗因数（材料以热的形式消耗电能的能力）。这些特性主要与水分和盐度的含量有关。因食品种类各异，介电特性也不同。介电损耗因数随着含盐度的增加而增加。在大多数情况下，含盐度及温度越高，微波穿透深度越浅。不同种类食品的组成不同（低盐溶性，高盐低水分固体，固体脂肪含量，悬胶体），热效应取决于不同相的介电常数和介电损耗因数。

影响食品介电性的因素很多，包括频率、温度、水分含量及食品组分，特别是盐和脂肪含量。

如果食品相差异很大，微波加热会带来很多问题。微波处理复合食品时，能量未到达低衰减因子相前已被高衰减因子相吸收，这种加热不均现象经常发现在半固体食品中，像夹心饼干，这是因为能量在未达到面团时，已被高糖吸收。

2.2.1.3 微波加热的设备构成

微波系统一般由三部分组成：微波源、波导、辐射器。微波源最主要的部分就是磁控器，其由一个真空管组成，真空管的中心是一个具有高辐射源、能够发射出电子的阴极，在阴极管的周围分布着具有特定结构的阳极，这些阳极形成了谐振腔，并与边缘场耦合而产生微波谐振频率。由于强电场的作用，使辐射的电子被迅速加速。但由于存在正交磁场，电子运动会发生偏离产生螺旋运动。选择适当的电磁场强度，可使谐振波从电子中获得能量。储存的电磁能量可以借助圆环天线，通过谐振波传输到波导或同轴线中。

磁控管的输出功率由电流或磁场强度来控制。最大功率通常会受到阳极温度的限制，要确保阳极不被融化。对于 2.45GHz 的微波，采用空气或水冷却电极时，功率分别限制为 1.5kW 和 25kW。在 915MHz 频率磁控管中，有更大的谐振波，这样单位面积可获得更高的能量。电磁波可以利用传播线和波导传导。由于波导在传输高频率电磁波时有较低的损耗，因而可用于微波能的传输。原则上波导是截面积为圆形或矩形的中空，其内部尺寸的大小决定最小传输效率。

在食品工业和家庭微波设备领域内，常用的是驻波设备。为了获得高吸收能和低反射的微波，引入了谐振器。谐振器是波导的构成部分，用来匹配负荷与波导阻抗。谐振波尽量减少能量反射，使得能量与负载达到高效匹配。由于在加工过程中负荷的变化要求不断控制这种匹配或对平均荷载优化，因此，要阻止剩余反射波的返回并防止微波源过热。可使用环形器（与微波穿行有关的装置），使得入射波通过而反射波进入附加载荷（多数为水）。另外，通过附加载荷的加热情况，可以确定反射能量。

目前在工业以及家用微波炉上，多幅微波器处于主要位置，这是因为大多数输送带隧道式辐射器和家庭式微波炉的典型尺寸规格，决定了它们都属于多模辐射器类型。

今天的工业微波炉依据微波源数量和功率的不同，分为两类：大功率单磁控管和小功率多磁控管设备。然而，对于单辐射单元可能只有单一微波源，在其他系统中，微波能可由一个大功率磁控管或几个小功率磁控管有选择地辐射。普通工业化大功率磁控管使用寿命较长。因家用微波设备市场需求量高，因此小功率磁控管有价格低廉的优势。

对于所有的微波率，重要的问题就是如何避免在产品进口和出口出现的微波辐射泄漏问题。对于流体或颗粒状小规模产品来说，要严格限制产品入口和出口的尺寸，产品在入口吸收微波能，有时需在开口处的前面附加点负载。在处理大块状材料时，在材料的入口和出口处应该设置和微波装置紧挨着的门（周家春，2004）。

2.2.1.4 微波加热在热加工中的应用

微波加热在热加工的应用很广泛，包括微波烘焙、微波干燥、微波漂烫等。

微波烘焙是一个同时具有传热和传质的复杂过程。在食品烘焙过程中，发生了大量的物理、化学及生物变化，包括淀粉凝胶化、蛋白质变性、CO_2从发酵物中释放、体积膨胀、水分蒸发、外壳形成以及褐变反应等。

在传统烘焙中，热量主要通过空气等介质对流和炉壁辐射传送到产品表面进而到达中心。热量利用速度和效率、烤炉内的湿度水平和烘焙时间是影响烘焙产品最终品质的重要条件。而微波烘焙中食品周围的空气是室温，并没有被加热，热量是由于微波对食品中带电荷的粒子以及极性分子之间的交互作用而产生的，产生的热量通过材料传导。热量在食品内部迅速产生，加热速度快，所以可能没有足够的时间保证烘焙反应充分完成。当烘焙时间减少时，要确保凝胶和褐变反应充分完成是必要的，否则烘焙产品的品质下降。

根据烘焙原理的不同，微波烘焙和传统烘焙之间最大的不同在于微波烘焙不能形成棕褐色表面和焦皮，这是因为微波炉内的空气是环境温度而不同于传统烤炉中的空气是被加热的，微波炉内焙烤的食品表面达不到褐变反应所需要的温度。

微波炉的结构见图2-4。

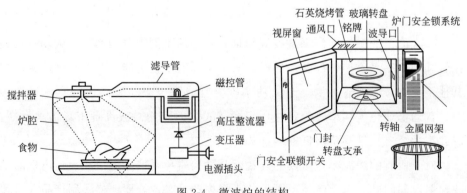

图2-4 微波炉的结构

只要有微波辐射，物料即刻得到加热。反之，物料就得不到微波能量而立即停止加热，它能使物料在瞬间得到或失去热量来源，表现出对物料加热的无惰性。微波加热具有整体性，它能穿透物体的内部，向被加热材料内部辐射微波电磁场，推动其极化水分子的剧烈运动，使分子相互碰撞、摩擦而生热。因此其加热过程在整个物体内同时进行，升温迅速，温度均匀，温度梯度小，是一种"体热源"，大大缩短了常规加热中热传导的时间。

2.2.1.5 微波对食品组分的影响

食品的主要成分有水、碳水化合物、脂类、蛋白质及矿物质等，不同组分与微波作用机理不同。根据微波的主要机制偶极子的旋转和离子的加速，微波对食品的影响主要取决于盐和水的含量，水会选择性吸收热量。高水分含量的产品，吸收微波能的主要是水，不是固形物。但是水的比热容高，当水分分布不均匀时很容易出现加热不均匀的现象。低水分含量的产品，固形物本身也吸收能量，其比热容低，加热会更均匀（宋洪波，2013）。

糖类能形成氢键，电场中会受到偶极子旋转的作用，高浓度的糖可以改变微波与水的响应频率。蛋白质表面离子区可以束缚水和盐，会产生与表面自由电荷相关的影响。脂类均是疏水性，在有水存在下与微波作用微弱。

由于微波电场的变化、食品成分的多样性以及食品在微波炉中位置的不同，会出现加热不均匀的现象，这与微波加热的理想作用模式不同。微波加热时采用提高加热均匀性的技术来解决这个问题，如旋转和振荡食品、改变频率和相位、附加吸收介质等。为了开发有效的工艺，需要了解食品的介电性。

（1）微波加热对酶的影响　酶是一种由生物活细胞构成并具有催化功能的蛋白质，蛋白质变性的不可逆性可成为用加热方法使酶钝化失活的物理基础。

图 2-5 中，酶试验品种为过氧化物酶，研究表明固定微波能量密度时酶活力下降至 $40\%\sim50\%$ 仅需 $1\sim2$min，而常规水浴加热法中欲达到同样效果则需要 12min 以上。微波加热还可以钝化面粉中淀粉酶的活性，使最终制品松软不韧，且在合适的温度和时间条件下能促使生面团中酵母菌的繁殖，有效地缩短发酵时间，提高生产率，并能有效地节油。在方便面生产中，利用微波加热干燥方便面，比油炸方便面的保质期延长 $5\sim7$ 个月，且能作为营养保健食品。

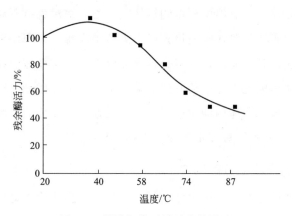

图 2-5　微波加热对酶活力的影响

（2）微波加热对食品物性的影响　微波加热对食品中维生素的影响一直都是人们十分关注的问题，也是微波技术应用研究的重要课题，国内外科技工作者做了大量的研究工作。由于微波加热时间短、效率高，而且微波加热保持了食品中的大量水分，因此十分利于最大限度地保存食品中的维生素，尤其对于维生素 C 等热敏性维生素更是有效。Isabel Sierra 对微波加热和传统加热对牛奶中维生素 B_1/维生素 B_2 保留情况作了专门的研究，他们认为在 110℃或 120℃时维生素损失很大，而微波加热引起的物料温度没有传统加热那么高，温度一般降低很多。用微波能对不同的蔬菜进行热烫处理，维生素的含量几乎不受影响，与蒸煮法中相同。无水微波烹调更有利于维生素的保存。微波处理时间的长短对于维生素的保存有较大的影响。在进行微波加热时应严格控制加热时间，保证维生素有最大的保存率。

2.2.2　红外加热

2.2.2.1　红外加热机理

传热主要以三种方法实现：导热、对流和辐射。传统的加热方式主要通过燃烧燃料或是通电进行加热，物体外部受热产生热量并通过热空气对流或是导热的方式来传递到物料中。而红外线辐射出的热能是通过电磁波的形式产生的，红外波长的范围在可见光和微波之间，可归纳为 3 个波段，即近红外（NIR）、中红外（MIR）和远红外（FIR）。3 个红外波段相对应的光谱范围为 $0.75\sim 1.40\mu m$、$1.4\sim 3.0\mu m$ 和 $3\sim 1000\mu m$。一般来说，红外加热技术在食品加工行业中应用主要以远红外辐射为主，因为大部分食品的组分其吸收红外辐射的范围主要集中在远红外波段上。红外加热的原理实质就是红外线的辐射传热过程，红外线作为一种电磁波，有一定的穿透性，能够通过辐射传递能量（高扬，2013）。当物体受到红外线照射时，会发生反射、吸收、穿透的现象，如图2-6所示。而判断红

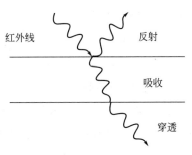

图2-6 红外辐射衰减原理图

外加热是否有效，主要是通过红外线被物体所吸收的程度来决定的，红外线的吸收量越大，其加热的效果越好。当红外放射源所辐射出的红外线波长和被加热物体的波长一致时，被加热的物体吸收了大量的红外线能量，使得物体内部的原子和分子产生共振，相互之间发生摩擦并产生热量，从而使被加热物体的温度升高，达到快速有效地加热物体的目的（Fellows P J，2006）。

2.2.2.2 红外加热设备

辐射加热器的类型有平面或管状加热器、陶制加热器及装有电热丝的石英管或卤素灯。红外发射体的特征见表2-3。

表2-3 红外发射体的特征

发射体类型	最高运行温度/℃	最大强度/(kW/m²)	最高处理温度/℃	辐射热/%	对流热/%	加热-冷却时间/s	预期寿命
短波长							
红外枪	2200	10	300	75	25	1	5000h
中波长							
石英管	950	60	500	55	45	30	数年
长波长							
陶瓷	700	40	400	50	50	<120	数年

2.2.2.3 红外加热对食品的影响

每种食品的红外吸收范围主要是其内部组分的红外吸收范围互相叠加的结果。由于食品所含的各种组分对不同波长的红外线吸收程度不同，但各组分所吸收的红外线的波段并不互补，而是相互重叠，所以整体来说，食品对各波段的红外线吸收程度不同，即食品组分对红外射线的吸收强度具有选择性。水的吸收光谱与主要食品组分的红外吸收波段相比较，可以得出食品组分的吸收光

谱其中一部分在光谱区内存在重叠。水对红外入射光线吸收状况的影响在所有波长中占据主导地位，其红外辐射吸收范围在 $2\sim11\mu m$；氨基酸类、多肽和蛋白质的红外辐射吸收范围在 $3\sim4\mu m$ 和 $6\sim9\mu m$，且该范围的吸收量最大；脂类在整个红外辐射范围中的 $3\sim4\mu m$、$6\mu m$ 和 $9\sim10\mu m$ 的 3 个吸收波段呈现出强吸收现象；而碳水化合物的吸收波段在 $3\mu m$ 和 $7\sim10\mu m$。食品表面迅速加热将水分和风味或香气成分封在食品内部，食品表面各成分的变化与烘焙过程中发生的变化类似（肖美添等，1998）。

2.2.3 欧姆加热

2.2.3.1 欧姆加热原理

欧姆加热又称为电阻抗加热或直接电阻加热，其把物料作为电路中一段导体，利用导电时它本身所产生的热达到加热的目的（耿建暖等，2006）。这种方法中交流电通过食品，食品的电阻使电能直接转化为热能。食品是加热器的电子组件，因此其电学特性与加热器的容量应该相匹配。现在主要用于：常温储存的高附加值即食食品的无菌加工；产品装入罐头前的预热；进行热填充的颗粒食品的巴氏消毒等。欧姆加热是利用食品物料的电导特性来加工食品的技术。其电导方式是离子的定向移动，如电解质溶液或熔融的电解质等。当溶液温度升高时，由于溶液的黏度降低，离子运动速度加快，水溶液中离子水化作用减弱，其导电能力增强。由于大多数食品含有可电离的酸和盐，当在食品物料的两端施加电场时，食品物料中通过电流并使其内部产生热量（图 2-7）。

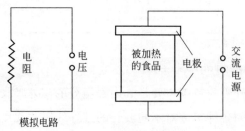

图 2-7 欧姆加热原理

从目前国外的研究和使用情况来看，欧姆加热最具有潜力的应用领域是含颗粒流体食品的无菌加工，由于食品物料的电导率在通电加热过程中是决定其内部产热量多少的主要因素之一，为了更好地设计通电加热系统，必须研究食品物料在通电加热过程中电导率随温度的变化规律，因此，目前的研究主要集中在食品物料的电导率方面。由于欧姆加热特别适合大颗粒、固形物含量高的食品，能够有效地保存食品中的营养成分，随着人们生活水平的提高，对高质量、高营养产品的需要就会越来越高，对欧姆加热技术的不断改进及深入研究，欧姆加热技术在食品的加工领域将会具有广阔的发展前景。

2.2.3.2　欧姆加热的应用

欧姆加热在食品领域的应用主要包括杀菌，其是欧姆加热技术在食品中的主要应用；欧姆加热解冻是利用冷冻食品的电导特性，电流通过冷冻食品物料内部，自身产生热量；欧姆加热技术用于食品漂烫主要是可缩短漂烫时间。Halder 等（1990）研究了土豆淀粉在通电加热中的加热速率，结果表明淀粉糊化导致加热速率变化。食品的电导率受离子量、水分流动和食品物理结构的严重影响（周亚军等，2004）。

2.2.3.3　欧姆加热的优势

欧姆加热有许多优点，物料直接将电能转化为热能，不需要物体表面和内部存在的温度差作为传热的推动力，而是在物料的整个体积内自身产生热量。加热速度快、容易控制，通过对液态食品（液体食品、亲水性胶体食品和含颗粒液态食品）加热速度与电导率的试验研究，得出食品物料的电导率是影响加热速度的主要因素，电导率越大，加热速度越快；食品的pH值对加热速度也有一定的影响，pH值越小，酸性越强，电导率越大，加热速度越快。食品加热处理的时间不宜过长，否则会造成蛋白质类食品营养成分破坏而变性。欧姆加热大大提高了加热速度，因此生产的食品质量更好；欧姆加热是由导电溶液中电流的通过而使物料在整个体积内自身产生热量，特别是对于含有较大颗粒的液态物料或含有细小颗粒的固液混合物，由于食物块加热不经受从容器外层到中心的温度梯度，可实现固体和液体的同时升温，与传热加热相比，可避免液体部分的过热；传统加热方式要通过加热介质对物料进行加热，所以在加热的过程中有大量热量损失，而欧姆加热方式通过自身的电导特性直接把电能转化成热能，能量利用率高（宋洪波等，2013）。

欧姆加热可以有效地杀灭苹果汁中的酸土脂环酸芽孢杆菌。研究发现杀菌效果主要与欧姆加热的电压有关,杀菌率随电压的升高而增大,同时还受加热温度、加热体积和 pH 值的影响,杀菌率随温度的升高和加热体积的增加而增大,基于最大限度保持果汁的营养成分和节约能源考虑,最佳的杀菌温度为 70℃。低 pH 值也有利于欧姆加热杀菌。欧姆加热处理牛奶,随着杀菌温度的升高、杀菌时间的延长、欧姆加热电压的升高,牛奶中菌落总数和人肠道菌群残留率均减小,而营养成分损失率升高,经欧姆加热处理的牛奶可达到完全无菌的状态。

2.2.3.4 欧姆加热存在的问题

欧姆加热技术在美国、英国和日本正处于推广应用以及新型设备的开发研究阶段,而我国还处于刚刚起步阶段。欧姆加热有很多优点,但在推广应用过程中,也存在着一些障碍:欧姆加热设备的投资较大,人们对欧姆加热的高质量产品还没有充分的认识;在技术上还不够成熟,如加热速度的控制;非均质的复杂食品物质,在通电时内部电流能否均匀分布成为影响加工品质的关键;含颗粒食品的密度过大或过小难以保障加热效果。

2.2.4 挤压

食品挤压加工技术是集混合、搅拌、破碎、加热、蒸煮、杀菌、膨化及成型等为一体的高新技术,这一技术在我国应用时间不长,但由于它所具有的显著特点而迅速得到推广应用。随着对挤压机理研究的不断深入和新型挤压设备的研制开发,用挤压法加工高效节能、富含营养、风味多样化和美味化、食用方便的新型食品已成为我国食品工业在今后相当长一段时期内的发展重点。

2.2.4.1 挤压加工原理

食品挤压加工概括地说就是将食品物料置于挤压机的高温高压状态下,然后突然释放至常温常压,使物料内部结构和性质发生变化的过程。含有一定水分的食品物料在挤压机中受到螺杆推力的作用,受到套筒内壁、反向螺旋、成型模具的阻滞作用,套筒外壁的加热作用以及螺杆与物料和物料与套筒之间的摩擦热的加热作用,使物料与螺杆套筒的内部产生大量的摩擦热和传导热,在这些综合因素的作用下,使机筒内的物料处于 3~8MPa 的高压和 200℃ 以上的高温状态,此时的压力超过了挤压温度下的水的饱和蒸汽压,这就使挤压机套筒物料中的水不会沸腾蒸发,物料呈现出熔融状态,一旦物料从模头挤出,压力骤降为常压，物料中水分瞬间闪蒸而散发，温度降至80℃左右，导致物料成为具有一定形状的多孔结构的膨胀食品。

挤压蒸煮技术主要是用于谷物加工方面，同时也应用于饮料、糖果、油料作物等的加工以及饲料工业中。在这些行业中，挤压机能替代滚筒干燥机、蒸煮锅、烤炉、搅拌反应器等设备。食品的挤压蒸煮加工是将含一定水分的淀粉或蛋白质等原料在一个加热机的筒内，由与其良好配合的转动螺杆进行输送挤压，借助于压、加热和机械剪切力的联合作用，加速淀粉的糊化或蛋白质变性，进行增塑和蒸煮的工艺方法。物料在各种形状的模具中成型，继之膨胀并被旋转的刀片切割成所需要的长度。这种挤压蒸煮的温度一般在120℃以上，而受热的时间却很短（一般在1min内），属于高温短时加工工艺，对于保持食品的营养成分、良好的质构、口感、风味非常有益，它是目前食品蒸煮加工系统中最新、用途最多、较经济有效的一种方法。

2.2.4.2 挤压蒸煮设备组成

挤压设备包括单螺杆挤压机和双螺杆压出机。根据食品受剪切的程度可将单螺杆挤出机分为：高剪切型，即螺杆高的转速和窄的刮板可产生谷类早餐和膨化小食品所需要的高压和高温；中等剪切型，用于面包制作及纺丝化蛋白质和半湿的宠物食品的生产；低剪切型，螺杆宽的刮板和低转速可生产肉制品（戴宁等，1998）。

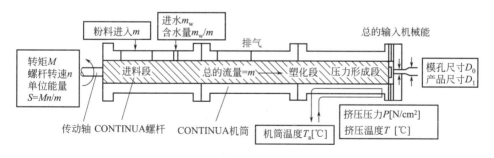

图2-8 挤压蒸煮过程中的加工参数

一般的高温短时挤压蒸煮系统包括下列各基本组成部分：①将加工原料（粒状或粉状，包括混合料）以均匀可控速度送入挤压蒸煮机的连续喂料装置；②用蒸汽或水均匀地进行加湿的方法，通常可采用小型给水泵并调节进水量，如果使用二次研磨的精粉代替粗粉，那么在加工前物料要先行加水，同时，应在挤压蒸煮湿料喂料之前,放置20~30min的成熟时间;③之后进行挤压操作,物料与挤压机的相互作用,形成高的压力和温度,并超过水饱和蒸汽压,经不同的磨具挤出,此时,压力骤降,水分发生闪蒸,形成多孔、干燥的食品(高维道等,1986)。

挤压蒸煮过程中的加工参数见图 2-8。挤压蒸煮过程能量流动见图 2-9。

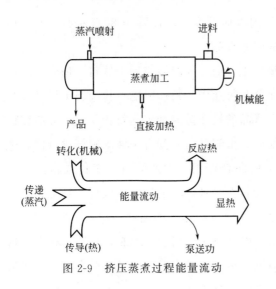

图 2-9 挤压蒸煮过程能量流动

2.2.4.3 挤压技术在食品热加工中的应用

休闲食品中的应用,根据其制作工艺的不同,可分为直接膨化型休闲食品、共挤压型休闲食品、间接膨化型休闲食品(李丽娜等,2004)。

直接膨化型休闲食品的消费非常广泛,制作工艺也比较简单。原料经挤压蒸煮后,膨化成型为疏松多孔状产品,再经烘烤脱水或油炸后,在表面喷涂一层美味可口的调味料即可,玉米果、膨化虾条等即属这一类(图 2-10)。

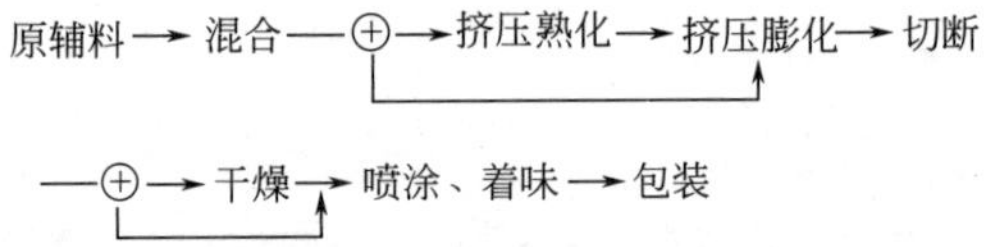

图 2-10 直接膨化型休闲食品加工工艺

该工艺一般使用较先进的双螺杆挤压机,生产过程中可根据不同的原料及产品的质量要求随时调节温度、压力、物料湿度、供料量等参数。产品挤出后,水分含量一般在7%~10%,着味后可直接包装上市,也可以进一步干燥到水分低于5%,可延长保质期。

共挤压加工是两种性质不同的物料在挤压模板处结合的一种技术,加工时,谷物类物料在挤压后形成中空的管状物,由奶酪、巧克力、糖等制成的有较好流动性的夹心料通过夹心泵及共挤出模具,在膨化物挤出的同时将馅料注入管状物中间,形成膨化夹心小食品(2-11)。

```
                          填馅料
                            ↓
谷物原料 → 混合 → 调湿、挤压、成型 → 冷却 → 切割 → 包装
```

图 2-11　共挤压型休闲食品加工工艺

间接膨化型休闲食品被称为"第 3 代休闲食品",它应属于一种半成品。这种食品在加工时物料在挤压机内蒸煮且温度低于 100℃,这样物料通过模板时,其中的水分不能变成蒸汽而膨化,而在后期通过油炸或热空气膨化过程去除水分以获得最终质地。

采用挤压膨化法加工大豆蛋白,可以改善大豆蛋白的风味,保留大豆本身所含的各种营养成分,并去除大豆中的豆腥味,钝化大豆中的抗营养因子,如抗胰蛋白酶、脲酶等,提高大豆蛋白在人体中的消化性能,因而大大地提高大豆蛋白的利用率。

2.2.4.4　挤压技术的优势

应用范围广,产品种类多。挤压技术既可用于加工各种膨化食品和强化食品,又可用于各种原料如豆类、谷类、薯类的加工,还可以用于加工蔬菜及某些动物蛋白。挤压技术除广泛应用于食品加工外,在饲料、酿造、医药、建筑等方向也广为应用。其生产效率高,能耗低。挤压加工集供料、输送、加热、成型为一体,又是连续生产,因此生产效率高,能耗仅为传统生产方法的 60%~80%。原料利用率高,无污染。设备操作过渡到稳定生产状态和顺利停机外,一般不产生原料浪费现象(头尾料可进行综合利用),也不会向环境排放废气和废水而造成污染。营养损失少,易消化吸收。受热时间短,营养成分破坏程度小,如蒸煮挤压时淀粉、蛋白质、脂肪等大分子物质的分子结构均不同程度发生降解,呈多孔疏松结构,有利于人体消化和吸收。不易回生,有利于长期贮藏。加工过程中受到高强度的挤压、剪切、摩擦、受热作用,淀粉颗粒在水分含量较低的情况下,充分溶胀、糊化和部分降解,再加上挤出模具后,物料由高温高压状态突变到常压状态,便发生瞬间的"闪蒸",这就使糊化之后的淀粉不易恢复其 β-淀粉的颗粒结构,故不易产生"回生"现象。

2.2.4.5　挤压技术对食品的影响

压出技术的主要特征之一是能产生特征性的产品质地。压出蒸煮的高温瞬

时条件对食品的天然色素和风味影响很小。一些压出食品也会由于产品膨化、过热或色素与蛋白质、糖分解产物或金属离子反应而褪色。压出食品的维生素的损失因食品种类、含水量、加热温度和加热时间而变化。当压出蒸煮高温瞬时处理及产品脱离模口时迅速冷却可减少维生素及必需氨基酸的损失。其中加热时间对其营养物质损失较大。高温和糖的出现会引起美拉德褐变和蛋白质的降低。

2.3 食品热加工对食品品质的影响

2.3.1 质地

食品的质地主要取决于食品的含水量、含脂量、碳水化合物以及蛋白质的类型和含量。质地的改变是由于水分和脂肪的损失、乳状液的形成或破坏、碳水化合物如淀粉的糊化或水解和蛋白质的凝结或水解。

2.3.2 味道、风味和香味

味道特征包括盐味、甜味、苦味、酸味及一些挥发性的在食品中量很少的物质。食品的味道主要取决于某种食品的配方，受加工影响不大。新鲜食品中含有挥发性成分的复杂化合物，使其具有食品特有的芳香和风味，其中有些风味物质在极低的浓度检测出来。这些成分也会随着热加工的过程损失，降低味道的浓郁程度，也可能热加工之后暴露其他一些不同的风味物质。热量的传递、离子辐射和蛋白质、脂质及碳水化合物发生的氧化反应或者酶的活动都可以产生挥发性芳香成分。比如，在热加工过程中蛋白质分解得到的氨基酸或者游离氨基酸与还原糖之间发生美拉德褐变；羰基基团与脂质降解产物之间发生脂质水解，脂质水解变成脂肪酸，脂肪酸进一步转化成乙醛、酯类和醇类（Fellows P J，2006）。

2.3.3 色泽

热加工时的氧化可能会破坏天然存在的色素，因此，热加工也会因为失去食品特有的色泽而失去价值。因此食品生产者就会用人工色素添加到食品中，以保持食品特有的颜色。人工色素往往对外界环境的热处理、pH 及光等变化较为稳定。美拉德褐变是引起食物颜色变化的一个重要因素，如在烘烤或煎炸中食品变色的重要因素。其他影响比较大、典型的还有酶促褐变及焦糖化反应，热处理可减缓酶促褐变，如热处理不及时，整个食物就会很快褐变；在高温热处理时，焦糖化反应也对食品产生重要影响，使食品产生棕色或褐色。

2.3.4 食品的营养特性

食品加工过程对食品营养特性影响最大的就是食品的热加工。热加工是引起食品营养特性变化的首要原因，例如淀粉的凝胶化和蛋白质的凝结改善了其消化性能，而热也可以破坏食品中抗营养成分（如豆类中存在的胰蛋白抑制剂），但是，热也会破坏一些不耐高温的营养成分如维生素，降低蛋白质的生物学价值并会加速油脂氧化等。其次对食品营养性质改变的因素是食品组分的氧化作用。当食品暴露到热处理条件下加上氧化酶的作用下，食品组分就会发生氧化，氧化对食品品质的影响主要有以下几方面：脂类氧化成过氧化物，之后继续氧化成次级氧化产物如各种羰基化合物、羟基化合物和短链脂肪酸，煎炸用油长时间使用会产生一些有毒、致癌物质（Fellows P J，2006）。热加工过程中营养的损失对健康的影响程度取决于这种食品在人们饮食中的营养学价值，一些食品（如面包、土豆、牛奶及大米、小麦、玉米）是重要的能量和营养来源，因此相对于食用量少或营养物质含量低的食品，这类食品在维生素的损失显得更为重要。

对于绝大多数人来说都可以从日常的膳食组合中获得足够的营养。因此对于个体的长期健康而言，饮食中由于热加工而引起食品组分的损失变得不太重要。而对于一些营养吸收障碍患者、高血压患者、高血脂患者以及孕妇和儿童及老年人，这些人群对营养物质有特殊要求，需要特殊的营养供给或者某些方面的摄入需要严格控制。

在食品热加工中，会产生一些有害物质。如美拉德反应终末产物 AGEs 对人体有害，如果在人体内长期积累，会导致很多疾病，如肾病综合征、糖尿病等慢性疾病。又如油脂热加工，导致油脂劣变，甚至产生丙烯酰胺，它是一种致癌物质。因此在热加工中，除追求食品风味等外，也要考虑过度热加工可能产生的危害物，尽量改进优化工艺，减少有害物质的量。

2.4 食品热加工中的微生物安全性

随着生活水平提高，食品安全问题越来越受到国际的关注和重视。食品安全，指食品无毒、无害，符合应当有的营养要求，对人体健康不造成任何急性、亚急性或者慢性危害。食品在生产、加工、运输、贮藏和销售甚至使用过程中都会有各种危害因素造成食品安全问题。食品在物理或者化学性质上发生的不利改变都会使食品变质。食品变质有物理、化学、微生物三个因素。由于微生物的作用使食品产生有害物质，失去应有的营养价值、性状，甚至产生毒素，造成食品中毒。因此，我们应该对涉及食品的各个环节严格管理，掌握微生物的生命活动规律，采取具有针对性的有效措施，才能达到预防和控制微生物对食品产生的安全隐患（江汉湖，2005）。

2.4.1 食品污染源和途径

食品微生物污染是指食品在加工、运输、贮藏、销售过程中被微生物及其毒素污染。在我们的周围，存在着一个数量庞大、种类颇多的微生物环境。食品微生物污染包括两类：一类是由于原料本身带有的微生物造成的食品污染，称为内源性污染；另一类是食品在加工、运输、贮藏和销售过程中由于操作造成的食品污染，称为外源性污染（林学岷，1999；James et al，2001；贾英民，2001；吕嘉枥，2007；柳增善，2007）。

2.4.1.1 土壤

土壤是微生物的乐园，是微生物的大本营，是微生物的天然培养基。土壤中含有大量的无机物和有机物，为微生物提供了大量的营养物质，而且土壤中含有一定量的水分，满足微生物生长对水分的要求。地表层微生物 $10^7 \sim 10^9 cfu/g$。土壤中微生物数量最多，主要是细菌，占土壤微生物数量的 $70\% \sim 90\%$，其次是放线菌、霉菌和酵母等，它们主要生存在土壤的表层，酵母和霉菌更喜欢在偏酸性的土壤中活动。

2.4.1.2 空气

空气中的微生物主要来自土壤和人以及动植物。空气中的微生物主要是放线菌、霉菌、孢子和酵母等。不同环境的空气中微生物含量差距很大。室内污染严重的微生物含量一般为 10^6cfu/m^3；居民生活地微生物一般为 2000cfu/g；海洋上空的空气中微生物含量一般为 $1\sim 2\text{cfu/g}$。因此，食品加工厂不适宜建在闹市区和交通主干道旁边。尘埃越多，微生物越多；下雨或者下雪过后，空气中微生物会显著减少。

2.4.1.3 水

水中含有无机质和有机质，水中的含氧量随着深度改变而不同，水温也会有不同程度的差异，因此不同的水质适应不同种类微生物的生长。水中微生物包括两种：一是原本生活在水中的微生物，叫做自养型微生物，该类微生物习惯生存在洁净的水中，如硫酸菌、蓝细菌、铁细菌和绿硫细菌等；另外一种是随着土壤和污水及腐败的有机质进入水中的，叫腐生性微生物，该类菌是造成水体污染和传播疾病的罪魁祸首，如变形杆菌、大肠杆菌、各类芽孢杆菌和弧菌等。水在食品生产过程中，不仅是微生物传染源，也是污染食品的主要途径。如果使用了微生物污染的水做食品原辅料，那么就会对食品安全产生威胁。

2.4.1.4 人和动物

健康人的头发、皮肤、呼吸道等都带有微生物。当人被病原微生物危害时，体内会有大量的病原微生物，并通过呼吸道和消化道排出体外。猫、狗和老鼠、苍蝇等的体内和体表也携带大量微生物，接触食品会造成食品微生物污染。

2.4.1.5 加工设备和包装材料

加工器械本身没有微生物生存所需要的营养物质，不会引起微生物的生长，但是当加工的食品残留在器械中，就会引起微生物在器械上大量生长繁殖，再次加工食品，就会造成食品微生物污染。包装材料本身含有的微生物很少，已经经过消毒的材料，如果后续处理不当，也会感染到微生物，受到污染的包装材料包装即使已经消毒的食品也会重新造成食品污染。

2.4.1.6 食品原料

作为食品原料的动植物原料，不管健康与否，都会含有一定量的微生物，如果加工过程中处理不当，就会使食品发生变质，引起食品安全问题。

2.4.2 食源性致病微生物

食源性致病微生物（food-born pathogenic microorganism）是导致食源性疾病的微生物，主要包括三种：细菌性微生物；真菌性微生物；病毒介导的食源性致病微生物（庞佳红，2006；毛雪丹，2011）。

世界卫生组织（WHO）将食源性疾病定义为通过摄食方式进入人体体内的各种致病因子引起的通常具有感染或中毒性质的一类疾病。1984年，WHO将"食源性疾病"一词代替"食物中毒"。据美国疾病预防与控制中心（CDC）统计，每年有4800万人罹患食源性疾病，3000人死亡。食源性致病因子多样，美国公布的九大食源性疾病分别是沙门菌中毒、弯曲杆菌病、志贺菌病、大肠杆菌O157感染、隐孢子虫病、小肠结肠炎耶尔森菌感染、弧菌病、单增李斯特菌感染以及环孢子虫病。近几十年来，大多数人类传染病都是起源于动物，通过食品和食品加工进行传播（Simjee S，2007）。

2.4.2.1 食品中常见的细菌性微生物

（1）芽孢杆菌 芽孢杆菌属（*Bacillus*）是一类产芽孢的革兰氏阳性菌，好氧或兼性厌氧生活。大部分为中温微生物，但也有嗜寒微生物、嗜热微生物。蜡样芽孢杆菌是芽孢杆菌属中的一种，菌体细胞杆状，末端方，成短或长链，$(1.0\sim1.2\mu m)\times(3.0\sim5.0\mu m)$。产芽孢，芽孢圆形或柱形，中生或近中生，$1.0\sim1.5\mu m$，孢囊无明显膨大。革兰氏阳性，无荚膜，运动。菌落大，表面粗糙，扁平，不规则。生长温度范围20～45℃，10℃以下生长缓慢或不生长，最适生长温度为28～35℃。存在于土壤、水、空气以及动物肠道等处。在葡萄糖肉汤中厌氧培养产酸，在阿拉伯糖、甘露醇、木糖中不产酸，分解碳水化合物不产气。大多数菌株还原硝酸盐，50℃时不生长。在100℃下加热20min可破坏这类菌。该菌株芽孢具有典型耐热性，干热120℃加热60min才能杀死，允许生长pH范围为4.9～9.3。

蜡样芽孢杆菌与少数食物中毒有关（2%～5%），包括一些严重的恶心、呕吐以及腹痛。杆菌性食物中毒是由于错误烹调方法造成细菌孢子残留在食物上，更糟糕的是食物被不当冷冻而让孢子发芽。细菌繁殖的结果是产生肠毒素，人食用含毒素的食物后会出现呕吐、腹泻等不良症状。

蜡样芽孢杆菌食物中毒的诊断，很多是根据流行病学线索，中毒食品检出蜡样芽孢杆菌＞10^5 cfu/g 作为食物中毒的判断依据。食品中污染蜡样芽孢杆菌在室温（16～40℃）即易繁殖产生肠毒素，故肉类、奶类及剩饭等熟食品只能在低温短期时间存放。污染蜡样芽孢杆菌的剩饭等熟食品即使在食用前加热煮沸，蜡样芽孢杆菌的芽孢也不易死亡（Koopamans et al，2002）。

（2）肉杆菌　肉杆菌（*L. carnis*）是新鲜肉类上的细菌，该菌属于革兰氏阳性菌，过氧化氢酶试验呈阴性，曾归入乳酸杆菌属，其亲缘关系与肠道球菌相似。该菌生长温度范围是 0～45℃，有些能够发酵葡萄糖产生气体。肉杆菌与乳酸杆菌的区别在于其不能在醋酸盐培养基上生长，在代谢过程中能够合成油酸。通常存在于真空包装的肉制品中。

（3）肉毒梭状杆菌　肉毒梭状杆菌（*Clostridium botulinum*）是棒状杆菌，革兰氏阳性，两端钝圆，周身有 4～8 根鞭毛能运动，28～37℃生长良好，最适 pH6～8，在 20～25℃时形成芽孢。当 pH 小于 4.5 或者大于 9.0 时，或者温度低于 15℃或高于 55℃时，肉毒梭状杆菌芽孢不繁殖也不产生毒素。肉毒梭状杆菌在 80℃下处理 30min 或者 100℃下处理 10min 即可被杀死，但是其芽孢却十分难以杀死，高压蒸汽 121℃处理 30min，或干热 180℃处理 15min，或湿热 100℃处理 5h 才能杀死该菌芽孢。

肉毒梭状杆菌食物中毒是肉毒梭状杆菌产生的神经毒素——肉毒毒素引起的，经肠道吸收后作用于中枢神经系统的颅神经核和外周神经，抑制其神经传导递质——乙酰胆碱的释放，导致肌肉麻痹和神经功能不全。根据所产生毒素的抗原性不同，将肉毒毒素分为 A、B、C、D、E、F、G 型，引起人类中毒的有 A、B、E、F 型，其中 A、B 型最为常见。

食物中肉毒梭状杆菌主要来源于带菌土壤、尘埃及粪便。尤其是带菌土壤可污染各类食品原料。受肉毒梭状杆菌芽孢污染的食品原料在家庭自制发酵食品、罐头食品或其他加工食品时，加热的温度及压力均不能杀死肉毒梭状杆菌的芽孢。此外，食品在较高温度、密闭环境（厌氧条件）中发酵或装罐，提供了肉毒梭状杆菌芽孢成为繁殖体并产生毒素的条件。食品制成后，一般不经加热而食用，其毒素随食物进入人体，引起中毒的发生（Vasickova et al，2005）。

对于肉毒梭状杆菌的预防方法主要是：在食品加工过程中，食用新鲜原料，避免泥土污染，加工前仔细洗去泥土，加热时应烧熟煮透；加工后的产品应避免再次污染和在较高温度下或缺氧条件下储存，应该放在通风和阴凉的地方保存；肉毒梭状杆菌不耐热，因此对可疑的食品进行加热处理，加热温度100℃，10～20min即可使毒素破坏。

（4）弯曲杆菌 弯曲杆菌（*Campylobacter*）是美国最常见的引起腹泻的疾病因子。每10万人中会有13人确诊。估计每年有240万人会受到弯曲杆菌感染。弯曲杆菌在夏季比冬季更易发生，弯曲杆菌致死案例很少，死亡仅见于体质虚弱者和老人。

弯曲杆菌呈逗点状或S形，微需氧，革兰氏染色阴性。菌体大小（0.2～0.5μm）×（1.5～5μm），较长的可有4～5个弯曲。该菌非常脆弱，生长温度范围是37～43℃，42～43℃生长最好。25℃以下不生长。具单个或双极鞭毛，运动快速，不形成芽孢。在血琼脂上易生长，菌落有光滑型和粗糙型两种。具有O（菌体）、H（鞭毛）和K（荚膜）3种抗原。本属菌有胎儿弯杆菌、痰液弯杆菌和粪弯杆菌3种。

对于食品中弯曲杆菌的预防方法主要是：避免感染，肉和禽类食物要彻底煮熟，禽类煮至内部温度至少达73.9℃；切过生禽类食物后，砧板应仔细刷洗；不饮未处理的水（溪流、湖泊、池塘等），不饮未经消毒的牛奶和乳制品；换尿布后，特别在准备食物前应彻底洗手。

（5）大肠埃希菌 大肠埃希菌（*Escherichia coli*）通常称为大肠杆菌，大肠杆菌属于革兰氏阴性细菌，大多数菌株有周身鞭毛，能运动，无芽孢。生长温度在10～50℃，最适生长温度为40℃，生长pH范围在4.3～9.5，最适pH为6.0～8.0。在相当长的一段时间内，大肠埃希菌一直被当作正常肠道菌群的组成部分，认为是非致病菌。直到20世纪中叶，才认识到一些特殊血清型的大肠杆菌对人和动物有病原性，尤其对婴儿和幼畜（禽），常引起严重腹泻和败血症。它是一种普通的原核生物，根据不同的生物学特性将致病性大肠杆菌分为6类：肠致病性大肠杆菌（EPEC）、肠产毒性大肠杆菌（ETEC）、肠侵袭性大肠杆菌（EIEC）、肠出血性大肠杆菌（EHEC）、肠黏附性大肠杆菌（EAEC）和弥散黏附性大肠杆菌（DAEC）。大肠杆菌的抗原成分复杂，可分为菌体抗原（O）、鞭毛抗原（H）和表面抗原（K）（Riley et al，1983）。

大肠杆菌能够造成人体腹泻、腹痛、发烧和呕吐等不良症状，因此，应该预防大肠杆菌对食品的污染。预防动物性食品被带菌的人、动物、水以及容器等污染，特别注意交叉污染和熟后污染。加工后的食品应该低温保藏。未经处理的人类粪便不能直接用于人类食用的蔬菜或粮食的施肥，也不能用未经氯处理的水清洗与接触食品。对于食源性肠出血性大肠杆菌，预防的主要方法是：在屠宰和加工动物性食品时，避免粪便的污染，并且，该类食品必须充分加热以杀死该菌；消费时应避免吃生或者半熟的肉，避免喝未经巴氏杀菌的奶类或者果汁。

（6）李斯特菌　李斯特菌广泛存在于自然界，不易被冻融，能耐受较高的渗透压，在土壤、地表水、污水、废水、植物、青贮饲料、烂菜中均有该菌存在，所以动物很容易食入该菌，并通过口腔-粪便的途径进行传播。

李斯特菌主要包括七个菌株：单核细胞增生李斯特菌（$L. monocytogenes$）、绵羊李斯特菌（$L. iuanuii$）、英诺克李斯特菌（$L. innocua$）、威尔斯李斯特菌（$L. welshimeri$）、西尔李斯特菌（$L. seeligeri$）、格氏李斯特菌（$L. grayi$）和默氏李斯特菌（$L. murrayi$）（存在争议）。这几种菌株仅有单核细胞增生李斯特菌能够引起食源性疾病（Vasickova et al，2005）。

患了李斯特菌病以后，你可能不会察觉。事实上，有些人不会出现任何李斯特菌病症状，而有些人则会出现类似流感的李斯特菌病症状，像打寒战、头痛、背痛、胃肠道不适等。如果李斯特菌病感染了中枢神经系统，那就可能会出现严重的头痛、颈部僵硬、头晕眼花，甚至抽搐。大部分情况下，李斯特菌可能不会严重危害到人类的健康，但在某些情况下也有这种可能。新生儿、老人等免疫力低下的人尤其容易感染李斯特菌并引发危及生命的并发症，诸如败血症、脑膜炎等。

对于食物中单核细胞增生李斯特菌的预防方法主要是：肉类、禽类、鱼类等食物，要完全煮熟后才能食用；不要直接吃烟熏的和腌制的肉类、鱼类熟食，吃之前，一定要加热到冒出热气才行；剩菜要充分加热后再吃；不要食用未经高温消毒的牛奶或奶制品，除非食物标签上标明了是由经过高温灭菌后的牛奶制成的；水果及蔬菜要彻底清洗干净或削皮后再吃。

（7）葡萄球菌　葡萄球菌属（*Staphylococcus*）在空气、土壤和水中皆存在，人和动物的鼻腔和消化道带菌概率也很大。1974年，Bergey根据生化特性将葡萄球菌分为金黄色葡萄球菌（*Staphylococcus aureus*）（简称金葡菌）、表皮葡萄球菌（*Staphylococcus epidermidis*）（简称表葡菌）和腐生葡萄球菌（*Staphylococcus saporphyticus*）（简称腐葡菌）三种。其中，金黄色葡萄球菌致病力最强，也是与食源性疾病最为密切的一种葡萄球菌，是美国2011年五大引起食源性疾病最多的致病菌之一。葡萄球菌为革兰氏阳性菌，呈球形或椭圆形，直径0.8～1.0 μm。无鞭毛，不能运动，无芽孢。大多数葡萄球菌为需氧或兼性厌氧菌，少数为专性厌氧。在28～38 ℃下可生长，最适生长温度为37℃，生长pH范围为4.5～9.8，最适pH为7.4。

金葡菌可引起皮肤和软组织感染、败血症、肺炎、心内膜炎、脑膜炎、骨髓炎、食物中毒等，此外尚可导致心包炎、乳突炎、鼻窦炎、中耳炎、中毒性休克综合征等。表葡菌除可引起败血症、心内膜炎等外，也可导致尿路和皮肤感染。腐葡菌则主要引起尿路感染。食物中毒主要是由金葡菌产生的肠毒素引起的，常发生在夏秋季节。通常是患有化脓性的人群接触食品，使食品受到污染，并在合适条件下大量繁殖和产生毒素。设备和环境表面也是葡萄球菌污染源。

预防葡萄球菌对食品安全产生威胁的方法主要是：防止人群对食品的污染，定期对工作人员进行健康检查；肉制品加工厂要将患局部化脓感染的禽畜尸体去除病变部位，经高温或者其他方式进行生产；乳制品加工要防止金葡菌对生奶的污染，不能使用患有化脓性乳腺炎奶牛的乳汁，挤出鲜奶后应迅速冷却到10℃以下，防止菌增生和肠毒素产生；应该在低温和通风条件良好的条件下储存食物，防止肠毒素产生，而且食物放置不能超过6h，再次食用前应该彻底加热（John E et al, 2014）。

2.4.2.2　食品中常见的真菌性微生物

（1）曲霉　曲霉属（*Aspergillus*）在自然界分布极广，是引起多种物质霉腐的主要微生物之一。主要菌株有黄曲霉（*A. flavus*）、烟曲霉（*A. fumigatus*）、灰绿曲霉（*A. glaucus*）、构巢曲霉（*A. nidurans*）、寄生曲霉（*A. parasiticus*）、土曲霉（*A. terreus*）和杂色曲霉（*A. versicolor*）等。许多菌株在食物中表现出黄色到绿色甚至黑色等不同的颜色。其中桃子、柑橘等水果中的黑色腐烂只是水果腐烂的一种形式。该菌属通常存在于农村的火腿或熏肉中。其中有些菌株能够引起油脂（花生油、玉米油等）腐败。

曲霉中尤以黄曲霉毒性最强。黄曲霉毒素是由黄曲霉和寄生曲霉产生的杂环化合物，它的代谢产物主要有黄曲霉毒素 B_1、B_2、G_1、G_2、M_1 和 M_2 等类型。其中黄曲霉毒素 B_1 是毒性和致癌性最强的，也是在天然污染物中最常见的。1993 年，黄曲霉毒素被 WHO 定为 1 类致癌物，是一种毒性极强的剧毒物质，其毒性是氰化钾的 10 倍、砒霜的 68 倍，仅次于肉毒毒素。其致癌能力也居首位，致癌能力是二甲基亚硝胺的 70 倍（Debajyoti et al，2014）。

预防黄曲霉毒素的主要措施在于防止毒素对食品产生污染，减少摄入黄曲霉毒素的可能性。主要是坚果、花生、粮食等不要储存太久；防止食物霉变，注意食品的保存期。

（2）葡萄孢 葡萄孢（*Botrytis cinerea*）为瘦长形，产多种颜色的孢子，菌丝体有隔膜，细胞顶端产灰色或黑色分生孢子，有时产不规则菌核。它们与苹果、梨、黑莓、草莓、葡萄以及一些水果的灰败有关。

灰葡萄孢又称灰霉菌，是一种广寄主性的、能够引起 200 多种已知植物（如水果、蔬菜及花卉）灰霉病的坏死营养型病原真菌。其在空气中广泛分布，不仅能够侵染田间作物，同样会给植物的采后阶段造成巨大损失。日常生活中遇到的果蔬放一段时间会长毛，多数就是受到了灰霉菌的侵染。截至 2013 年，世界上尚未发现有任何一种植物对灰霉菌产生抗性（Hans J R et al，2000）。

（3）青霉 青霉属（*Penicillium*）是真菌的一种（真核细胞），种类多，分布广，其中许多菌株能引起食品腐烂。青霉属为产毒霉菌。青霉菌，通常生于柑橘类水果上。蔬菜、粮食、肉类、皮革和食物上也常有分布。如产黄青霉、特异青霉均能产生青霉素。黄绿青霉、橘青霉和岛青霉能引起大米霉变，产生"黄变米"，它们产生的毒素如黄绿青霉素对动物神经系统有损害，橘青霉素能损害肾，岛青霉产生的黄天精、环氯素和岛青霉素均为肝脏毒。青霉可产生孢子，其孢子耐热性较强，菌体繁殖温度较低，酒石酸、苹果酸、柠檬酸等饮料中常用的酸味剂又是它喜爱的碳源，因而常常引起这些制品的霉变（Hector M et al，2010）。

（4）麦角菌属　麦角菌属（*Claviceps*）是真菌门、麦角菌科中的一属。分布广泛，是禾本科植物的重要病原菌。寄生于黑麦、小麦或雀麦等16属22种禾本科植物的子房内。子房中的菌丝经缩水后，形成露出子房外、形如动物角状的菌核，故名。菌核稍弯，是一略具3条钝棱的圆柱体，两端渐尖，有多条纵槽，呈暗紫色或暗棕红色。麦角中含有多种碱，一般为麦角胺、麦角新碱和麦角毒三类。

人类若食含有麦角的小麦粉或面制品，会发生恶心、呕吐、腹疼、知觉消失、头晕及痉挛等，也可发生死亡。慢性中毒有不同症状，如家畜误食后会出现耳尖、尾部、乳房及四肢皮肤性坏死。

2.4.2.3　食品中常见的病毒介导的食源性微生物

（1）禽流感病毒　禽流感（avian influenza，AI）病毒，属于甲型流感病毒。根据禽流感病毒对鸡和火鸡的致病性的不同，分为高、中、低/非致病性三级。由于禽流感病毒的血凝素结构等特点，一般感染禽类，当病毒在复制过程中发生基因重配，致使结构发生改变，获得感染人的能力，才可能造成人感染禽流感疾病的发生。至今发现能直接感染人的禽流感病毒亚型有：H5N1、H7N1、H7N2、H7N3、H7N7、H9N2和H7N9亚型。其中H5N1是一种新型的人类流感病毒，既可感染人类，也能够感染禽类、猪、马等（Celia A，2014）。

禽流感一直在世界各地出现，不同禽流感亚型，甚至同一亚型不同病毒株之间对宿主造成的毒力影响也不同。禽流感主要为横向传播，一般为接触性传播，通过直接或间接接触发生感染，呼吸道和消化道是主要传播途径。密切接触感染的家禽分泌物和排泄物、受病毒污染的物品和水也会感染。禽流感的危害性很大，对禽流感的预防也显得尤为重要。如采取封闭式饲养；防止水源和饲料被野禽粪便污染；定期对禽舍进行消毒，定期消灭禽场内的有害昆虫和鼠类；死亡的动物进行深埋或者焚烧。

（2）轮状病毒　轮状病毒（Rotavirus，RV）是一种双链核糖核酸病毒，属于呼肠孤病毒科。轮状病毒总共有七个种，以英文字母编号为A、B、C、D、E、F与G。其中，A种是最为常见的一种，而人类轮状病毒感染超过90%的案例也都是由该种造成的。

轮状病毒是由粪口路径传染的，接触弄脏的手、弄脏的表面以及弄脏的物体来传染，而且有可能经由呼吸路径传染。轮状病毒肠胃炎是一种从温和到严重的疾病，有一些表征像是呕吐、水状腹泻，以及低程度的发热。当儿童受到这类病毒感染时，在症状发生前大约会有两天的潜伏期。症状通常是从呕吐开始，接着是四到八天的大量腹泻。轮状病毒感染较容易造成脱水，因此，脱水成为轮状病毒感染的最常见的死因（Maria L S T et al，2013）。

至今为止，尚无药物治疗，只能对症补液进行补救。对于食品卫生要控制好，生产严格执行食品安全操作制度，加热进行彻底。对于婴幼儿来说，提倡母乳喂养，重视水源卫生，防止水源污染。

（3）诺沃克病毒　诺沃克病毒（Norovirus）大小约27nm，为一微小病毒，含脱氧核糖核酸，最少10个病毒就能导致感染。该病毒为发达国家流行性胃肠炎的主要病原，常可引起急性腹泻。本病全年均可发生，以秋冬季较多，多见于1~10岁小儿。常于学校、托儿所、文娱团体、军营或家庭中发生流行。生食海贝类及牡蛎等水生动物，是该病毒感染的主要途径，也可能经呼吸道传播。成人有诺沃克病毒抗体者为55%~90%，旅游者腹泻中约6%为诺沃克病毒所致。经研究，该病毒引发的食源性疾病占总食品安全事件的半数以上（Widdowson et al，2005）。对于诺沃克病毒，预防感染的方法就是生熟分开，少吃生食，特别是不生吃牡蛎等贝壳类海鲜，蔬菜水果需要彻底清洗，必要时应去掉果皮食用。此外一定要勤洗手，尤其是在如厕后、进食前或是进行食物加工之前。

2.4.3　食品热加工对微生物的控制

食品热加工是改善食品品质、延长食品保质期的重要处理方法之一。热处理对食品的有益作用有：杀死微生物，主要为致病菌和有害微生物；钝化酶，主要是过氧化物酶和抗坏血酸酶；改善食品品质，如产生特别的色泽、风味等；破坏食品中不良因子，如大豆胰蛋白酶抑制因子（秦文，2011）。食品热加工有多种方式，如热烫、烹饪、杀菌等方式，方式不同对微生物的作用及原理也不相同。

2.4.3.1　热烫

生鲜的食品原料迅速以热水或蒸汽加热处理的方式处理，称为热烫。其目的主要为抑制或破坏食品中的酶以及减少微生物数量。热烫处理的首要目标是钝化食品中特定的酶，获得贮藏的稳定性，以免有些酶在冷藏、冻藏或脱水食品中保持其活性。其次，热烫处理足以减少微生物的存在，杀死部分细菌微生物，尤其是那些残留在产品表面的微生物。而且人们也认为热烫可去除水果或蔬菜细胞间的空气，对罐藏制品，在密封前这一处理是非常有利的。最后热烫可以增强大部分水果和蔬菜的色泽。

2.4.3.2 烹饪

烹饪中"烹"就是煮的意思，"饪"是指熟的意思，狭义地说，烹饪是对食物原料进行热加工，将生的食物原料加工成熟食品；广义地说，烹饪是指对食物原料进行合理选择调配，加工制净，加热调味，使之成为色、香、味、形、质、养兼美的安全无害的、利于吸收、益人健康、强人体质的饭食菜品，包括调味熟食，也包括调制生食。烹调是指将可食性的动植物、菌类等原料进行粗细加工、热处理及科学地投放调味品等烹制菜肴的过程。烹饪有煮、炖、烘焙和煎炸等，不同的处理方法，加热方式和加热温度也不相同。煮和炖一般在100℃的沸水中进行，烘焙采用干热处理方式，煎炸则是用高温油处理。烹饪能破坏微生物活性，破坏酶活，提高食品安全性，改善食品色香味，提高可消化性。

2.4.3.3 杀菌

该技术是以杀死微生物为目的的热加工方式，根据要杀灭的微生物分为巴氏杀菌和商业杀菌。相对于商业杀菌，巴氏杀菌较温和，处理温度在100℃以下。牛奶的巴氏杀菌为62~65℃、30min，巴氏杀菌可以使酶失活，并破坏食品中热敏性微生物和致病菌。商业杀菌是一种较强烈的杀菌方式，是以杀死所有致病菌、腐败菌和大部分微生物为目的的热处理方式。同时对食品营养成分破坏也比较大。经过商业杀菌，并不是使食品完全无菌，只是不含致病菌，一些处于休眠期的非致病菌仍然存在，在正常的存储情况下不会生长繁殖。

（1）低温加热杀菌　低温加热杀菌又称巴氏杀菌，是一种利用较低的温度既可杀死病菌又能保持食品中营养物质风味不变的消毒法，此杀菌方法适用于酒精饮料、牛奶和果汁等液体食品的热处理。

一种是将牛奶加热到62~65℃，保持30min。采用这一方法，可杀死牛奶中各种生长型致病菌，灭菌效率可达 97.3%～99.9%，经消毒后残留的只是部分嗜热菌及耐热菌以及芽孢等，但这些细菌多数是乳酸菌，乳酸菌不但对人无害反而有益健康。第二种方法是将牛奶加热到 75～90℃，保温 15～16s，其杀菌时间更短，工作效率更高。但杀菌的基本原则是，能将病原菌杀死即可，温度太高反而会有较多的营养损失。

低温杀菌的优点是操作方便，设备简单，对食物影响较小。但是该方法并没有将所有微生物杀死，因此货架期并不是很长，需要辅以冷藏、发酵、添加剂、包装、加脱氧剂等，才能适当延长货架期。低温加热杀菌分为保持式和连续式两种杀菌方式，经历三个处理阶段，即按照设计要求将食品加热到设定温度的升温阶段、维持恒温的保温阶段、冷却至室温的降温阶段。

（2）高温杀菌 食品中高温加热杀菌是指灭菌温度在 100～121℃ 范围内的灭菌。高温杀菌又分为常压高温灭菌和加压蒸汽灭菌法。常用的是加压蒸汽灭菌法，它是利用加压提高蒸汽温度，不仅可杀死一般的细菌、真菌等微生物，对芽孢、孢子也有杀灭效果，是最可靠、应用最普遍的物理灭菌法。加压蒸汽灭菌法主要用于低酸性和中酸性罐装食品的灭菌。所使用的设备常分为两类：一类是卧式或立式高压灭菌锅；另一类是搅拌高压灭菌锅。

（3）超高温灭菌 超高温灭菌（UHT）于 1956 年首创。通过大量的基础研究和细菌学研究后，才开发出超高温灭菌。超高温瞬时灭菌是指利用直接蒸汽或热交换器，使食品在 130～150℃，保持几秒或者几十秒加热杀菌后，迅速冷却，使细菌无法存活、生长。

超高温瞬时杀菌最早用于乳品工业牛奶的杀菌操作。大量的实验数据表明，微生物对高温的敏感性远远大于食品中营养成分的物理化学变化对高温的敏感性，因此，采取超高温瞬时杀菌能最大限度地保持食品的风味和品质（周家春，2004）。

2.5 热加工食品产品货架期和安全性的确定

食品热加工的方式有很多种，总的来说，热加工可以延长食品的货架期，但是不同的热处理方式对产品货架期影响不同。热烫处理的主要目的是钝化酶及破坏微生物，因此处理后，食品的货架期会延长，但热烫只是短时间的热处理，不能彻底杀灭微生物，因此还需要后续提高货架期的单元操作。不仅热烫处理这样，其他热处理如果商业化后，都要进行商业灭菌。在包装上，采用真空包装，避免与氧气接触，以延长货架期。

煎炸其中一个目的就是干燥食品及延长货架期，长时间的低温热处理，使食品干燥再配以真空包装等，可以大大延长货架期。而对于现代食品热加工方式，食品经热处理，微生物等明显减少，而且有些热加工的主要目的就在于杀灭微生物，延长货架期，如巴氏杀菌，60～65℃大约30min热处理，可以起到杀菌的作用。但是巴氏杀菌产品不能长时间储存。

热加工对食品的防腐效果是因为蛋白质发生变性，并破坏微生物中的酶的活动和由酶控制的新陈代谢活动，破坏的速度是一级反应，即当食品被加热到足以杀死污染性微生物的温度时，不管开始食品中微生物数量有多少，在一个特定的时间段内会出现相同的死亡率，这就是死亡的对数规律。

杀死90%微生物所需要的时间称为十进位减少时间或D值，D值因微生物的种类而不同，较高的D值表示微生物对热有强的抵抗能力。由于微生物的杀灭是按对数关系发生的，因此理论上要杀死所有的微生物只要加热时间无限长就能实现，但是这会提高生产成本，因此加工的目的就是将未杀灭的微生物降低至一个预定的很低的水平，这就是商业无菌的目的。这里的热加工方式均要配以其他的包装技术，才能使货架期延长，满足消费者的需求。

参 考 文 献

戴宁，张裕中，王治. 1998. 食品挤压加工与传统加工的分析研究. 包装与机械，16（4）：1-7.

高扬，解铁民，李哲滨等. 2013. 红外加热技术在食品加工中的应用及研究进展. 食品与机械，29（2）：218-222.

高维道. 1986. 食品挤压蒸煮系统的应用和研究. 无锡轻工业学院学报，5（1）：86-89.

耿建暖. 2006. 欧姆加热及其在食品中的应用. 江苏食品与发酵，（4）：16-18.

贾英民. 2001. 食品微生物学. 第2版. 北京：中国轻工业出版社.

江汉湖，董明盛等. 2010. 食品微生物学. 第3版. 北京：中国农业出版社.

李丽娜. 2004. 挤压技术在食品工业中的应用. 哈尔滨商业大学学报：自然科学版，（2）：183-186.

林学岷. 1999. 食品微生物学. 北京：中国农业科技出版社.

刘增善. 2007. 食品病原微生物学. 北京：中国轻工业出版社.

吕嘉枥. 2007. 食品微生物学. 北京：化学工业出版社.

毛雪丹，胡俊峰，刘秀梅. 2011. 我国细菌性食源性疾病负担的初步研究. 中国食品卫生杂志，23（2）：132-136.

庞佳红，李树环. 2006. 食品安全与食源性疾病. 食品科技，8：10-13.

秦文，曾凡坤. 2011. 食品加工原理. 北京：中国质检出版社.

宋洪波. 2013. 食品加工新技术. 北京：科学出版社.

肖美添，林金清. 1998. 红外加热干燥技术及其应用. 福建能源开发与节约，(2)：38-40.

周家春，翁新楚. 2004. 食品工业新技术. 北京：化学工业出版社.

周亚军，殷涌光，王淑杰等. 2004. 食品欧姆加热技术的原理及研究进展. 吉林大学学报：工学版，34（2）：324-329.

Fellows P J. 2006. 食品加工技术——原理与实践. 蒙秋霞等译. 第2版. 北京：中国农业大学出版社.

Heldman D R，Hartel R W. 2001. 食品加工原理. 夏文水等译. 北京：中国轻工业出版社.

Schubert H，Regier M. 2008. 食品微波加工技术. 徐树学，郑先哲译. 北京：中国轻工业出版社.

Celia A. 2014. A current review of avian influenza in pigeons and doves (Columbidae). Vetrinary Microbiology，170：181-196.

Debajyoti C，Amanjit B，Manphool S，et al. 2014. Fibrosing mediastinitis due to Aspergillus with dominant cardiac involvement：report of two autopsy cases with review of literature. Cardiovascular Pathology，12：354-357.

Earle R L. 1983. Unit Operations in Food Processing. 2nd edn. Oxford：Pergamon Press：24-38，46-63.

Hallstrom B. 1980. Heat and mass transfer in industrial cooking // Linko P，Malkki Y，Olkku J，Larinkari J. Food Processing Engineering，Vol. 1，Food processing systems. London：Applied Science：457-465.

Hayhurst A N. 1997. Introduction to heat transfer // Fryer P J，Pyle D L，Rielly C D. Chemical Engineering for the Food Processing Industry. London：Blachie Academic and Professional：105-152.

Hans J R，Dietrich S. 2000. Botrytis cinerea history of chemical control and novel fungicides for its management. Crop Protection，9（12）：557-561.

Hector M，Sonia M，Antonio J，et al. 2010. Influence of post-harvest technologies applied during cold storage of apples in Penicillium expansum growth and patulin accumulation：A review. Food Control，21：953-962.

James M J. 2014. Modern Food Microbiology // John E，Gustafsin，Arunachalam M，et al. Staphylococcus aureus and understanding the factors that impact enterotoxin production in foods：A review. Food Control，10.

Koopmans M，Bonodroff C H，Vinji J，et al. 2002. Food-borne virus. Fems Micro Biol Rev，26：287-205.

Loncin M，Merso R L. 1979. Food engineering-Principles and Selected Applications. New York：Academic Press.

Maria L S T, Luciana B, Critiana M, et al. 2013. Systematic review of studies on rotavirus disease cost-of-illness and productivity loss in Latin America and the Caribbean. Vaccine, 31: 45-57.

Riley L W, Remis R S, Helgerson S D, et al. 1983. Hemorrhagic colitis associated with a rare *Escherchia coli* serotype. N Engl J Med, 308: 681.

Saguy I S, Pinthus. 1995. Oil uptake during deep-fat frying: factors and mechanism. Food Technology, (4): 142-145.

Selman J. 1988. Oil uptake in fried potato products // Frying Symposium Progress. Leatherhead, UK: British Food Manufacturing Industries Research Association: 70-81.

Simjee S. 2007. Food-Borne Disease. Totowa, N J: Human Press.

Toledo R T. 1999. Fundamentals of Food Processing Engineering. 2nd edn. Aspen, MA: Aspen Publishers.

Vasickova P, Dvorska L, Lorencova A, et al. 2005. Viruses as a cause of food-borne disease: a review of the literature. Veterinary Medicine, 50 (3): 89-104.

Wissowson M A, Sulka A, Bulens S N, et al. 2005. Nororivus and food-borne disease United States, 1991—2000. Emer Infect Dis, 11: 95-102.

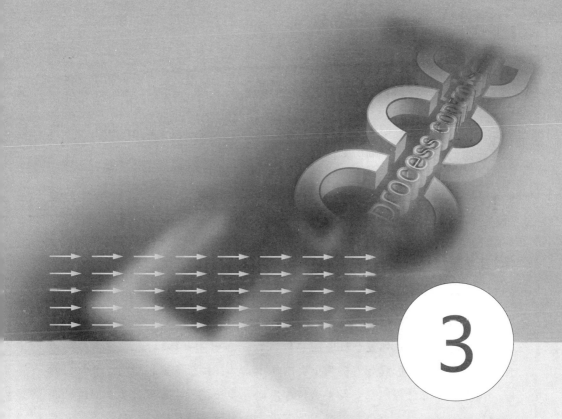

3 食品热加工过程中的典型化学反应

食品热加工过程中，食品中的三大营养物质（糖类、蛋白质、脂肪）将会发生相应的化学反应，本章介绍了食品热加工过程中最为常见的三种化学反应：美拉德反应、焦糖化反应和抗坏血酸引起的褐变反应，着重介绍了三种化学反应的反应机理、影响因素以及对食品品质的影响。

3.1 美拉德反应

3.1.1 美拉德反应发展简介

美拉德反应（Maillard reaction），又名糖化反应，是发生在氨基化合物（氨基酸、肽、蛋白质等）与羰基化合物（还原糖、油脂氧化物等）之间以羰氨反应为基础的一系列复杂反应的总称（Waller et al, 1983）。美拉德反应对食品色、香、味的形成起着极为重要的作用，如在传统的面包烘焙、咖啡豆烤制、肉类烧烤等过程中都会发生美拉德反应。美拉德反应不仅发生在温度较高的食品烹煮过程中，也可在室温条件下发生，因此，美拉德反应是涵盖了食品贮藏、运输、发酵和加工等环节的一种重要的化学反应过程。

自 1912 年法国人 Louis-Camille Maillard 发现了美拉德反应以及 1953 年 Hodge 等把这个反应正式命名为美拉德反应以来，至今食品工业界对美拉德反应开展了大量的研究工作。国际美拉德反应大会（International Symposium on the Maillard Reaction）自 1979 年召开第一届会议以后，目前已成功举办了十三届会议。随着对美拉德反应在食品风味、色泽、营养、生物安全认识的日益加深，2005 年更是成立了非营利组织——国际美拉德反应学会（International Maillard Reaction Society，IMARS），其目标就是要更为客观地了解和研究美拉德反应及其反应产物对食品带来的好处以及危害，从而更好地控制食品加工过程中的美拉德反应。美拉德反应包括一系列反应过程，其产物复杂，包括了类黑精、还原酮、含 N 和 S 的杂环化合物等，这些产物赋予食品棕色色泽，同时也赋予食品各种浓郁芳香的风味。近来研究还发现，一些美拉德反应产物还具有抗氧化活性，其中，某些物质的抗氧化活性可以与食品中常用的抗氧化剂相媲美。在关注美拉德反应及其产物的有利一面时，也不应忽视美拉德反应对食品不利的一面，例如，影响食品的营养性、不利于必需氨基酸或矿物元素的吸收利用等。

近 20 年的研究更发现某些美拉德反应产物具有诱变性与致癌性，会危害人体健康。2002 年 4 月，瑞典国家食品管理局（SNFA）和斯德哥尔摩大学研究人员率先报道，在一些油炸和烧烤的淀粉类食品，如炸薯条、炸土豆片、谷物、面包等中检出了具有潜在的神经毒性、遗传毒性和致癌性的丙烯酰胺后，美拉德反应引起的食物安全性问题愈发引起国际社会与各国政府的高度关注。2008 年在北京举办的第 40 届食品添加剂法典委员会（Codex Committee on Food Additives，CCFA）会议针对美拉德产物中焦糖的使用做了新规定，中断、废除、更新了焦糖在某些食品中的使用。美拉德反应在日常生活中十分常见，在食品加工工业中也是相当普遍，其与人类的健康密切相关。但是，人们对其反应机理的研究还是很不彻底。由于对美拉德反应的研究大多数是针对于在食品工业中的应用以及与人类健康密切相关的情况，因此，当前的研究成果主要集中在这些产物的结构与性能变化以及对营养效价的影响和对 DNA 的破坏等方面。由于美拉德反应产物众多，对一些具有潜在危害人类健康的产物的研究还未受到重视。

美拉德反应在食品中的应用十分广泛，这主要源于人们对于食品风味的需求，近年来随着研究的深入，美拉德反应的应用范围也扩展到了烟草、香精香料、防腐剂生产等诸多方面（龚巧玲等，2009）。

（1）美拉德反应在食品加工中的应用　美拉德反应能赋予食品独特的风味和色泽。所以，美拉德反应成为食品加工中研究的热点，是与现代食品工业密不可分的一项技术，在食品烘焙、咖啡加工、肉类加工、香精生产、制酒酿造等领域广泛应用。此外美拉德反应的引入还可以改善食品溶解性、乳化稳定性、起泡性等诸多性质。

（2）美拉德反应在香精香料生产中的应用　食品加热过程中 Maillard 反应产生的香味物质与加热温度和加热时间等条件有关。产生的香味物质主要有含氧化合物、含氮化合物、含硫杂环化合物，包括含氧杂环呋喃类、含氮杂环吡嗪类、含硫杂环的噻吩和噻唑类，同时还包括硫化氢和氨类物质。通过选择氨基酸和糖类，可以有目的地合成含有吡嗪类、吡咯类和呋喃类的不同香型香精。美拉德反应用于食品香精目前主要用于肉制品行业、速冻食品、米面制品、膨化休闲食品。随着人们对美拉德反应不断深入了解，近年来大部分咸味香精厂家大量利用各种还原糖和氨基酸反应来制备香味料。如通过加热糠醛和半胱氨酸以及甘氨酸、精氨酸、脯氨酸等制备肉类香精；各种合适的天然原料，如水解植物蛋白（HVP）、酵母抽提物（YE）、水解动物蛋白（HAP）、酱油、废骨抽提物、类脂肪质等都作为氨基酸来源制备香精，这些原料的应用可以使产品的风味更加多样化。据报道，脂肪氧化产物中的小分子醛、酮、羧酸等含羰基化合物及其与氨基酸、肽、多肽、蛋白质等含氨基化合物进行美拉德反应的产物，具有较强的挥发性，可产生不同种类肉的特征风味。人们相继开发出鸡脂控制氧化工艺，并将鸡脂氧化产物应用到美拉德反应中制备了鸡肉香精，而牛脂氧化制备的肉味香精，具有脂香、肉香和烤香，饱满而具天然感。

（3）美拉德反应在烟草中的应用　随着我国卷烟焦油含量不断降低，烟草行业面临的一个挑战性的问题就是要保持卷烟有足够的香味。美拉德反应是烟草特征香味形成的重要反应，美拉德反应产物（MRPs）作为天然香料能够掩盖烟草的涩度、苦味、酸味，起到提香降刺的作用，提高抽吸口感，因此，美拉德反应产物在烟草增香中的应用研究在国内外都很受关注。近年来禁烟的呼声越来越大，香烟对人体自身的损害使人们不得不担忧，含氧自由基被认为可能是造成人类多种疾病的诱因。因此，如何将MRPs的抗氧化性应用于烟草行业，利用相关物质具有的抗氧化性，可以起到清除体内自由基的作用，这对减少吸烟的危害将有积极作用。健康吸烟已经成为吸烟者和烟草行业的共同期望，因此，MRPs的抗氧化性值得进一步研究。

（4）美拉德反应在天然防腐剂开发中的应用　天然防腐剂无毒、无害，是食品防腐剂开发的主要方向之一。与化学和酶法等改性方法相比，美拉德反应改性具有很好的安全性。美拉德反应抗氧化作用与美拉德反应中还原酮的生成有关，它是终止自由基链式反应的终止剂，也有学者认为，高级美拉德反应阶段的产物类黑精通过链的断裂、氧清除以及金属螯合，表现出强抗氧化能力。壳聚糖-单糖美拉德反应产物不仅具有良好的抗氧化性和抑菌性，而且水溶性好，在替代酸溶性壳聚糖方面有巨大潜力，利用美拉德反应对天然防腐剂进行改性，制备多功能食品添加剂，对加深和推广天然防腐剂研究与应用具有一定意义。

（5）美拉德反应在功能性食品中的应用　美拉德某些反应产物除了具有抗氧化性外，还具备抗炎、抗突变性的特点。抗诱变能力可能与类黑精中还原性聚合物有关，这类物质属还原性胶体，具有很强的抗突变活性，可消除自由基，钝化抑制酶活力，并且也可通过与致突变化学物结合而减少其致突变毒性。而且，某些美拉德反应产物还具备很强的吸附运送功能，且在人体的细胞组织和新陈代谢过程中也起到很重要的作用，这些黑色物质在人体内经过酶的活化后，可能具有很强吸附病毒、细菌和人体内代谢产物的作用，从而调整机体内环境的紊乱。这些功能性优势都使得其在功能性食品的开发上具有很大的潜力，目前已有采用美拉德反应增强功能性肽抗氧化性的相关应用。

3.1.2 美拉德反应机理

3.1.2.1 初始阶段

美拉德反应的初始阶段主要包括羰氨缩合反应和 Amadori 重排反应。在该阶段生成的产物是无色并且不具有紫外吸收的。

（1）羰氨缩合（如图 3-1 所示）。 羰氨反应的氨基来源可以是游离氨基酸，也可以是含有氨基酸残基的寡肽、多肽和蛋白质。其实质是氨基进攻羰基的亲核反应。值得一提的是对于游离氨基酸来说，由于 α-氨基的存在，因此所有游离氨基酸都可以进行羰氨反应和进一步的复杂反应；而对于肽和氨基酸来说，除 N 端第一个氨基酸保留了 α-氨基外，其余氨基酸残基的 α-氨基都将参与肽键的形成。因此，肽和蛋白质上的反应位点就主要集中在具有非 α-氨基的赖氨酸残基（ε-氨基）、精氨酸残基（胍基）和组氨酸残基（β-咪唑）上，其中以赖氨酸残基上的 ε-氨基和精氨酸残基上的胍基上的反应研究较多。

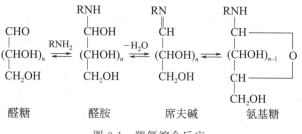

醛糖　　　醛胺　　　席夫碱　　　氨基糖

图 3-1　羰氨缩合反应

（2）Amadori 重排（如图 3-2 所示）。 Amadori 重排过程通常需要 H^+ 的催化，其反应机理如图 3-2 所示，其过程中将经历一个不可逆的脱质子反应，因此整个反应属于不可逆反应。反应得到的 Amadori 重排产物在原有还原糖的 C2 位置上会形成羰基，因此如果还原糖的羰基被封闭，该反应将无法进行。Amadori 重排产物具有较高的活性，极易发生烯醇式重排之后脱去氨基。研究表明在低 pH 条件下的酸性溶液中，受带正电荷 N 原子的吸引，电子离开 C1，1,2-烯醇化较容易进行，使得葡基胺不能形成。同时，羰氨缩合是一个可逆的过程，在酸性条件下，羰氨缩合产物很容易水解，羰氨缩合过程中封闭了游离的氨基，反应体系 pH 值下降，所以酸性条件不利于反应继续进行。而在较高 pH 条件下，由于邻近 N 原子的影响，糖碱基 C1 上电子密度增大，使 1,2-烯醇化转化困难，所以在碱性介质中，一般进行 2,3-烯醇化。

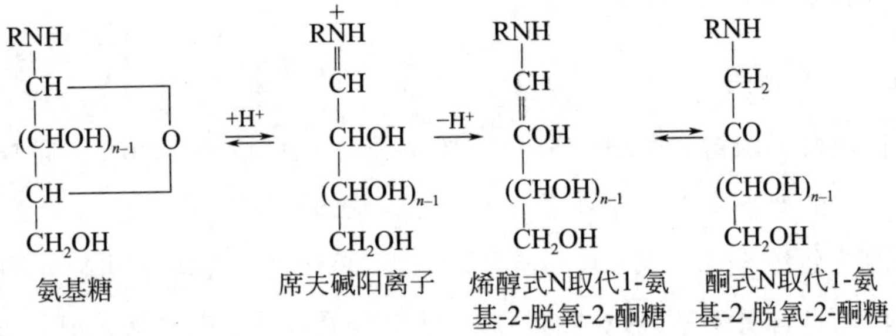

图 3-2 Amadori 重排反应

3.1.2.2 中间阶段

这一阶段的反应主要涉及 Amadori 产物的脱水、脱氨基降解和氨基酸的降解（Strecker 降解），在这一过程中将会有具有较强紫外吸收的棕黄色物质生成。总的来说此阶段产生大量的活性羰基化合物和酮胺化合物，将为终末阶段反应的进行提供大量高活性的前体物质。

（1）Amadori 产物的脱水、脱氨基降解。 还原糖的脱水反应如图 3-3 所示，应主要存在两个路径：酸性条件下易于脱去三个水分子产生呋喃，中性和碱性条件下则易于脱去两个水分子形成还原酮。呋喃的含量经常被当作衡量食品变质程度的一个重要指标，而还原酮则是具有烯酮式结构的化合物，可以进一步与氨基结合参与美拉德反应，并在一定程度上可以解释美拉德反应产物具有的抗氧化作用。研究表明相比于糖单独存在时，氨基化合物的存在能够促进呋喃和还原酮的形成。一项旨在研究呋喃对雄鼠生殖系统影响的实验发现经过呋喃处理的老鼠血液的各项参数发生轻微变化，促黄体激素和睾丸激素水平下降，呋喃服用量最高的一组其精囊的重量明显减轻而前列腺的重量显著增加。

对老鼠组织进行检查显示，呋喃造成了老鼠的睾丸、附睾和前列腺的损伤，睾丸中细胞凋亡数显著增加。欧洲食品安全委员会（EFSA）也已经证实呋喃对小鼠和大鼠具有明显的致癌性，而且有证据表明呋喃引起的致癌性还具有可遗传的特点。日常饮食中，人体很容易摄入呋喃类物质。食品在热加工和烹饪的过程中会不可避免地发生美拉德反应，即使是几种简单的物质组合在一起也会产生大量的呋喃类化合物，如丝氨酸、苏氨酸和蔗糖混合后加热，产物中就能检测出350多种呋喃类物质，原子标记法显示氨基酸以及葡萄糖都参与了呋喃的形成。

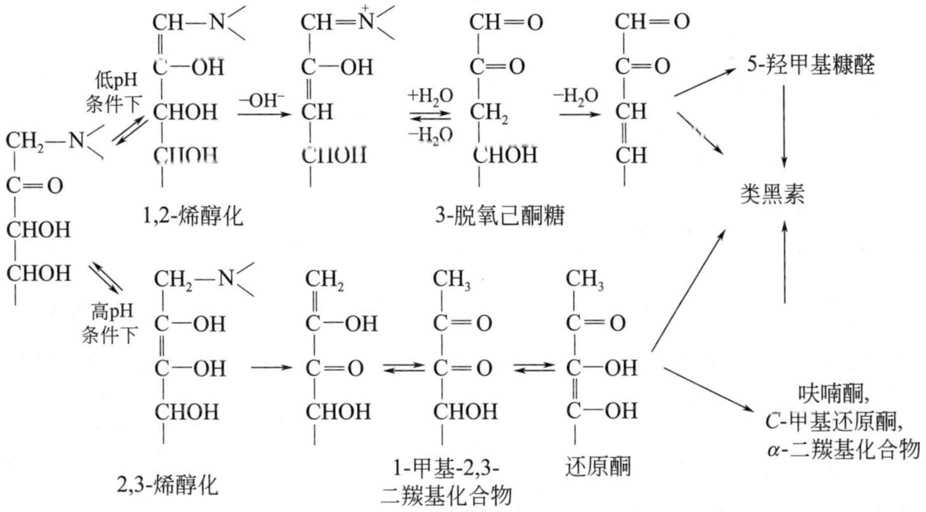

图 3-3　Amadori 重排产物在不同酸碱性下脱氨基形成
呋喃和还原酮的过程（Hodge et al，1983）

（2）糖链的裂解。糖链的裂解主要来自 Amadori 重排产物的降解和糖类直接氧化断裂两个方面（部分生成产物如表3-1所示）。Amadori 重排产物的脱水降解一方面发生逆羟醛缩合反应生成相应的酮胺类化合物与酮糖化合物，另一方面发生 2,3-烯醇化反应脱去氨基之后再经历逆羟醛缩合反应产生羰基化合物。而在高温有氧条件下糖类也会出现氧化裂解，裂解的位点并不固定，六元糖的裂解可以是 C5/C1、C4/C2、C3/C3（Li et al，2010）。降解反应过程中将会生成大量的 α-羰基化合物，这些羰基化合物具有很高的反应活性，并在接下来的氨基酸降解和羟醛缩合等反应中都将起到重要的作用。

表 3-1　糖链断裂产生的活性羰基化合物

糖链断裂产物	化学式	活性
乙醇醛	CH_2OHCHO	最高
甘油醛	$CH_2OHCHOHCHO$	
2-氧丙醛	CH_3COCHO	
丙酮醇	CH_3COCH_2OH	
二羟基丙酮	$CH_2OHCOCH_2OH$	
3-羟基丁酮	$CH_3CHOHCOCH_3$	
丁二酮	$CH_3COCOCH_3$	
乙醛	CH_3CHO	略低
3-羟基丁醛	$CH_3CHOHCH_2CHO$	依然较低
丙醛	CH_3CH_2CHO	很低
丙酮酸	$CH_3COCOOH$	更低
乙酰丙酸	$CH_3COCH_2CH_2COOH$	
糖精酸	$CH_2OH(CHOH)_2CH_2CHOHCOOH$	没有
乳酸	$CH_3CHOHCOOH$	
醋酸	CH_3COOH	
甲酸	$HCOOH$	
甲醛	$HCHO$	禁止

（3）Strecker 降解（反应机理如图 3-4 所示）。 美拉德反应中氨基酸的降解，又名 Strecker 降解，是发生在游离氨基酸与高活性二羰基化合物之间的一种氧化裂解反应，反应将生成相应的醛类和仲胺化合物并释放出一个分子的二氧化碳，这是美拉德反应中最主要的二氧化碳产生过程。Strecker 降解反应产物将进一步参与美拉德反应：降解产生的醛类一方面将进一步与氨基化合物反应生成类黑素，另一方面这些醛类发生羟醛缩合反应生成不含氮的聚合物；此外，反应产生的氨基酮类化合物经异构为烯醇胺则再经环化形成吡嗪类化合物，为食品提供浓郁的芳香气味（Rizzi et al，1999）。

$$RCHNH_2COOH + R'COCOR'' \longrightarrow RCHO + CO_2 + R'CHNH_2COR''$$

图 3-4　Strecker 降解机理

3.1.2.3　终末阶段

美拉德反应终末阶段中发生的反应机制十分复杂，主要涉及中间阶段生成醛类的羟醛缩合反应，以及羰氨缩合和杂环化合物的生成。

（1）羟醛缩合（反应机理如图 3-5 所示）。 还原糖裂解和氨基酸降解过程中会生成大量的二羰基化合物和醛类，在这一过程中将发生相互之间的羟醛缩合反应，通常会产生一些稳定的五元环和六元环。图 3-5 为一种六元环羟醛缩合产物的形成过程。

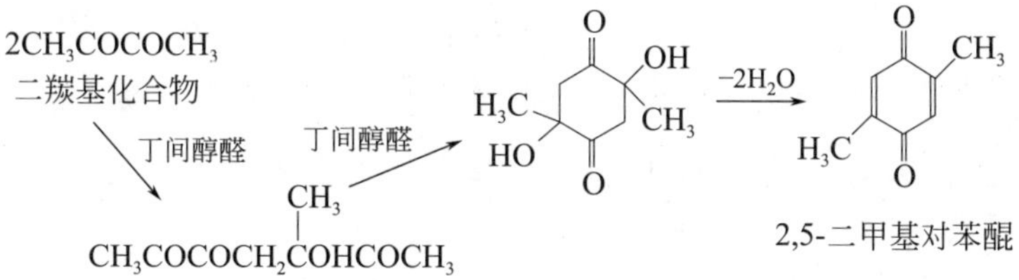

图 3-5　羟醛缩合产生一种六元环化合物过程

（2）羰氨缩合。醛类，尤其是 α,β-不饱和类型的醛类具有较高的反应活性，能够和氨基化合物形成高分子量的多聚物（类黑素等），这些多聚物由于生成机理复杂，分子结构难以鉴定，并且随着美拉德终末反应的不断进行，类黑素的分子量将不断增加，结构也更为复杂。例如，有人以葡萄糖和甘氨酸为原料制备出了分子质量超过 12kDa 的类黑素。目前鉴定出的多为一些聚合程度较低的氮杂环化合物，如吡啶类化合物、吡嗪类化合物、吡咯类化合物。通常来说，类黑素化合物含有 3%～4% 的 N 元素。

（3）类黑素的形成（图3-6所示为一种类黑素的生成过程）。类黑素的形成往往是以上两种反应加上复杂的成环反应综合作用的结果，其生成机制和结构随着环境的改变差异较大，很难去比较不同研究者对其的研究结果（Fogliano et al，2001）。并不是所有的类黑素形成之后都能够稳定存在，研究表明在达到一定的温度时类黑素也会发生降解，葡萄糖-赖氨酸反应体系得到的类黑素在 125℃ 条件下加热 2h 后发现类黑素的质量减少了 32%，在这一质量减少过程中检测到有大量呋喃、吡咯、吡咯烷酮类挥发性物质生成，这些物质的生成也是美拉德反应风味来源之一。

3.1.2.4　美拉德反应中的自由基机制

另一个研究较多的是美拉德反应自由基机制。早在 1957 年研究人员首次通过电子自旋共振技术（ESR）检测出烤咖啡中的稳定自由基，自由基浓度达 10^{16} 自旋数/g，且 ESR 信号强度随着烘烤温度和时间的增加而增强。随后，研究人员在甘氨酸-葡萄糖（100℃，1h）体系形成类黑精过程中检测到 ESR 信号，自由基浓度高达 10^{17} 自旋数/g。研究人员在 α-丙氨酸、β-丙氨酸与多种还原糖如葡萄糖、木糖、核糖等的美拉德反应过程中检测到二羟吡嗪自由基，并提出其形成途径，如图 3-7 所示。二羟吡嗪自由基 **1** 的形成是葡糖胺的片段 **3** 经过 C2-C3 途径由逆羟醛缩合形成 C_2 片段，两分子的 **4** 失去一分子水形成对称的二羟吡嗪 **5** 得到电子从而形成稳定的自由基 **1**。该理论被 Hofmann 进一步延伸扩展，并通过 ESR 和 LC-MS/MS 技术提出在赖氨酸和葡萄糖反应体系中具有二羟吡嗪结构的自由基参与蛋白质交联和类黑素形成过程中产生 CROSSPY（图 3-7）。

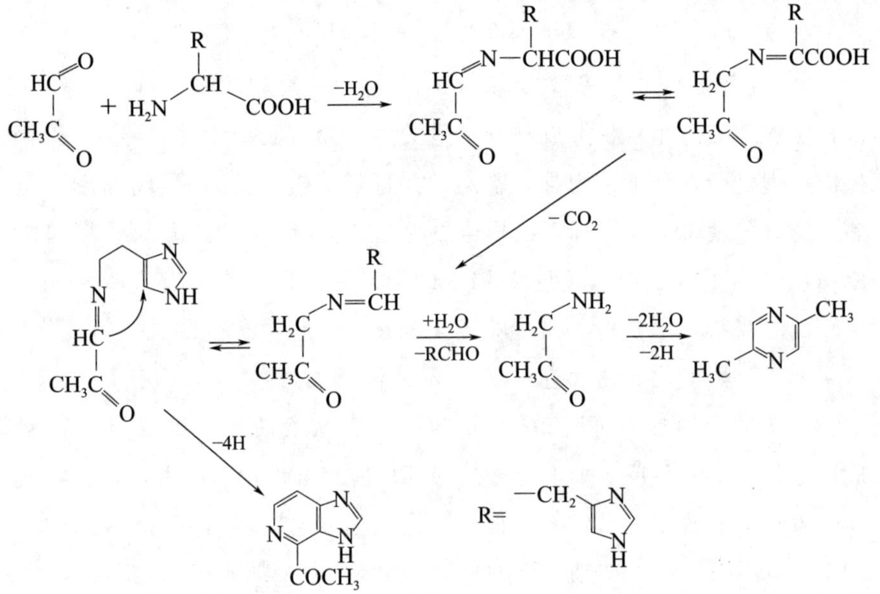

图 3-6 羰氨缩合产生一种类黑素的过程

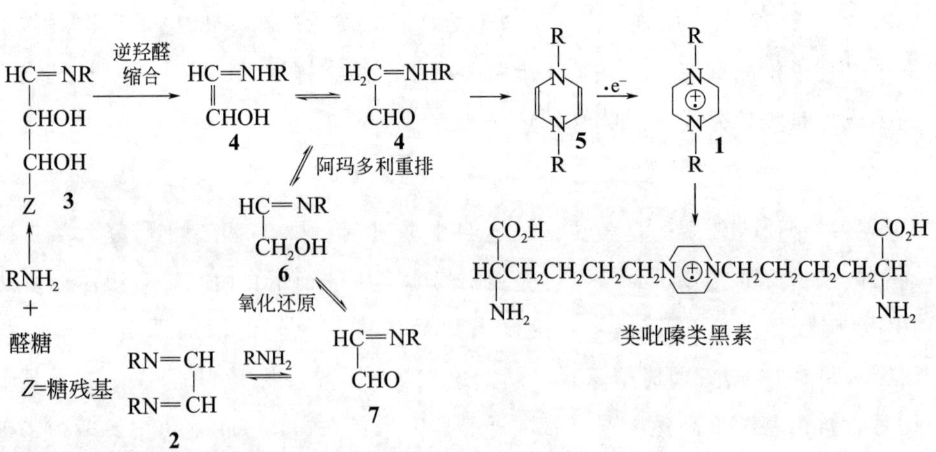

图 3-7 二羟吡嗪自由基形成路径

3.1.2.5 风味物质的形成

美拉德反应之所以在食品加工中得到如此广泛的应用，在很大程度上在于它能为食品带来愉快的色香味。所谓风味，是一种主要包括味觉和嗅觉在内的一种综合感受，一般来说人类对于气味的阈值要远远低于对味觉的阈值，因此食品的风味主要取决于食品中能够带来味觉的化合物，这些化合物通常要具有一定的挥发性。美拉德反应中形成的风味是多种多样的，如亮氨酸、异亮氨酸与葡萄糖在180℃反应能产生干酪的焦香；酪氨酸、丝氨酸和丙氨酸在同样的反应条件下则可以产生焦糖的香气；脯氨酸经过美拉德反应后会产生烤香味。食品中由于含有的氨基酸种类各不相同，因此加热后会产生不同的风味。此外，不同的还原糖与氨基酸反应后产生的风味化合物也不相同，因此在食品加工过程中，由于食品中含有的糖的种类不同，添加一定的还原糖，发生美拉德反应后会使食品风味朝着不同的方向发展。

（1）**挥发性物质。** 在美拉德反应中挥发性物质主要来源于三个方面。

第一大类为羰基化合物，其形成的主要途径是中期阶段 Amadori 产物的断裂与 Strecker 降解，这类挥发性醛类在表 3-2 中已经列出。甘氨酸、丙氨酸、缬氨酸等氨基酸在 Strecker 降解过程中都会生成相应的挥发性醛类，而半胱氨酸和甲硫氨酸在这一过程中还会生成相应的硫化氢和甲硫醇。另一个途径是通过自由基的机理形成。研究人员对可可豆提取物的研究发现，肽不需先水解成氨基酸而是直接参与美拉德反应产生挥发性风味物质，研究表明这一过程中自由基的产生促进了羰基化合物的产生。

表 3-2 **Strecker 降解产生的挥发性醛类**（Shu et al，1998）

氨基酸	Strecker 降解产物	氨基酸	Strecker 降解产物
Gly	CH_2O	Arg	不挥发物
Ala	CH_3OCHO	His	不挥发物
Val	$(CH_3)_2CHCHO$	Try	不挥发物
Leu	$(CH_3)_2CHCH_2CHO$	Ser	[CH_2OHCHO]
Ile	$CH_3CH_2C(CH_3)_2CHO$	Thr	[$CH_3CHOHCHO$]
Phe	$C_6H_5CH_2CHO$	Cys	[CH_2SHCHO]
Tyr	不挥发物	Met	$CH_3SCH_2CH_2OH$，3-甲硫基丙醛
Asp	不挥发物	Pro	未检出
Glu	不挥发物	Hypro	未检出
Lys	不挥发物	Cys	H_2S

第二大类为含氮杂环化合物，如吡啶类化合物、咪唑类化合物、吡嗪类化合物（Tressl et al，1999）。吡嗪类的形成是通过 α-二酮与氨基酸反应来形成 α-氨基酮（Strecker 降解），这些 α-氨基酮与其他 α-氨基酮缩合形成相应的杂环化合物。这个杂环化合物经过氧化过程形成三不饱和吡嗪。烷基取代是通过二羰基碎片形成的，氨基酸提供生成吡嗪的胺。吡嗪类化合物可被多种基团取代，产生吡嗪类衍生物，从而具有多种风味特征，如烷基吡嗪一般具有烘烤的风味，有类似坚果的风味特性；而甲氧基取代吡嗪通常具有粗糙的、蔬菜的风味性质；2-异丁基-3-甲氧基吡嗪有一种新鲜的切青椒的风味；乙酰基吡嗪具有典型的爆米花风味；2-丙酮基吡嗪有烘烤味或烧烤味。吡咯类形成的机理可能是由于 Strecker 降解中脯氨酸和羟基脯氨酸的参与而形成的。如果食物体系中不含有脯氨酸或羟基脯氨酸，那么一个糖至少需要与五个碳甚至更多的碳反应才能形成吡咯。食品中 2-甲酸基吡咯和 2-乙酰基吡咯是食品中含量最多的两类化合物。2-甲酸基吡咯有甜玉米风味，2-乙酰基吡咯有焦糖风味，1-丙酮基吡咯有甜面包或蘑菇风味，而吡咯内酯则有辣椒风味。嘧啶化合物较少产生，但它们具有很多气味特征，清新风味特征最为普遍。正如许多单取代的吡嗪一样，3-甲基嘧啶就具有清新气味，3-甲基-4-乙基嘧啶具有甜味和坚果风味。嘧啶被认为是有刺激性气味的，而 2-乙酰基嘧啶则有烟草的风味。嘧啶对风味的作用依赖于单个嘧啶的形成及其在食物中的浓度，低浓度时嘧啶能发出令人愉悦的气味；然而，在高浓度时则会产生刺鼻的气味。嘧啶的形成依赖于羟醛缩合生成不饱和醛类，然后与氨水或氨基酸反应环化生成含氮的杂环化合物，这个杂环的氧化可以形成嘧啶。在终末阶段的羟醛缩合和羰氨缩合反应中同样会产生一些挥发性的物质。有人研究了初始 pH、反应温度、底物浓度比以及反应时间对简单美拉德反应体（葡萄糖＋半胱氨酸）的影响，并以 1,2-乙二硫醇、2-乙基吡嗪、2,4,5-三甲基噻唑和 2-乙酰基呋喃这四种风味物质作为反应指标。结果表明，在 pH5～8 范围内，底物浓度和终 pH 随着初始 pH 的升高而下降，颜色物质含量随之增加；较高 pH 条件有利于 1,2-乙二硫醇、2,4,5-三甲基噻唑和 2-乙基吡嗪的生成，2-乙酰基呋喃则在酸性条件下生成量最大。温度对美拉德反应有较大影响，随着反应温度的升高，终 pH 明显下降，颜色物质生成量急剧增加；4 种目标风味化合物随反应温度的增加也有所增加，但当反应温度过高时含量会下降。在对丙三醇/水体系中研究了果糖和丙氨酸在美拉德反应中的作用，发现随着反应体系水分活度的提高褐变降低，同时通过同位素标记法发现丙三醇在这一体系中不仅是溶剂还作为反应物参与反应，形成部分 2-甲基吡嗪和 2-乙基-3-甲基吡嗪等风味物质。

第三大类为含硫杂环化合物，主要是噻唑、噻吩、硫醇等。具有清新的、坚果风味、烧烤风味、蔬菜味、煮肉香气或刺鼻的硫臭味（Hofmann et al，1995；Hofmannetal，1997）。一般是经过含硫氨基酸和美拉德反应的中间体反应形成。另一种形成机理可能是先由含硫氨基酸生成 H_2S，然后经 H_2S 和褐变中间体反应生成。人们在研究酪蛋白酶水解物-葡萄糖美拉德反应中挥发性物质的形成机理过程中，发现肽直接参与美拉德反应形成了挥发物，而不是先降解为氨基酸后再反应。谷胱甘肽与核糖发生美拉德反应产生的挥发性物质使该体系的煮肉味/烤肉味明显增强，主要是由于反应产生了高含量的呈现肉香味的化合物如 2-甲基-3-呋喃硫醇、2-糠硫醇等。

第四大类为含氧杂环化合物类（Mottram et al，1994）。呋喃类（糠醛和呋喃酮）在美拉德反应产物的含氧化合物中构成和含量上都占主导地位，通常呈现为似焦糖、甜味、水果味、黄油香、坚果味或烧焦味的风味特征。糠醛和 5-甲基糠醛具有焦香、甜香、水果香。但有研究表明糠醛在葡萄糖-半胱氨酸和核糖-半胱氨酸体系中都不是活性香气成分，因为糠醛含量低或者是由于其阈值较高。4-甲氧基-2,5-二甲基-3-(2H)-呋喃酮的风味与葡萄酒相似，N-丁基醚类呋喃酮则有类似茉莉的香味。麦芽酚是第一个在食品中被鉴别出来的焦糖味物质，是一种甜味增强剂。这类化合物的形成机理是不含氮褐变中间体环化而成。美拉德反应体系中主要风味化合物见表 3-3。

表 3-3　美拉德反应体系中主要风味化合物

化合物分类	相关风味	食品举例	注释
吡嗪类	炒、烤、烘焙、坚果	烧烤制品、咖啡	—
吡啶类	青草、苦涩、饼干味	大麦、谷物制品	不愉快的味道
呋喃、呋喃酮	甜味、水果、焦糖味	咖啡、炒榛子	—
醛类	辛辣、水果、可可味	水果、洋葱、肉	部分有刺激味道
噻吩、噻吩酮	青草、焦糖、洋葱味	肉汤、炒花生	
噻唑	烤肉、坚果、玉米花	烤土豆、炒花生	
吡咯	谷物类	谷物食品	
硫二苯并噻唑	肉味	加热的肉制品	典型的肉加热味道

（2）非挥发性物质。同时美拉德反应会带来一些能够达到人味觉阈值

的非挥发性化合物，既有苦味化合物，也包含甜味强化性复合物和清凉味物（Ottinger et al，2003；Ottinger et al，2001）。这些物质通常都含有 N，多通过糖和 Amadori 重排产物的脱水裂解产物与氨基酸之间经历羰氨缩合等一系列复杂反应形成。图 3-8 列出了美拉德反应中的一些此类化合物。研究人员将大豆蛋白和鸡肉蛋白酶解，从水解物中分离出多种自身没有的鲜味，但却能增强鲜味特性的小肽 Glu-Glu、Glu-Val、Ala-Asp-Glu、Ala-Glu-Asp、Asp-Glu-Glu 及 Ser-Pro-Glu。葡萄糖和丙氨酸体系的美拉德产物 N-(1-羟甲基)-3-羟基-6-羟甲基-吡啶季铵盐本身没有甜味，但却能增强甜味的作用。木糖和丙氨酸模式美拉德反应体系的产物中发现了一种新的苦味物质 3-(2-furyl)-8-[(2-furyl)methyl]-4-hydroxymethyl-1-oxo-1H,4H-quinolizinium-7-olat，该物质在水溶液中阈值达 0.00025mmol/kg，比咖啡酸、盐酸奎宁的阈值还低。人们又发现了另两种阈值极低的苦味化合物：(2E)-7-(2-furylmethyl)-2-(2-furyl-methylidene)-3-(hydroxymethyl)-olate 和 (2E)-7-(2-furylmethyl)-2-(2-furyl-methylidene)-3,8-bis(hydroxymethyl)-1-oxo-2,3-dihydro-1H-indoliziniu-6-olate，在水中苦味阈值分别为 0.00025mmol/kg 和 0.001mmol/kg。

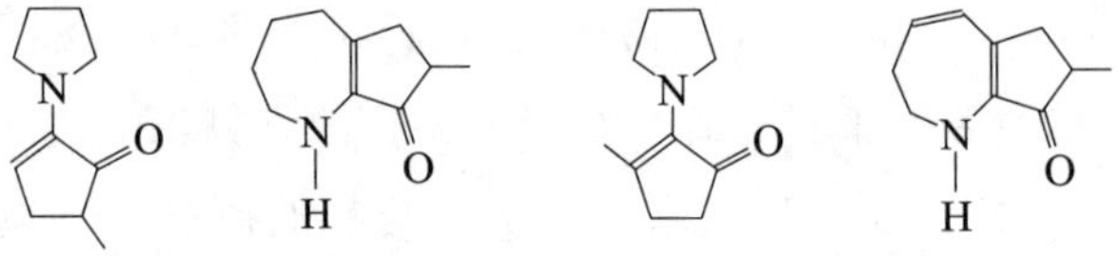

图 3-8 美拉德反应产生的一些苦味化合物（Frank et al，2002）

3.1.3 美拉德反应的影响因素

各国学者对美拉德反应褐变过程进行了不同程度的研究，从美拉德反应的影响因素入手，研究各影响因素对美拉德褐变的影响。

3.1.3.1 温度

首先，在常见的影响美拉德反应中色泽形成的诸多因素（如温度、时间、pH）中，研究较多的一个重要因素为热处理温度。美拉德反应非常复杂，包括很多反应步骤，是一个反应网络，每步反应对温度的敏感性都各不相同，温度的高低会促使反应网络沿着不同的反应支路而生成不同的产物，因此美拉德反应的进行在很大程度上依赖于体系的反应温度。其中，糖和 Amadori 重排产物的脱水和降解速度都随温度的升高而加快，而高温有氧气存在条件下糖也更容易氧化裂解产生活性羰基化合物，一般认为在食品加工的过程中，反应温度每提高 10℃，美拉德反应速率提高 3～5 倍，同时生成产物的种类和总量增加迅速。研究表明，在葡萄糖与赖氨酸反应体系中，当温度从 60℃ 提高到 80℃ 时，体系中乙二醛含量提高 10 倍以上，羧甲基赖氨酸（CML）的生成量可以提高 6～10 倍；温度达到 100℃ 时，果糖基赖氨酸的含量在不到半小时内就达到最大值，而 60℃ 条件下则需 8h 才能达到相同的生成量。在烧烤煎炸过程中，高温使得油脂发生氧化裂解生成的大量羰基化合物也可参与到美拉德反应中来，而多不饱和油脂由于更易发生氧化裂解故而将更易参与到美拉德反应中来。

3.1.3.2 pH

pH 对于美拉德反应具有重要的影响。正如前文所提到的 pH 对于 Amadori 重排产物的烯醇化脱氨基过程有着决定性的作用，之后的反应路径包括脱水裂解过程也出于此原因而有着较大的差异，这使得脱水裂解过程得到的活性羰基化合物种类和含量差异较大，随之在羟醛缩合与羰氨缩合中得到的类黑素种类也就千差万别，因此 pH 是影响美拉德反应的重要因素。图 3-9 为碱性条件下一种呋喃酮的生成过程。还原糖的活性形式是开链式，氨基化合物的活性形式是非质子化化合物，而开链式还原糖和非质子化氨基化合物的含量是依赖于反应体系的 pH，所以在不同的 pH 条件下，美拉德反应的速度有着很大的不同，同时，反应体系形成的产物也是有很大差异的。一般而言，美拉德反应在 pH3～10 是随着 pH 的升高而加剧的，酸性条件不利于美拉德反应的发生，中性和微碱性条件则会加速美拉德反应的进行。

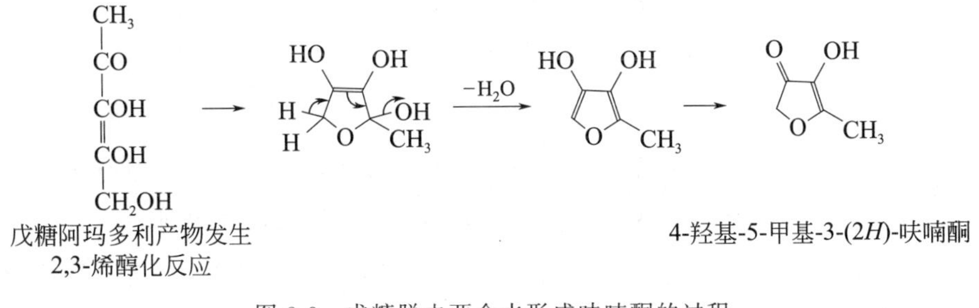

戊糖阿玛多利产物发生 2,3-烯醇化反应 → → 4-羟基-5-甲基-3-(2H)-呋喃酮

图 3-9 戊糖脱去两个水形成呋喃酮的过程

在工业生产中可以通过控制反应体系的 pH 来控制体系美拉德反应的进

程。同时，随着美拉德反应不断进行，通常反应溶液的pH值也会不断下降，由此带来的反应机理、路径的改变也就使得类黑素的种类和结构更加复杂多变。例如，木糖与赖氨酸反应过程中，当不断加入NaOH使反应体系pH保持在5时，可以检测到54种挥发性物质，而在未加NaOH的反应溶液中只检测到28种挥发性物质，并且在前一个体系中检测到含氮化合物也多于后一个体系，单环吡咯类化合物、吡啶类化合物也只在前一个体系中被检测到。中国农业大学的研究人员在140℃、40MPa条件下核糖-半胱氨酸体系中探讨pH的影响，发现酸性（pH＝5.6）和中性（pH＝7）条件下抑制褐变，碱性（pH＝8）条件下促进褐变。当pH值在3～10之间时，美拉德反应会随着pH值的上升呈上升趋势。在偏酸性环境中，反应速率降低，因为在酸性条件下，N-葡萄糖胺容易被水解，而N-葡萄糖胺是美拉德终产物形成的前体物质。在偏碱性环境中，美拉德中间产物与NH_3快速生成类黑精，体系颜色就会很快变深。此外，美拉德在碱性条件下促进颜色加深，这在咸味香精生产中有特殊意义。

3.1.3.3 水分活度

水分活度（a_w）也是影响美拉德反应程度的一个因素。在无水条件下，糖类和氨基化合物的分子运动性较差，美拉德反应速率较慢，而当水分较多时又起到了稀释反应底物的作用，同样不利于美拉德反应的进行。考察水分活度、加热温度和加热时间等因素对美拉德反应的影响，研究对比了两组不同加热温度下的褐变程度，发现55℃、$a_w＝0.65$加热模型的产物的褐变程度高于60℃、$a_w＝0.44$的加热模型的产物，此研究结果说明控制一个合理的水分活度将有利于美拉德反应的进行。一般来说水分活度在0.5～0.8之间有利于美拉德反应的进行（Laura et al，2005）。

3.1.3.4 高压

现代食品加工过程中常常引入高压，并且近年来在食品保存过程中高压也已经被引入来抑制微生物的生长。高压的引入往往会影响食品加工保存过程中的化学变化。由可逆化学反应机制克制高压的引入会使得化学反应趋向体积减小的方向进行。前文提到在美拉德反应中会有大量挥发性物质生成，那么高压的引入会带来这些挥发性物质生成量的减少，从而影响食品的色香味，表3-4

列出了葡萄糖与赖氨酸60℃反应体系中一些挥发性物质的含量随压力而改变的情况。另有研究表明压力对于美拉德反应不同阶段的影响也存在差异,在葡萄糖与赖氨酸反应过程中,当反应体系初始pH值为8时,初始阶段Amadori重排产物的生成动力学受压力的影响较小,而中间阶段和终末阶段的反应会随压力的升高而减慢;而初始pH为10.2时,压力的增加反而促进了初始阶段Amadori重排产物的形成和随后的降解,之后中间阶段和终末阶段的反应程度也受到促进,从这里再次可以看出pH值对于美拉德反应的重要影响,同时说明美拉德反应的途径和速率是受多个因素综合影响的结果。

表3-4 压力对美拉德反应产物生成量的影响(Hill et al,1996)

挥发性物质	AP[①]	600MPa	RPY[②]
2-甲基-3-(2H)-呋喃酮	14	4	29
呋喃酮	108	17	16
甲基吡嗪	257	3	1
2,5-二甲基吡嗪和/或2,6-二甲基吡嗪	3951	110	3
2,3-二甲基吡嗪	127	6	5
三甲基吡嗪	758	20	3
3-乙基-2,5-二甲基吡嗪	28	—	0
3-甲基-1,2-环戊二酮	25	4	16
2-乙酰-1,4,5,6-四氢吡啶	30	9	30
2-乙酰吡咯	38	—	0
2,5-二甲基-2,5-环己二烯-1,4-二酮	7	—	0
2,3-二氢-5-羟基-6-甲基-(4H)-吡喃-4-酮	51	4	8
2,3-二氢-3,5-二甲基-(4H)-吡喃-4-酮	442	5	1
5-甲酸-6-甲基-2,3-二氢-(1H)-吡咯里嗪	17	5	29
7-乙酰-5,6-二甲基-2,3-二氢-(1H)-吡咯里嗪	78	12	15

① AP:大气压。
② RPY:600MPa到大气压条件下的相对百分产量。
注:一些葡萄糖-赖氨酸体系在pH10.1、60℃条件下大气压和600MPa处理产生的易挥发性物质。

3.1.3.5 糖的种类

糖的种类对于美拉德反应速率和产物影响较大,食品加工条件下糖与N源(氨基酸、肽、蛋白质)发生羰氨缩合反应及随后的Amadori重排反应的速率都存在差异,并且在高温条件下脱水裂解的机理和产物也不尽相同,这些原因导致了不同种类的糖源美拉德反应的程度和产物不同。科研人员在研究微波和传统加热方式下的食品模拟体系糖化反应过程中CML生成的宏观变化规律时发现,在美拉德反应中还原糖更有利于生成CML,不同的糖生成CML

总量的顺序为：乳糖＞葡萄糖＞蔗糖。而且，微波加热相对于传统加热能够生成更多的 CML。一般来说还原糖参与美拉德反应的反应活性规律如下：单糖＞双糖，醛基化合物＞酮基化合物，五碳糖褐变速度是六碳糖的 10 倍。还原性单糖中五碳糖褐变速度排序为：核糖＞阿拉伯糖＞木糖；六碳糖排序为：半乳糖＞甘露糖＞葡萄糖。还原性双糖分子量大，反应速度也慢，而醛基化合物中 α,β-不饱和醛的反应活性是最大的（Abraham et al，2006；Sottawat et al，2005）。

3.1.3.6 其他影响因素

由于美拉德反应的复杂性，除了以上影响因素外，N 源的不同、磷酸盐离子、金属离子（Terasawa et al，1991）、脂质氧化物等因素也会对美拉德反应的速率与路径产生不同的影响。

人们在研究磷酸缓冲液对美拉德反应的影响时发现：磷酸盐 pH 值在 5～7 之间时可加速美拉德反应褐变，在含有磷酸盐缓冲液的模型反应体系中，美拉德反应的速率为不含磷酸盐反应体系的 10～15 倍。四硼酸盐的添加能够促进褐变，且不同的糖体系敏感性不一，木糖最为敏感，原因可能是四硼酸盐提高了反应物浓度从而促进美拉德反应生成色素物质，另外一个原因是盐类物质易使糖形成开链状态，有利于褐变。前文提到过氨基酸的 α-氨基可参与美拉德反应之中，而肽与蛋白质只在 N 端存在一个 α-氨基，并且蛋白质美拉德反应位点还会受到其空间构象的影响，一般来说美拉德反应速率氨基酸＞肽＞蛋白质；然而人们在研究甘氨酸为 N 端的二肽美拉德反应活性过程中发现当 C 端为谷氨酸时反应速率增加了近乎 3 倍，推测认为谷氨酸的非 α-羧基能起到与磷酸根类似的催化作用，机理如图 3-10 所示。另有研究表明牛血清白蛋白与葡萄糖反应体系中加入 Fe^{3+} 和 Cu^{2+} 将减少呋喃素的生成量，但体系整体 420nm 处吸收却得到增强；在对乳糖-甘氨酸体系中考察了金属离子与美拉德反应产物的结合情况，发现 Fe^{2+} 在 20～100mg/L 的浓度下促进褐变，而 Cu^{2+}、Zn^{2+} 在 1～5mg/L 范围内促进褐变，在 5～25mg/L 范围内抑制褐变。在所观察的时间范围内，金属离子与高分子蛋白黑素结合情况在 5h 之后降低，因为在此时大分子物质开始降解（Wijewickreme et al，1997；Terasawa et al，1991）。油脂氧化产物中也含有活性羰基化合物，这些物质也能够参与美拉德反应当中，因此在肉类的烧烤等过程中美拉德反应也由于油脂氧化物的存在而发生，而油脂水解产生的甘油由于有一定清除自由基的作用并将在一定程度上减慢美拉德反应的进程。在赖氨酸与葡萄糖反应体系中加入 Fenton 试剂制造羟基自由基，发现 CML 生成量显著提高，而甘油的加入则可以通过清除羟基自由基有效抑制 CML 的生成。

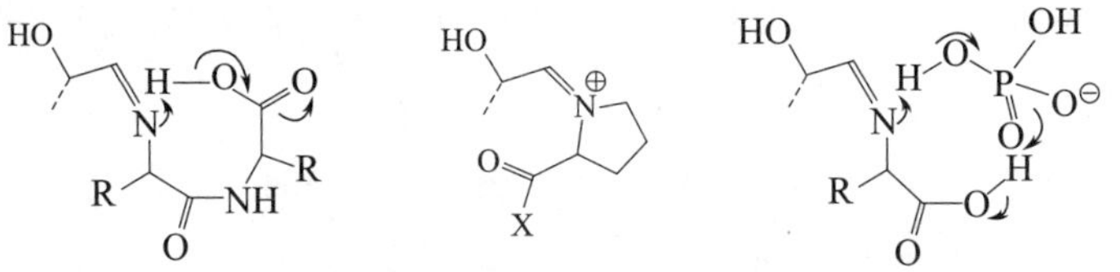

来自醛糖和二肽的席夫碱的催化构象　　磷酸作为分子间的质子转移剂

图 3-10　二肽自我催化与磷酸盐催化机理（Kok et al，1994）

3.1.4　美拉德反应对食品品质的影响

3.1.4.1　营养价值

食品的营养价值指人体从食品中所能获得热能和营养素的总称，它是一个涉及食品消化、吸收以及体内代谢的复杂概念，而美拉德反应对食品营养价值的影响主要体现在对食品中氨基酸、肽和蛋白质的影响上。食品中所有种类的氨基酸、肽和蛋白质都可以参与到美拉德反应当中，并在反应中发生基团和整体结构的变化，这将在一定程度上造成食品中氨基酸、肽和蛋白质营养价值的改变。

首先，在消化方面，肽和蛋白质的消化集中在胃和小肠当中。由于肽和蛋白质中美拉德反应位点主要集中在赖氨酸残基和精氨酸残基上，而这两种残基恰恰是小肠中胰蛋白酶的酶解位点，这就导致了肽和蛋白质的消化性受到负面的影响，从而影响到接下来的吸收和体内代谢过程，进而影响了人体对氨基酸的摄取。而在吸收方面，由于赖氨酸和精氨酸被修饰，从而会影响到小肠上皮细胞膜运载蛋白对氨基酸和寡肽的识别作用。例如 Amadori 重排产物就不能通过小鼠的小肠上皮细胞，同时发现有些氨基酸（苏氨酸、脯氨酸、甘氨酸）的吸收也由于 Amadori 重排产物的引入而受到不同程度的抑制。

其次，食品中重金属离子和维生素的吸收也会受到不同程度的影响。美拉德反应终末阶段生成的产物可以起到螯合金属离子的作用，一些有毒的金属离子如铝、铅、汞、镉等的离子可以与一些类黑素螯合在一起而免于被人体摄入，而钾离子、钠离子的吸收则不受影响，从这点来看美拉德反应是起到了保护人机体的作用。有人以葡萄糖-甘氨酸为反应原料研究美拉德反应产物对铜离子吸收的影响，发现美拉德反应产物的引入大大提高了小鼠对铜离子的吸收能力，而且小鼠的肾脏、脾脏和表皮中铜离子的含量都有所升高。此外维生素C、维生素K等分子结构上含有羰基的氨基酸也可参与到美拉德反应当中，因此这些维生素的吸收利用也受到了不同程度的影响。

近年来，人们对于肠道微生物对人体健康的影响越来越重视，而发生美拉德反应的蛋白质或多肽在经过消化过程之后不能被人体吸收的部分将成为肠道微生物的碳源和氮源，这些未吸收部分的美拉德反应产物消化物将在一定程度上改变肠道微生物生活的微环境，从而影响肠道微生物数量的平衡。研究发现，相比于未糖化的牛血清白蛋白，糖化之后的牛血清白蛋白消化产物使肠道中乳酸杆菌、双歧杆菌、拟杆菌的数量略微下降，而产气荚膜梭菌和硫酸盐还原细菌的数量则略有增加。总体来说，美拉德反应产物未被吸收部分对肠道微生物的影响尚需进一步的探讨。

3.1.4.2 质构

美拉德反应过程中生成了大量能引起蛋白质交联的类黑素（crosslinks），研究表明这类结构的生成对于食品的质构会产生较大的影响（Meade et al，2002）。戊糖素就是其中生成量较大的一种，奶粉中戊糖素的含量在0～5mg/kg蛋白质之间变化，而烘焙食品中的戊糖素含量则达到了35mg/kg蛋白质。卵清蛋白与半乳甘露聚糖60℃条件下干法反应得到的蛋白质复合物，其形成凝胶后的凝胶强度和持水能力都得到了显著提升。研究表明美拉德反应中生成的大量二羰基化合物是美拉德反应引起蛋白质交联的重要前体物质，研究还发现由于和赖氨酸残基、精氨酸残基反应生成稳定的五元、六元环交联化合物，丙酮醛和戊二醛能高效地引起食物蛋白质交联，图3-11为一种引起蛋白质交联五元环化合物的生成过程。

3.1.4.3 色泽与芳香性

之前在美拉德反应机理部分已经着重介绍了反应中产生的一些风味物质，这些物质就是食品发生美拉德反应中产生芳香性的来源，这里着重介绍一下美拉德反应对食品色泽的影响。食品色泽的产生基础是食品中存在一些能够吸收可见光（400～800nm）的物质，这些化合物从结构上来说存在着若干数量的生色团，由有机化学机理可知这些生色团通常是由不饱和的双键和三键体系组成，而在美拉德反应中，颜色物质的吸收峰通常在400nm以下比较强烈，并随波长的增大而逐渐减弱，而色泽的产生基础则是类黑素。很多类黑素的结构通常含有不饱和的杂环，虽然最大吸收波长多位于紫外区间，但在可见光范围内也有相应的吸收，视觉上通常表现为棕黄色和褐色，正如我们平时在发生美拉德反应的食品中看到的那样。这些具有色泽的类黑素既有低分子量的化合物，如图3-12所示；也包括一些高分子量化合物（这类物质常常由于结构过于复杂而很少能够被完全鉴定出来）。

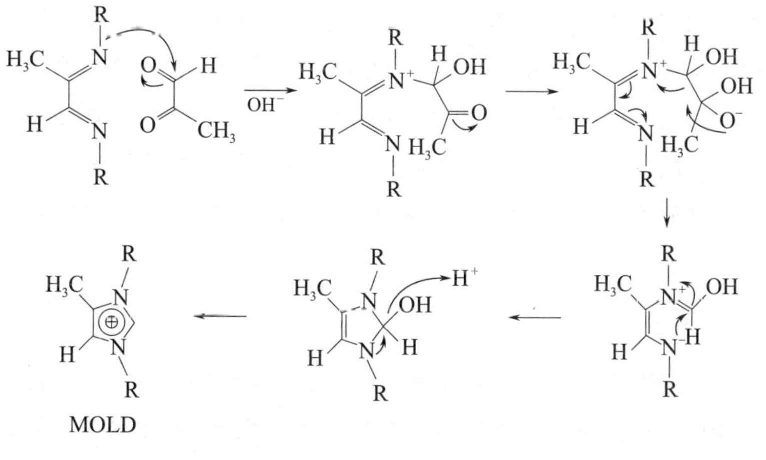

图3-11 一种引起蛋白质交联五元环化合物的生成

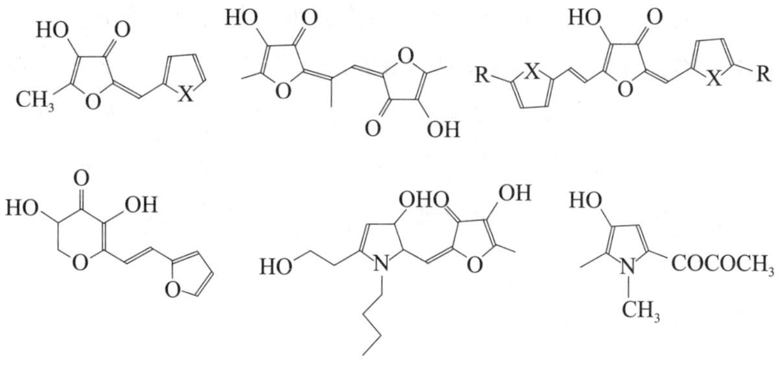

图3-12 美拉德反应中产生的一些有色物质

（Severin et al，1972；Ledl et al；1982 Lerche et al，2002）

在固定的反应条件下，添加抑制剂就成为了研究控制褐变形成的有效方法。早在二十世纪六七十年代就有关于硫醇等含硫化合物抑制食品中的褐变。人们研究了含硫化合物抑制卷心菜褐变的作用过程，亲核试剂在褐变反应中与 α,β-不饱和羰基中间化合物发生反应，硫醇类和亚硫酸盐离子类似，也是良好的亲核试剂，通过捕获自由基抑制类黑精的产生从而抑制美拉德反应的褐变。考虑到硫（S^{4+}）在食品中的安全性，开发其他的非酶褐变抑制剂，特别是理想的更加"绿色"的添加剂迫在眉睫。硫醇似乎是替代硫（S^{4+}）最理想的非酶褐变抑制剂。半胱氨酸是大多数食品中有效的非酶褐变抑制剂，比如半胱氨酸抑制鸡蛋蛋白、梨浓缩汁以及牛奶、蛋清体系中的非酶褐变。动力学研究表明半胱氨酸主要与褐变中间产物 3-deoxyhexosulose（DH）发生反应，DH 可能是一种复杂的氨基酸 Strecker 降解产生的复杂化合物。不仅如此，研究人员还发现含有碳端半胱氨酸的二肽是有效的美拉德反应抑制剂，相同浓度下最有效的二肽是亮氨酸-半胱氨酸二肽（Leu-Cys），该肽虽然在抑制美拉德反应初级阶段颜色的形成上较弱，但比硫（S^{4+}）在延长褐变开始诱导时间上更有效。另外，有研究报道多酚类化合物与羰基化合物可相互作用抑制美拉德反应。

3.1.4.4 溶解性

食品中的蛋白质在与还原糖发生美拉德反应过程中，一方面，糖类作为一类亲水性物质接枝到蛋白质表面可以很大程度上提高食品蛋白质的亲水性，增大蛋白质之间的空间位阻，抑制蛋白质聚集，有利于提高蛋白质制品的溶解性；另一方面大量交联型类黑素的形成则会降低食品中蛋白质的溶解性。溶解性的提高或下降往往取决于美拉德反应的程度，一般来说初级的美拉德反应产物会提高蛋白质的溶解性，而终末阶段产生的环化产物则不利于蛋白质的溶解。有人以葡萄糖来改善海鲜蛋白质溶解性，当赖氨酸残基修饰程度在80%以下时，蛋白质溶解性上升，而当进一步反应修饰程度超过80%时，蛋白质溶解性反而下降。

3.1.4.5 乳化性

研究发现，随着糖化程度的提高，蛋白质与糖相结合，增加油、水乳化系统中水相的黏度，同时也会稍微降低油、水界面张力，从而增加了乳状液的乳化稳定性。通过将乳清分离蛋白和麦芽糊精以 1∶2 或 1∶3 的比例，在 80℃下干热处理 2h 得到共价复合物，对其乳化性质进行研究，发现是一种非常有效的乳化剂，在稳定橘油乳状液方面可以替代阿拉伯胶。将大豆分离蛋白与葡聚糖以 1∶1（质量比），在 60℃下反应 1 周，得到的复合物，与吐温 40、GMS 或 BSA 在 O/W 乳状液中进行竞争吸附。结果表明复合物具有很强的乳化能力，能稳定乳状液体系。有研究显示大分子糖链的接入同时赋予了蛋白质更多的糖的性质，从而极大地影响原蛋白质的性能。卵白蛋白、溶菌酶、β-乳球蛋白随着糖链的增加，乳化性和热稳定性也随之增加。

3.1.4.6 其他品质

对于美拉德反应中产生的大量抗氧化类物质（Gu et al，2009；Sottawat et al，2005），一方面，Amadori 重排产物烯醇化作用产生的还原酮是产生抗氧化性的基础，研究发现二氯甲烷萃取的半胱氨酸与葡萄糖的美拉德产物中的这些物质都具有抗氧化活性，不同取代基的杂环化合物如吡咯基、呋喃基及噻唑基等都具有很强抑制己醛氧化的能力。另一方面，终末阶段羟醛缩合和羰氨缩合生成的某些种类的类黑素也具有很强的抗氧化性，它们由多种含氮、含硫等基团聚合形成。表 3-5 为美拉德反应抗氧化性在食品中的应用。除了抗氧化性，又随后发现了美拉德反应的某些产物具有抗肿瘤、抗菌、抗过敏的功效，研究人员发现甘氨酸与葡萄糖反应产物能够有效抑制喹啉类化合物诱导鼠伤寒沙门菌 TA98 和 TA100 的变异，而美拉德产物能有效清除自由基被认为是其产生这种抗变异性的原因之一。另有研究表明，木糖与精氨酸以及葡萄糖与组氨酸反应产物能通过螯合金属离子和抑制氧气的摄入有效抑制革兰氏阳性沙门菌的生长。某些食品蛋白质的过敏性也可以通过还原糖的修饰作用而得到改善，大豆胰蛋白酶抑制因子在经历还原糖的修饰后其过敏性下降了 60%~80%。

表 3-5 美拉德反应抗氧化性的应用

产品	处理方法	效果
曲奇	添加 1.5% 的葡萄糖另加甘氨酸或相应的类黑精	优于市售抗氧化剂
曲奇	在生面团中添加葡萄糖和组氨酸	抑制腐败的进行

续表

产品	处理方法	效 果
曲奇	生面团中添加糖和氨基酸	强抗氧化性;精氨酸与木糖反应产物颜色更弱
黄油	添加葡萄糖和赖氨酸的体系	加热时,每100g干基提取物可产生抗氧化活性能力相当于5g的维生素E
小麦,玉米,燕麦	烤	增强贮藏稳定性
油炸米饼片	添加葡萄糖和色氨酸	增强贮藏稳定性
滚筒干燥谷类		增强贮藏稳定性
酱油	用米曲霉发酵6h	产生各种类型的抗氧化活性美拉德反应产物

3.2 焦糖化反应

3.2.1 焦糖化反应简介

焦糖化反应是指醛糖或酮糖在没有氨基化合物存在的条件下,由于高温(150～200℃)和酸的作用发生降解并伴有褐变反应,生成褐色物质的过程。焦糖化反应过程经糖分子的醚化、脱水、断裂、聚合等,生成两类物质:一类是糖的脱水产物,即焦糖色素;另一类是裂解产物,即一些挥发性的醛、酮类物质,它们进一步缩合、聚合,最终形成深色物质。

焦糖色素又称酱色,是一种浓红褐色的胶体物质,是以糖质为原料生产的天然着色剂,主要成分为异蔗聚糖、焦糖烷、焦糖烯和焦糖炔。焦糖色素有特殊的甜香气和焦苦味,可溶于水,不溶于常用的有机溶剂及油脂。稀释后的水溶液呈红棕色,透明无浑浊或沉淀,其色泽具有不受酸、碱的影响且着色均匀等特性,是食品工业中使用量最大的一种天然食用色素。一般来说,它可应用于调味品(酱油、醋)、啤酒、酱菜、罐头、糖果、汤料、焙烤食品、烤烟及止咳糖浆等各个方面(张元超等,2009;郑九芳等,1992;刘冠卉,2004)。

根据在生产过程中使用催化剂种类的不同可将焦糖色素分为普通焦糖(Ⅰ)、苛性亚硫酸盐焦糖(Ⅱ)、氨法焦糖(Ⅲ)、亚硫酸铵法焦糖(Ⅳ)四类。食品中常用的是亚硫酸铵法焦糖色素和氨法焦糖色素,四类焦糖色素指标如表3-6所示。Ⅰ类普通焦糖不使用催化剂,直接采用DE值70以上的葡萄糖浆,在160℃左右的温度下通过糖自身的焦糖化作用制得。Ⅱ类苛性亚硫酸盐焦糖在制备过程中添加碱性亚硫酸盐作催化剂,由于催化剂的用量较高,我国禁止使用。Ⅲ类氨法焦糖是我国目前生产量最大的一类焦糖,多用氨水作催化剂,反应自然涉及美拉德反应。生产原料可用葡萄糖母液、糖蜜、碎米等。Ⅳ类亚硫酸铵法焦糖是用亚硫酸(氢)铵做催化剂产生的,属于耐酸型焦糖色素。各类焦糖色素的性能指标如表3-6所示,其中Ⅰ、Ⅲ类焦糖主要用于果汁饮料、酱油、调味罐头、糖果生产;Ⅳ类焦糖主要用于碳酸饮料、黄酒的生产。

表 3-6 各类焦糖色素的性能指标

特征	焦糖色素种类			
	普通焦糖	苛性亚硫酸盐焦糖	氨法焦糖	亚硫酸铵法焦糖
色率	1.7×10^4	2.7×10^4	$(3.2 \sim 5) \times 10^4$	$(2 \sim 8) \times 10^4$
pH 值	3~4	2.5~4	2.8~5.5	2~3.5
典型用途	蒸馏酒	禁用	啤酒、酱油	软饮料
电荷	弱负电	负电	正电	弱负电
是否含铵类	否	否	是	是
是否含硫类	否	是	否	是

传统焦糖色素的生产方法主要是通过碳水化合物的热处理来制备,液体焦糖色素是在严格控制反应压力、温度和pH值的条件下生产的,根据生产设备的不同可以分为常压法和加压法,由最终产品的用途来决定采用何种工艺。液体焦糖色素经过调配后,通过喷雾干燥或真空干燥可生产出粉末焦糖色素。近年来,随着食品工业的发展,焦糖色素的加工工艺和设备不断地更新,为采用新的生产方法提供了基础。已经有报道用于焦糖色素生产的方法主要有挤压法、微波法、远红外加热法等。

3.2.2 焦糖化反应机理

葡萄糖焦糖化反应的机理是:初期加热高浓度的糖液(如葡萄糖),形成葡聚糖(1,2-脱水-α-D-葡萄糖,旋光度$+69°$)和左旋葡萄糖(1,6-脱水-β-D-葡萄糖,旋光度$-67°$),此外还生成部分龙胆二糖,然后经一系列脱水作用、分子重排以及环构化等作用生成糠醛类物质,糠醛类物质再经缩聚作用,最后形成黑色素。焦糖化反应后期则是聚合反应,其聚合机理类似于美拉德反应终末阶段的羟醛缩合反应(如图3-13所示)。而且,糖类的脱水裂解与聚合往往是同时发生的,因此生成的聚合物往往也是脱去了若干个水分子。

$$2CH_3CHO \longrightarrow CH_3CH(OH)CH_2CHO \xrightarrow{H_2O} CH_3CH=CHCHO$$
乙醛　　　　　　　　丁间醇醛　　　　　　　丁烯醛

图 3-13　丁间醇醛聚合机理

（1）糖的脱水和氧化降解。焦糖化反应中糖在高温条件下脱水的机理在前文美拉德反应中已经提到，在酸性环境中倾向于发生 1,2-烯醇化反应，脱去 2 分子水，易于形成呋喃；而在较高 pH 条件下，由于邻近 N 原子的影响，糖碱基 C1 上电子密度增大，使 1,2-烯醇化转化困难，一般进行 2,3-烯醇化，倾向于形成还原酮。而在有氧存在的条件下糖本身也将发生氧化断裂生成大量的活性羰基化合物（如图 3-14 所示）。

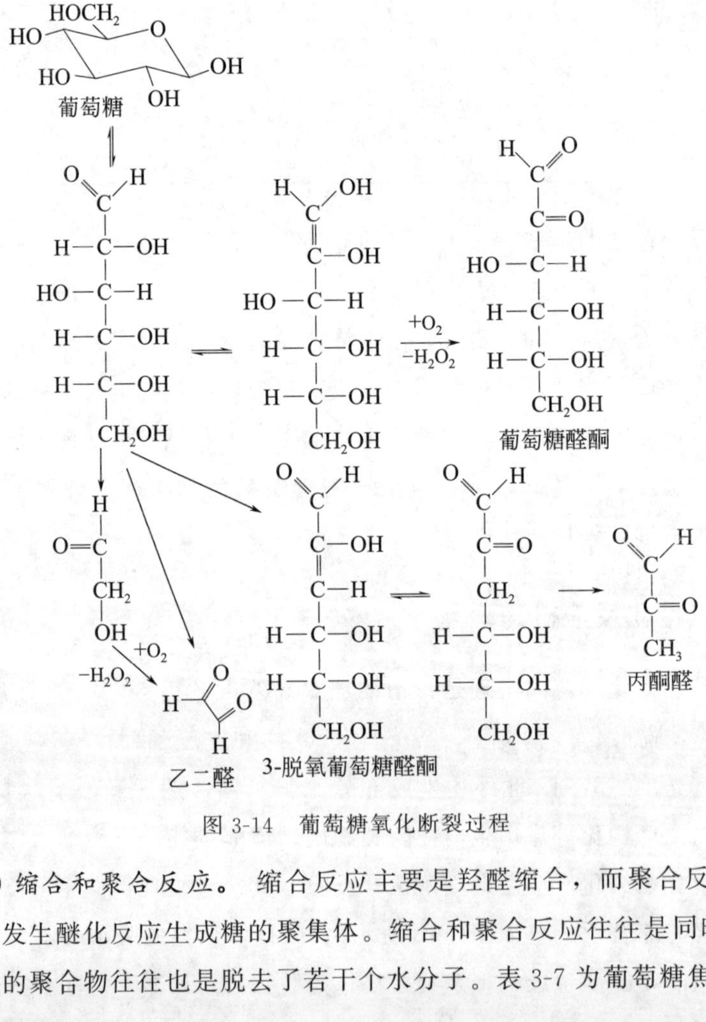

图 3-14　葡萄糖氧化断裂过程

（2）缩合和聚合反应。缩合反应主要是羟醛缩合，而聚合反应则是糖分子之间发生醚化反应生成糖的聚集体。缩合和聚合反应往往是同时发生的，因此生成的聚合物往往也是脱去了若干个水分子。表 3-7 为葡萄糖焦糖化过程中检测到的一些葡萄糖低聚化合物。

表 3-7 葡萄糖脱水与聚合反应产物

序号	分子组成方式	分子式
1	Glu-H_2O	$C_6H_{10}O_5$
2	Glucose	$C_6H_{12}O_6$
3	$(Glu)_2$-$3H_2O$	$C_{12}H_{16}O_8$
4	$(Glu)_2$-$2H_2O$	$C_{12}H_{18}O_9$
5	$(Glu)_2$-H_2O	$C_{12}H_{20}O_{10}$
6	$(Glu)_2$	$C_{12}H_{22}O_{11}$
7	$(Glu)_2$-H_2O	$C_{12}H_{24}O_{12}$
8	$(Glu)_3$-$4H_2O$	$C_{18}H_{24}O_{12}$
9	$(Glu)_3$-$3H_2O$	$C_{18}H_{26}O_{13}$
10	$(Glu)_3$-$2H_2O$	$C_{18}H_{28}O_{14}$
11	$(Glu)_3$-H_2O	$C_{18}H_{30}O_{15}$
12	$(Glu)_3$	$C_{18}H_{32}O_{16}$
13	$(Glu)_3+H_2O$	$C_{18}H_{34}O_{17}$
14	$(Glu)_4$-$3H_2O$	$C_{24}H_{36}O_{18}$
15	$(Glu)_4$-$2H_2O$	$C_{24}H_{38}O_{19}$
16	$(Glu)_4$-H_2O	$C_{24}H_{40}O_{20}$
17	$(Glu)_4$	$C_{24}H_{42}O_{21}$
18	$(Glu)_4+H_2O$	$C_{24}H_{44}O_{22}$

3.2.3 焦糖化反应影响因素

焦糖化反应与美拉德反应相比，是在不存在胺类化合物的条件下糖类自身断裂降解聚合的过程，其所需的能量要比羰氨反应高得多，例如葡萄糖只有在高于150℃的条件下才会发生焦糖化反应，因此温度是影响焦糖化反应最重要的因素。温度升高，糖脱水与氧化断裂的速度都将大幅升高，300℃条件下葡萄糖裂解能检测到56种挥发性物质，250℃无氧条件下则检测到超过100种挥发性物质。其次pH值变化则通过对糖的异构化和脱水方式的影响对焦糖化反应产生不同程度的影响，在前文美拉德反应机制的论述中已经提到酸性条件下，糖类主要脱去三个水分子生成呋喃，而碱性条件下趋向于脱去两个水分子生成还原酮，而另有研究表明pH值的上升有助于具有色泽物质的生成。此外研究表明氧气的加入仅能较为微弱地提高焦糖化反应的速率，而二氧化硫的加入则在一定程度上抑制了焦糖化反应的进行。羧酸和羧酸盐的加入能够大大提高焦糖化反应的速度，此外，磷酸盐、金属离子的加入也不同程度地促进了焦糖化反应的进程。

3.2.4 焦糖化反应对食品品质的影响

焦糖化反应的作用主要体现在现代食品加工对焦糖色素的需求上。

（1）焦糖色素是一种胶体物质，带有一定的电荷，有其独特的等电点，焦糖色素的生产方法不同，所带的电荷不同，等电点也不同，用途亦不同。软饮料是世界上焦糖色素用量最大的领域（Laura et al，1998）。由于软饮料通常含有带负电荷的胶体粒子，因此应该使用耐酸型焦糖色素，此类焦糖色素通常带负电荷，否则异种电荷相互吸引，会导致饮料中出现沉淀或浑浊现象（刘冠卉等，2004）。

（2）另一类焦糖色素应用较广的领域是调味品。酱油、醋、酱料等调味品中的焦糖色素多为氨法生产，带正电荷（陈洁等，2009）。由于这些调味品盐分含量高，所使用的焦糖必须具有耐盐性，否则就会出现浑浊、沉淀（张鑫等，2005）。

（3）焦糖色素也可应用于各类乙醇饮料中，根据焦糖色素的电荷以及乙醇适应性能判断其能够用于哪类产品，如果焦糖色素不能耐受足够的乙醇浓度或者所带电荷与乙醇饮料中的大分子物质所带电荷相反，就会出现沉淀和浑浊现象，影响产品的品质（Licht et al，1992）。啤酒一般选用带正电荷及在啤酒中稳定的焦糖色素，其他酒类如威士忌、葡萄酒、朗姆酒和利口酒中通常选用带负电荷的焦糖及在高浓度乙醇中稳定的焦糖色素（Myers et al，1992）。

（4）此外，焦糖色素也能广泛应用于肉制品中，增强和烘托肉制品的香味（詹广辉等，2009；杨伟等，2004）。可选用焦糖色素来弥补特制面包、蛋糕和饼干精制配料的不充足和不均匀的着色力。焦糖色素也能广泛地应用于其他食品中，如餐用糖浆、医药制剂等（曹岚等，2005；周军等，2009）。

3.3 抗坏血酸引起的褐变反应

非酶褐变是指除酶促褐变外的其他褐变反应，是果汁的加工及贮藏过程中常见的化学反应，最终生成的褐色物质改变果汁原有的颜色、外观，使果汁营养价值下降。果汁的褐变是品质降低与货架期缩短的主要原因（徐辉艳，2011）。非酶褐变包括美拉德（Maillard）反应、酚类物质氧化聚合、抗坏血酸氧化分解及焦糖化反应（许勇泉等，2007）。

3.3.1 抗坏血酸反应产生色素原理

抗坏血酸（L-ascorbic acid，AA）也称维生素C或单阴离子抗坏血酸，是一个含有6个碳原子的多羟基化合物，由于分子中第2位及第3位碳原子上的烯醇式羟基极易离解出H^+，因而具有有机酸的性质。1位羟基和2,3位醇的存在，使得抗坏血酸性质十分活泼，易受光、热、氧、湿度、金属离子的影响而遭到破坏，具有极强的还原性（Bode et al，1991），常作为天然抗氧化剂。抗坏血酸褐变是指抗坏血酸氧化形成脱氢抗坏血酸，再水合形成2,3-二酮古洛糖酸，脱水、脱羧后形成糠醛，再形成褐色素的反应。

抗坏血酸在对其他成分抗氧化的同时它自身也极易氧化，其氧化降解存在着有氧降解和无氧降解两种途径（陈炳卿，2000）。有氧条件下，抗坏血酸首先被氧化成脱氢抗坏血酸，其次脱水生成2,3-二酮古洛糖酸，再次脱羧生成酮木糖，最终产生还原酮。还原酮极易参与美拉德反应的中间及最终阶段（Kurata et al，1967；Arya et al，1988）产生类黑色素。当氧气完全消耗或低至某一浓度时便开始进行无氧分解，主要产物为糠醛；当食品中存在比抗坏血酸氧化还原电位高的成分时，抗坏血酸也因失氢而被氧化，生成脱氢抗坏血酸或抗坏血酸酮式环状结构，在水参与下抗坏血酸酮式环状结构开环成2,3-二酮古洛糖酸；2,3-二酮古洛糖酸进一步脱羧、脱水生成呋喃醛或还原酮。呋喃醛、还原酮等都会参与美拉德反应，生成含氮的褐色聚合物或共聚物。抗坏血酸氧化速率与体系的pH值有关；当pH值2.0时，抗坏血酸氧化缓慢；当pH值4.0时，抗坏血酸氧化速度快（徐斐等，1999），抗坏血酸在pH值小于5.0的酸性溶液中，氧化生成脱氢抗坏血酸，速度缓慢，并且反应是可逆的。

除自动氧化生成含双羰基化合物并进一步发生变化聚合等反应形成有色物质外，氨基酸、蛋白质等含氮物质均能与变化了的抗坏血酸反应从而大大加速褐变，这可能是因为维生素C和氨基酸间发生了氧化反应所致。因此认为果汁加工过程褐变并非由美拉德反应导致而是由维生素C氧化降解产生，并且氨基酸及其他氨基化合物对非酶褐变有增强作用。Kacem等（Kacem et al，1987）在对果汁及其饮料的非酶褐变研究中发现抗坏血酸的保留率受加工工艺、包装材料及加入的氨基酸浓度的影响很大。Marti等通过研究发现由于抗坏血酸的氧化降解很快,所以往果汁中添加过多的抗坏血酸反而会导致褐变的加重。

影响抗坏血酸降解的因素有 pH、O_2、维生素 C 的浓度、温度、光照、金属离子和柠檬酸等(阚建全,2002)。

3.3.2 抗坏血酸引起的褐变反应对食品品质的影响

从非酶褐变反应历程可知,可溶性糖会有大量损失。如果蛋白质上氨基参与了非酶褐变反应,其溶解度也会降低。氧化褐变会导致色值下降、质量劣变,严重影响果汁营养、美观及商业价值,是长久以来困扰着果汁生产的一个问题。

抗坏血酸是当前在食品行业运用最为广泛的褐变抑制剂。它作为还原剂时可还原醌类物质,而且可利用—OH 和多酚氧化酶辅基 Cu^{2+} 螯合。同时,多酚氧化酶还可以直接氧化抗坏血酸,抗坏血酸在反应中起竞争性抑制作用。抗坏血酸虽然具有极强的抗褐变效果,但如果添加过量的抗坏血酸,会导致产品产生异味,同时,当抗坏血酸被全部氧化为脱氢抗坏血酸时伴随生成的醌会累积,加速褐变的发生(彭丽桃等,2003)。

非酶促褐变抑制方法如下。

(1)减少氧化底物 减少氧化底物方式一般有两种方法:澄清处理和过氧化处理。澄清处理是指通过添加适量的吸附剂或澄清剂,降低甚至完全去除影响果汁质量的成分,以达到良好的稳定性。常用的澄清剂包括酪蛋白酸钾、藻土、聚乙烯吡咯烷酮(PVPP)(陆健等,2007)、明胶和壳聚糖等。利用以上澄清剂可有效去除氧化底物,起到明显的稳定效果。

过氧化处理是指对果汁通氧或添加多酚氧化酶等氧化处理,即起到预先氧化果汁中的多酚类物质,且形成不溶性色素,最终利用澄清技术尽可能地去除果汁中已氧化聚合的多酚类物质,以此降低氧化底物含量,最终达到氧化抗褐变的目的(康文怀等,2005)。

(2)去除金属离子 果汁中金属离子可调节氧化还原电位,使果汁中半醌自由基氧化过程受影响。金属离子在酚类物质的非酶褐变中起极为重要的催化作用(Danilewicz et al,2003)。采用离子交换技术能去除大量金属离子,最终降低果汁中金属含量。Benitez 等(2002)利用离子交换树脂来处理白葡萄酒，所得白葡萄酒经测定，多酚物质与金属离子含量显著下降，且褐变速度明显变缓，同时不影响白葡萄酒的口感。

（3）**降低 pH** Maillard 反应的初始阶段是可逆的，羰氨缩合，游离态氨基被封闭，致使反应体系酸性上升，因此酸性条件下羰氨缩合反应受抑制（康明丽等，2003）。

（4）**添加钙盐** 钙离子与氨基酸反应生成不溶性化合物，且钙盐能协同 SO_2 起抑制褐变作用。亚硫酸盐与氯化钙混匀充当抗氧化剂在土豆等食品加工过程中已有应用（汪东风等，2006）。

（5）**降低产品浓度** 适当地降低产品浓度，也可在一定程度上降低褐变的速率。例如柠檬汁与橘汁相比较更易发生褐变，因此柠檬汁浓缩比为 4∶1，橘汁的为 6∶1（汪东风等，2006）。

（6）**降低贮藏温度** 低温条件下，果汁中的各类反应不易进行，因此低温贮藏可延缓褐变的发生。

伴随着科学技术的飞速发展，抑制果汁褐变的方法已从生物、化学、物理技术等多方面深入研究，并且发现了一系列有效抑制褐变的方法。运用高科技探索果汁褐变机理，提升果汁加工技术含量，为人类提供营养、美味、高质量的食品将成可能。

参 考 文 献

曹岚，杨旭. 2000. 焦糖色素的生产现状及其在食品工业中的应用. 中国调味品，（4）：53-55.

陈炳卿. 2000. 营养与食品卫生学. 北京：人民卫生出版社：50-74.

陈洁. 2009. 酱油专用焦糖色的工艺研究. 江苏调味副食品，（5）：53-58

龚巧玲，张建友，刘书来等. 2009. 食品中的美拉德反应及其影响. 食品工业科技，30（2）：330-334，338.

阚建全. 2002. 食品化学. 北京：中国农业大学出版社.

康明丽，牟德华. 2003. 板栗加工褐变机理及控制方法研究进展. 河北科技大学学报，24（4）：72-76.

康文怀，李华，严升杰等. 2005. 葡萄汁过量氧化研究进展. 酿酒科技，（7）：71-75.

刘冠卉. 2004. 焦糖色素在食品工业中的应用. 江苏调味副食品，21（1）：17-19.

陆健，林小荣，李未等. 2007. 聚乙烯聚吡咯烷酮吸附多酚物质性质研究及其在无甲醛酿造啤酒工艺中的应用. 食品科学，28（3）：125-130.

汪东风，孙丽平，张莉等. 2006. 非酶褐变反应的研究进展. 农产品加工·学刊，（10）：9-19.

徐斐, 蔡宝玉, 陈翠华等. 1999. 柑橘汁成分对其褐变的影响. 食品工业, (2): 8-10.

许勇泉, 尹军峰, 袁海波等. 2007. 果蔬加工中褐变研究进展. 保鲜与加工, (3): 11-14.

徐辉艳. 2011. 果汁非酶褐变及其影响因素的研究进展. 农产品加工·学刊, (4): 103-106.

杨伟, 顾正彪, 洪雁等. 2009. 浓缩对焦糖色素风味的影响. 中国调味品, 34 (2): 67-72.

彭丽桃, 蒋跃明. 2003. 适度加工果蔬褐变控制研究进展. 亚热带植物科学, 32 (4): 72-76.

詹广辉. 2004. 浅谈食品添加剂在卤味制品中的应用. 肉类工业, (9): 26-27.

张鑫. 2005. 焦糖色素在调味品中的应用. 江苏调味副食品, 22 (6): 16-25.

郑九芳. 1992. 关于焦糖色素再扩大使用范围的探讨. 全国食品添加剂通讯, (1): 13-14.

周军. 1999. 焦糖色素在食品和饮料中的应用. 广州食品工业科技, 15 (4): 70-71.

张元超, 黄立新, 徐正康. 2009. 无氨（铵）法焦糖色素制备工艺. 食品与发酵工业, 35 (1): 74-77.

Abraham F J, Abul M H S, Jose L N. 2006. Density functional computational studies on ribose and glycine Maillard reaction: formation of the Amadori rearrangement products in aqueous solution. Food Chemistry, 93: 1-8.

Arya S S, Thakar B R. 1988. Degradation products of sorbic acid in aqueous. Food Chemistry, 29: 41-49.

Benitez P, Castro R, Barroso C G. 2002. Removal of iron, copper and manganese from white wines through ion exchange techniques: effects on their organoleptic characteristics and susceptibility to browning. Analyfica Chimica Acta, (458): 197-202.

Bode A M, Vanderpool S S, Carlson E C, et al. 1991. Ascorbic acid uptake and metabolism by corneal endothelium. Invest Ophthalmol Vis Sci, 32: 2266-2271.

Danilewicz J C. 2003. Review of reaction mechanisms of oxygen and proposed intermediate reduction products in wine: Central role of iron and copper. American Journal of Enology and vitculture, 54 (2): 73-85.

Fogliano V, Borrelli R C, Monti S M. 2001. Characterization of melanoidins from different carbohydrate amino acids model system, in Melanoidins in Food and Health. European Communities Luxembourg, (2): 65-72.

Frank O, Hofmann T. 2002. Reinvestigation of the chemical structure of bitter-tasting quinizolate and homoquinizolate and studies on their Maillard-type formation pathways using suitable ^{13}C-labeling experiments. Agric Food Chem, (50): 6027-6036.

Gu F L, Kim J M, Hayat K, et al. 2009. Characteristics and antioxidant activity of ultrafiltrated Maillard reaction products from a casein-glucose model system. Food Chemistry, 117 1 (1): 48-54.

Hill V M, Ledward D A, Ames J M. 1996. Influence of high hydrostatic pressure and pH on the rate of Maillard browning in a glucose-lysine system. Agric Food Chem, (44): 594-598.

Hodge J E. 1967. Origin of flavor in foods: Nonenzymatic browning reactions//Schultz H W, Day E A, Libby L M. The Chemistry and Physiology of Flavors. Westport, CN: The AVI Publishing: 465-491.

Hofmann T, Schieberle P. 1995. Evaluation of the key odorants in a thermally treated solution of riboseand cysteine by aroma extract dilution techniques. Journal of Agricultural and Food Chemistry, 43 (8): 2187-2194.

Hofmann T, Schieberle P. 1997. Identification of potent aroma compounds in thermally treated mixtures of glucose/cysteine and rhamnose/cysteine using aroma extract dilution techniques. Journal of Agricultural and Food Chemistry, 45 (3): 898-906.

Kok P, Rosing E. 1994. Reactivity of peptides in Maillard reaction, in thermally generated flavors: maillard, microwave and extrusion processes. Washington DC: American Chemical Society: 158-179.

Kurata T, Sakurai Y. 1967. Degradation of L-ascorbic acid and mechanism of nonenzymic browing reaction reaction, Part II. Agricultural and Brological Chemistry, 31: 170-176.

Laura A C. 1998. Determination and classification of added caramel color in adulterated acerola juice formulations. Journal of Agricultural and Food Chemistry, 46 (5): 1746-1753.

Laura J C, Mar V, Pedro J M, et al. 2005. Effect of the dry-heating conditions on the glycosylation of β-lactoglobulin with dextran through the Maillard reaction. Food Hydrocolloids, 19 (5): 831-837.

Ledl F, Severin T. 1982. Formation of coloured compounds from hexoses. Z Lebensm. Unters Forsch, (175): 262-265.

Lerche H, Pischetsrieder M, Severin T. 2002. Maillard reaction of D-glucose: identification of a colored product with conjugated pyrrole and furanone rings. Agric Food Chem, (50): 2984-2986.

Licht B H. 1992. Development of specifications for caramel colors. Food and Chemical Toxicology, 30 (5): 383-387.

Li L, Han L P, Fu Q Y, Li Y T, Li B, Liang Z L, Xu Z B, Su J Y. 2012. Formation and inhibition of Nε-(Carboxymethyl) lysine in saccharide-lysine model systems during microwave heating. Molecules. (17): 12758-12770.

Meade S J, Gerrard J A. 2002. The structure-activity relationships of dicarbonyl compounds and their role in the Maillard reaction. International Congress Series. Elsevier, (1245): 455-456.

Mottram D S. 1994. Flavor compounds formed during the Maillard reaction, in Thermally Generated Flavors: Maillard, Microwave and Extrusion Processes. Washington DC: American Chemical Society: 104-126.

Myers D V, Howell J C. 1992. Characterization and specifications of caramel colors: an overview. Food and Chemical Toxic, 30 (5): 359-363.

Ottinger H, Soldo T, Hofmann T. 2003. Discovery and structure determination of a novel Maillard-derived sweetness enhancer by application of the comparative taste dilution analysis. Agric Food Chem, (51): 1035-1041.

Ottinger T, Bareth A, Hofmann T. 2001. Characterization of natural "cooling" compounds formed from glucose and L-proline in dark malt by application of taste dilution analysis. Agric Food Chem, (49):

1336-1344.

Kacem B, Conell J A, Marshal M R, et al. 1987. Nonenzymatic browning in aseptically Packgaed orange drinks: effect of ascorbic acid, amino acid and oxygen. Food Science, 52 (6): 1668-1672.

Rizzi G P. 1999. The Strecker degradation and its contribution to food flavor New York: Thirty Years of Progress. New York: Springer and Business Media New York: 335-343.

Severin T, King V. 1972. Studien zur Maillard-Reaktion. Ⅳ. Struktur eines farbigen Produktes aus Pentosen. Chem Mikrobiol Technol Lebensm, (1): 156-157.

Shu C K. 1998. Pyrazine formation from amino acids and reducing sugars, a pathway other than strecker degradation. Journal of Agricultural and Food Chemistry, 46 (4): 1515-1517.

Sottawat B, Wittayachai L, Friedrich B. 2005. Antioxidant activity of Maillard reaction products from a porcine plasma protein-sugar model system. Food Chemistry, 93 (2): 189-196.

Swedish National Food Administration (SNFA). 2002. Information about acrylamide in food. http://www.slv.se.

Terasawa N, Murata M, Homma S. 1991. Separation of model melanoidin into components with copper chelating Sepharose 6B column chromatography and comparison of chelating activity. Agric Biol Chem, (55): 1507-1514.

Tressl R, Rewicki D. 1999. Heat generated flavors and precursors, in Flavor Chemistry: Thirty Years of Progress. New York: 305-325.

Wijewickreme A N, Kitts D D, Durance T D. 1997. Reaction conditions influence the elementary composition and metal chelating affinity of nondialyzable model Maillard products. Agric Food Chem, (45): 4577-4583.

Waller G R, Feather M S, Milton S. 1983. The Maillard Reaction in Foods and Nutrition. Washington D C, USA: ACS: 1-15.

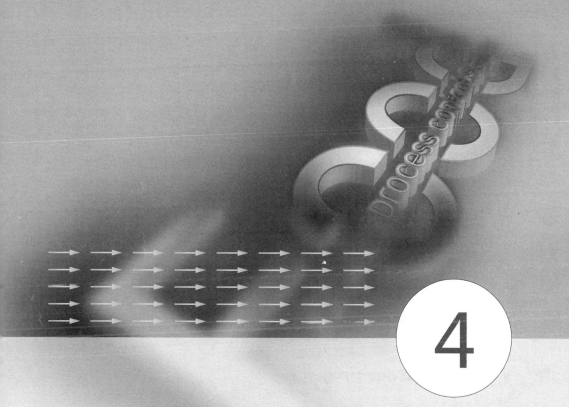

4 食品热加工过程中化学危害物的生成机理与控制

民以食为天，食以安为先，随着人们生活水平的提高，公众们对于食品安全问题的重视程度日益提高，近年来不断涌现出的食品安全问题日渐突出。食品安全问题大致可分为微生物安全问题与化学类安全问题，其中食品热加工过程中化学危害物日益成为研究的一个热点。一方面这些危害物的危害往往不是消费者食用后立刻表现出来，而是与一些诸如糖尿病、心血管疾病等慢性疾病有关；另一方面这些危害物的产生不同于非法添加，如苏丹红之类的非法添加剂，苏丹红这类问题可以通过法律的完善而解决，而丙烯酰胺、苯并芘等危害物往往是食品加工过程中不可避免产生的，只有通过科学研究，找到降低其危害的有效途径，并进一步指导食品生产，才能达到控制其危害的目的。

4.1 晚期糖基化终末产物

4.1.1 晚期糖基化终末产物概述

晚期糖基化终末产物的概念起源于内源性美拉德反应的研究，人们在研究糖尿病、白内障等一系列人体慢性疾病过程中发现，这些病变组织中存在一类能够在人体内稳定存在的美拉德反应产物，命名为晚期糖基化终末产物（AGEs）（Henle et al，2005）。AGEs 也属于一类类黑素，而不同于其他种类的类黑素的是 AGEs 能够在人体环境中稳定存在而不被人体内酶所分解，也是由于这种原因，AGEs 在人体内长期积累，与多种人体慢性疾病的发病有关（Uesugi et al，2001）。由于人体内组织中美拉德反应以蛋白质为主，因此 AGEs 的结构是以赖氨酸和精氨酸为主。

而在食品加工过程中，几乎所有的食品均含有羰基（来源于糖或油脂氧化酸败产生的醛和酮）和氨基（来源于蛋白质），因此都可能发生美拉德反应生成食源性 AGEs，有些未经过加工的食品中也含有 AGEs。由于市场的需求，食品进入市场前必须进行加工，以延长保质期和增加食品的感官性质。但在食品加工过程中，尤其是加热（如焙烤、烧烤和油炸等）可导致 AGEs 形成急剧增加，碱性条件可以加速 Amadori 重排产物转化成 AGEs。

按照涉及的氨基酸种类和数量的差异，AGEs 可大致分为五类。第一类 AGEs 是赖氨酸侧链氨基被修饰而形成的，如羧甲基赖氨酸（CML）、羧乙基赖氨酸（CEL）、吡咯素、AFGP、GALA等。第二类是精氨酸咪唑基团被修饰形成的，如羧甲基精氨酸、S12、S11、S17、S16、THP、GLARG等。第三类是包含两个赖氨酸，如GOLA、GOLD、MOLD、CROSSPY等。第四类是包含一个赖氨酸和一个精氨酸，如戊糖素、GODIC、MODIC、ALI等。第五类AGEs来源于半胱氨酸巯基的修饰，如羧甲基半胱氨酸。

四种AGEs部分分子式见图4-1。

由于AGEs的概念最早来自于医学上对人体糖尿病、心血管疾病等慢性疾病的研究，因此对于AGEs危害性和相关机理的研究多集中在内源性AGEs的危害性上，研究表明内源性AGEs与糖尿病及其并发症、老年痴呆症等心脑血管疾病、白内障等多种疾病的发生有关。近年来随着人们对食品加工中AGEs的重视，越来越多的研究表明食源性AGEs会对人体健康产生潜在的危害。

（1）AGEs与糖尿病。 随着人们生活质量的提高，被人们称为富贵病的"糖尿病"已经成为危害人类健康最严重的杀手之一。据统计，我国糖尿病患者的数量在以每年15%的速率增加。近年来，大量的试验研究证明，AGEs直接参与了糖尿病形成的病理过程。一些学者在研究糖尿病患者的血清和组织时发现其AGEs含量的水平明显高于健康人群，AGEs在糖尿病患者的致病机理中起着重要的作用，而在患者体内高糖环境下又更容易产生AGEs，AGEs与其受体的结合会产生大量自由基又促进AGEs的形成（Vlassara et al，1997；Cai et al，2004）。所以现在医学上利用患者血清中AGEs的含量来确定其糖尿病的严重情况。根据研究报道，AGEs引起糖尿病的机制可能有以下几方面：第一是AGEs在细胞外基质的积累，导致异常的蛋白质交联，降低了血管的弹性，使其血管壁加厚；第二是AGEs可以与其受体在生物细胞表面相结合，影响生物信号的传导途径，以致于改变蛋白质基因表达的程度；第三是机体内一氧化氮的生物活性被AGEs在细胞内的大量积累所抑制；第四是AGEs可以与肾素-血管紧张素（RAS）相互交联反应，从而调控RAS的途径，各种细胞因子被刺激，导致糖尿病患者体内代谢与血流发生动力学反应（Ahmed et al，2005）。上述因素在糖尿病患者的致病机理中起着关键作用。

（2）AGEs与心血管疾病。 近年来，AGEs与心血管疾病如动脉粥样硬化并发症的发病关系引起了相关研究者的关注。相关研究者认为AGEs与动

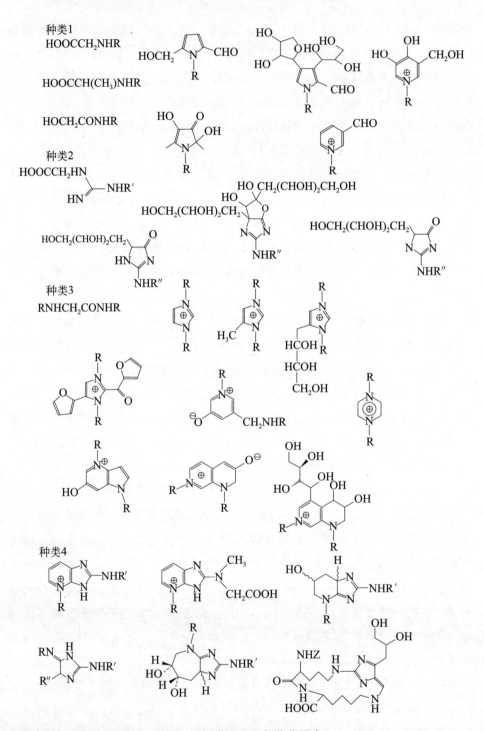

图 4-1　四种 AGEs 部分分子式

脉粥样硬化有密切的关系（Peppa et al，2004）；一些学者通过动物实验发现兔的动脉粥样硬化斑块组织部位含有高浓度的AGEs，而AGEs在其他正常部位没有表达。这些研究结果表明AGEs可能和动脉粥样硬化的发病存在密切的关系。据目前研究表明，AGEs对心血管疾病的发病机制存在以下几个方面：第一，AGEs可以直接捕获蛋白质或引起蛋白质发生交联，导致对血管结构和功能的损害。第二，AGEs与其受体RAGE结合后，血管内皮细胞骨架被改变，使血管的通透性增大，导致对其血管内皮的损伤和白细胞的黏附度增加（郑智楷等，2011）。第三，AGEs可通过氧化应激反应和减少细胞内NO浓度，促使血小板激活以及增加血小板的聚集。第四，平滑肌细胞的许多细胞分裂因子被AGEs-RAGE系统刺激，导致平滑肌细胞的增殖及迁移。第五，医学研究表明，脂质代谢在保持心血管的健康状态起到重要的作用，而AGEs产生的活性氧自由基产物，可以促使脂质发生氧化反应，导致脂质代谢紊乱影响心血管的功能。

（3）AGEs与肾病。AGEs导致慢性肾衰竭（CRF）病症的主要表现是肾间质纤维化（RTF）和肾小球硬化。研究发现RTF是反应肾衰竭程度的重要指标之一，RTF是慢性肾疾病发展到终末期的过渡途径（刘海燕等，2006；顾春梅等，2010）。人们研究发现在自发性高血压的大鼠体内，AGEs可以引起肾小管和肾小球局部血管的损伤（冯建勋等，2006）。在研究AGEs对体外培养鼠肾小球上皮细胞的影响过程中，人们发现AGEs能减少细胞中肝素蛋白的形成，从而损伤细胞功能。而在研究饮食中晚期糖基化终末产物对健康SD大鼠肾脏的影响时发现，AGEs对肾小球肥大和硬化起着关键性作用。肾脏是肌体内产生过多AGEs降解排出的主要途径（Wang et al，2004；叶宽萍等，2010），研究AGEs对肾脏组织的损害机制对于药物治疗慢性肾衰竭病症具有重大的意义。

（4）AGEs与衰老。随着社会人口老龄化结构现象慢慢凸现，人们对防衰老理论的关注程度越来越重视。目前，非酶糖化衰老理论已经被许多学者公认。一些学者指出青年人机体组织内的AGEs含量明显要低于中老年人，而且皮肤组织中AGEs的累积也是随着年龄的增长而增加（Contreras et al，2010）。另有研究指出人体血清中AGEs含量水平可以成为北京区域30岁以上健康人群的年龄指征。还有学者提出，AGEs中的戊糖素可以作为人类衰老的生物学信号，AGEs 会促使老年性骨质疏松症的发生（邹玉婷等，2008）。机体内的糖化反应会使蛋白质的交联性受到破坏，反应发生在氨基酸残基（尤其是赖氨酸、精氨酸）上，使正常的蛋白质结构趋于老年化。同时还会影响到功能酶的活性下降、代谢功能的紊乱、所供能量的减少、免疫功能降低等一系列的机体老化过程（Nass et al，2007）。AGEs 在体内的形成过程相对缓慢，所以一般首先影响的是半衰期较长的长寿蛋白，而且糖化产物形成后比较难以降解。

（5）食源性 AGEs 与健康。 关于食源性 AGEs 对人体健康的影响，目前一直处于争论阶段，而对于食源性 AGEs 危害性的研究多集中在 CML 上。过量食用含有 CML 的食品将对健康产生不利影响，长期过量摄入含有 CML 的食品会引发不良生物效应，如器官增重、糖尿病化、引发炎症和蛋白尿症等问题。在动物实验方面，人们研究了含有 CML 食品对大鼠肾功能的影响，发现持续 6 个月喂养食源性 CML 没有损伤大鼠肾小球过滤率，但是加剧了其蛋白尿症，对其肾脏具有损伤效应。在研究了食源性 CML 的摄入量和大鼠动脉损伤后新内膜生成的关系时发现：限制食源性 CML 的摄入可以有效避免血管成形术后的血管变窄；食源性 CML 会加重患糖尿病肾病老鼠的症状。在临床实验方面，人们研究了非糖尿病患者摄入高含量 CML 食品后，血液和尿液中的 CML 含量，结果表明控制食源性 CML 的摄入可以有效减少体内 CML 含量和减轻心血管疾病的致死率。鉴于食源性 AGEs 危害性评价的不确定性，编者综合目前研究现状总结出评价食源性 AGEs 的关键点如下：第一步，探究食品中包含 AGEs 的糖化产物（可能是游离 AGEs，也可与肽和氨基酸结合）的消化性，因为这些消化产物为以下三个关键点提供相应的研究底物；第二点，探究 AGEs 在小肠上皮细胞吸收进入人体的机理，因为连有 AGEs 的氨基酸和肽可能无法被其原有的载体蛋白识别并运输进入体内；第三点，未能被人体吸收的这部分 AGEs 将首先被人体肠道微生物代谢后才排出体外，因此这部分 AGEs 对肠道微生物菌群的影响也是对其评价必不可少的一点；第四点，那些能够被人体吸收的部分在体内代谢机制是怎样的，能否有效排出体外，这也是评价其安全性的重要一步。

总结来说，AGEs 在体内的毒性作用机制总结起来可分为四点：其一，对体内的蛋白质进行修饰从而导致蛋白质丧失功能性。其二，使蛋白质交联而导致组织僵硬化（Verzijl et al，2002）。有数据显示，骨胶原蛋白中的戊糖素积累是引发老年骨质疏松的重要诱因。其三，AGEs 作为配体和体内一些 AGEs 受体（receptor for AGE，RAGE）结合从而产生炎症信号。人们评估了慢性心绞痛患者体内的 RAGE 值和心肌肌钙蛋白，表明 AGEs 促进了心肌细胞的损伤；另有研究检测了根尖周炎病变组织中的 RAGE 和 AGEs，结果表明 RAGE 和 AGEs 的相互作用可能引发细胞异常和组织损伤。其四，在体内引发自由基从而引起人体氧化衰老（Ahmed et al，2003）。因此，AGEs 和人体健康存在密切关系。

AGEs 体内代谢大致如下，目前仍需进一步的完善。

（1）消化道代谢和吸收。 食物中的 AGEs 多以与肽和蛋白质结合的形式存在，研究表明在肽和蛋白质消化的过程当中，AGEs 能够稳定存在，消化之后大部分的 AGEs 以与不同长度的肽结合的形式存在，其中一部分能通过小肠绒毛由蛋白质载体运输进入小肠上皮细胞，被吸收进入人体内部；而不能被吸收的部分则进入结肠，这些 AGEs 能够不同程度地被人体肠道微生物利用降解，未被降解的部分则随粪便排出体外。对小鼠饲喂固体的糖化蛋白，结果表明，在小鼠的尿液中回收了 10% 的 CML，而粪便中回收了 40%。又有人将 3-脱氧葡萄酮糖与酪蛋白反应的复合物进行体外消化模拟实验，发现仅有不到 4% 的吡咯素被酶解为游离态，而 50%～60% 结合在分子质量在 1000Da 以下的肽段上。

（2）人体内代谢。 正常机体内的 AGEs 含量应保持一个动态平衡状态，生成的 AGEs 会及时经过体内代谢最终由肾脏等组织清除排出体外。但如果生成 AGEs 高于清除量时，此时动态平衡会被打破，AGEs 在体内不断积累。机体内的许多组织细胞表面含有 RAGE，被称为 AGEs 的受体。受体可以跟 AGEs 结合成 AGEs-RAGE，作为细胞内一系列反应的激活信号，同时 AGEs 与 RAGE 的结合也会产生大量的活性氧自由基（ROS）又促进 AGEs 的生成，这样就形成了一个恶性循环（Basta et al，2011），所以 AGEs 在机体内的降解途径尤为重要。人体内的单核巨噬细胞可以通过非特异性结合后的吞噬作用将 AGEs 降解为 AGEs 多肽。正常情况下人体内的 AGEs 都以 AGEs 多肽的形式存在，可以通过肾脏排出体外。对于健康人群和青壮年而言，对 AGEs 的代谢水平较高，因此体内 AGEs 的存在不会带来不利的病变，但随着年龄的增加或肾脏等器官的病变，伴随着 AGEs 积累的增加和对 AGEs 代谢能力的下降，AGEs 对人体的危害就会凸显出来。特别是对肾脏疾病患者来说，由于肾脏功能的下降，AGEs 无法被有效排出体外并会反过来加重肾脏的病变，造成一个恶性循环，危害人体健康。

4.1.2 食品热加工过程中晚期糖基化终末产物的形成机制

AGEs 种类多样，生成机理也各不相同，按照反应底物大致可将生成机理归纳成三类。第一类是氨基酸与糖裂解产生的活性羰基化合物，如 CML、CEL、CMC、CMA 的生成。以 CML 为例（如图 4-2 所示），糖类物质裂解产生的乙二醛先与赖氨酸 ε-氨基发生亲核羰氨反应生成缩醛胺，之后缩醛胺发生歧化反应生成 CML 与羟甲基赖氨酸。CMC 的生成则是先生成相应的硫代半缩醛后经历歧化反应生成。而精氨酸的咪唑基团与乙二醛等二羰基化合物发生羰氨缩合反应则可以生成咪唑啉类衍生物 G-H1、G-H2 等。GOLD、MOLD 和 DOLD 的形成也是涉及两个赖氨酸与二羰基化合物及甲醛之间的缩合反应，反应生成含两个 N 的咪唑鎓盐。

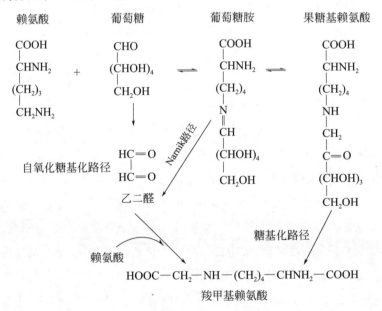

图 4-2 CML 的乙二醛与 Amadori 两条路径生成机理

第二类是通过 Amadori 重排产物进一步降解产生的，如 CML（如图 4-2

所示)、CEL 的生成就是 Amadori 重排产物发生逆羟醛缩合反应裂解得到。

第三类则是氨基酸与 Amadori 重排产物的降解产物反应所生成的,这类 AGEs 通常是环状化合物。Amadori 重排产物 2 位碳上连有一个羰基,而其脱水及裂解产物也是具有较高反应活性的二羰基化合物或是环化生成环状还原酮,这类物质体内条件下常常能够与精氨酸上咪唑基团发生一系列复杂的反应生成结构较为复杂的环状化合物,例如在 Glucosepan 和戊糖素(图 4-3)的生成过程中 Amadori 产物降解产生的含 N 环状化合物是其生成的重要前体物质。

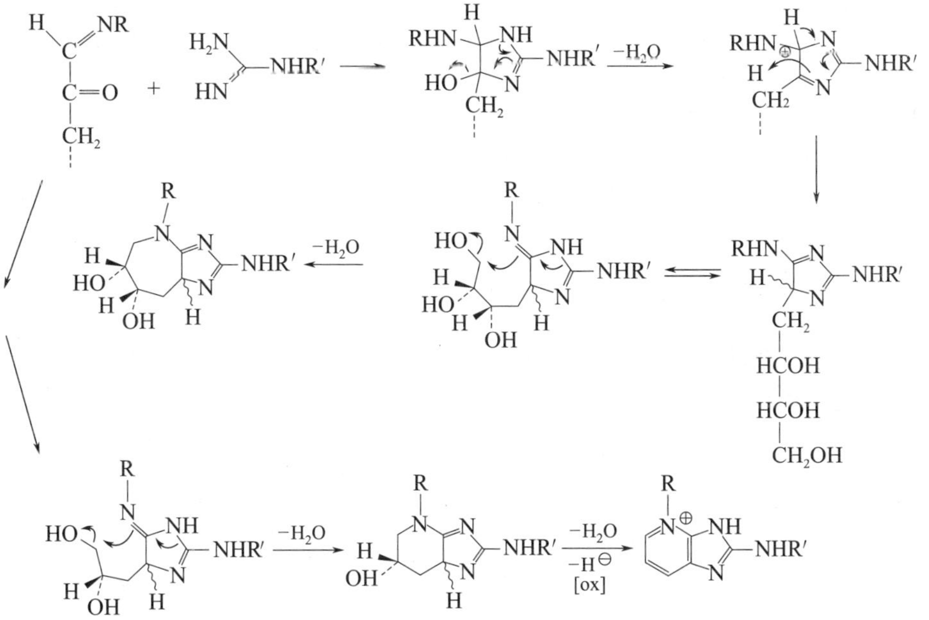

图 4-3 Amadori 与精氨酸生成 Glucosepan 和戊糖素的机理(Lederer et al,1999)

4.1.3 食品热加工过程中晚期糖基化终末产物的安全控制

从 AGEs 生成机理可知,控制 AGEs 的危害可以从改进食品加工工艺、添加天然无毒抑制剂以及开发有效抑制和破坏体内 AGEs 药物三方面入手。

(1)改进加工工艺。 由第 3 章美拉德反应基本机理和影响因素以及本章对 AGEs 形成机制的论述可知,通过改进食品热加工的方式来降低食品中 AGEs 的生成量具有一定的可行性。目前对于这方面的研究还处于初级阶段,有研究者认为控制热加工过程中的温度、pH、水分活度等因素可以较为有效地控制 AGEs 的生成。首先在温度控制方面尽量避免引入过高的温度，温度升高将为糖和 Amadori 产物断裂与活性羰基化合物的生成提供充足的能量；控制热加工过程中的水分活度也是较容易实现的一条路径，水分活度控制在 0.5 以下或 0.8 以上将会使美拉德反应整体速率下降，也降低了热加工过程中 AGEs 的生成量；此外，减少不必要的氧气供应以及减少某些促进美拉德反应的金属离子的添加也可在一定程度上减少 AGEs 的生成量。目前又有学者认为采用微波加热和电阻加热的方式可降低某些 AGEs 的生成量，但尚需进行深入探讨。

（2）天然产物抑制剂。 这类抑制剂总的来说通过抑制 AGEs 形成的几种路径来减少食品加工过程中 AGEs 的生成，控制高活性羰基化合物的形成、清除自由基是抑制 AGEs 的主要路径（Réblová et al，2006；Peng et al，2010）。黄酮类物质是研究较多的一类 CML 抑制剂，这是一系列结构相似性化合物，由两个通过中央三碳原子相互连接的酚羟基苯环（A 环与 B 环）组成，此类物质的基本母核为 2-苯基还原酮，结构中常连接有酚羟基、甲基、甲氧基或异戊烯基等官能团。黄酮类物质抑制 CML 生成的机理与其抗氧化性和清除自由基的作用呈正相关（Rice et al，1996）。芦丁和槲皮素的羟基苯环（B 环）有 2 个羟基，具有很强的还原性，因此能够有效抑制葡萄糖的自氧化反应。有研究则认为芦丁和槲皮素抗氧化作用体现在蛋白质糖化反应的不同阶段，包括葡萄糖自氧化裂解、葡萄糖的逆羟醛缩合裂解、席夫碱的形成、Amadori 产物的氧化降解。另有人从抑制 CML 中间产物的角度研究黄酮类物质的抑制机理，研究证明芦丁和槲皮素可清除活性氧自由基（超氧阴离子和过氧化氢）和活性羰基自由基。此外，有学者研究了维生素（维生素 B_1、维生素 C、维生素 E）和两种黄酮类物质（芦丁和槲皮素）对葡萄糖和赖氨酸模拟体系中 CML 生成的抑制效果。维生素 C 和维生素 E 对 CML 生成没有抑制效果。维生素 B_1 的氨基与氨基酸或蛋白质中的赖氨酸残基存在竞争的关系，竞争还原糖的羰基，抑制 CML 的生成。芦丁和槲皮素特有的酚羟基苯环结构具有强抗氧化能力，能够抑制 CML 的生成（Erlund et al，2000）。通过结合 CML 生成的多级动力学模型研究发现，黄酮物质芦丁抑制 CML 的生成主要发生在糖化反应第二阶段，即中间产物的生成和转化为 CML 的阶段。

（3）抑制 AGEs 的药物。 利用药物抑制 AGEs 的生成也是一种有效减少机体内 AGEs 总量的方法。抑制剂的开发由于 AGEs 的多样性和复杂性而变得困难。目前已有研究表明，氨基胍、吡哆胺等药物可以作为 AGEs 的抑制剂。氨基胍是一种亲核的肼类化合物，可以捕获 AGEs 的活性羰基前体，进而阻止活性羰基前体转化为 AGEs 而达到抑制的效果，该药物的使用使得糖尿病患者的并发症症状有所减轻。但是临床医学研究表明氨基胍对人体有一定的毒性作用，使其使用范围有了一定的局限性。吡哆胺是维生素 B_6 的一种衍生物，它能通过俘获低分子量的活性羰基前体而抑制 AGEs 的形成，也可抑制 Amadori 产物转变成 AGEs。但是在研究糖尿病大鼠的动物实验中，有轻微的减轻体重的作用。人体中实验到目前为止尚未见报道。

蛋白质交联裂解剂（cleaving agent）和断裂剂（breaker）阻断蛋白质交联键是另外一种抑制 AGEs 生成的方法。为减少 AGEs 的形成，首先应减少交联的形成，而使用交联切断剂就可减少 AGEs 沉积。研究人员发现（Vasan et al, 1996）苯甲酰噻唑溴化物能与蛋白质发生共价反应，从而使蛋白质交联发生断裂，人体内的蛋白质无法交联，也就造成了交联类 AGEs 无法生成。

总体来说对于 AGEs 的安全性控制仍是一个难题，由于 AGEs 在体内的稳定性，很难找到有效的药物在体内分解破坏它们，因此对于食品加工过程条件的控制和无毒害抑制剂的添加应是控制其危害性的有效方法。此外进一步探究食源性 AGEs 的致病机理，反过来指导食品生产过程也是有助于发现控制食源性 AGEs 关键点的重要一环。

4.2 丙烯酰胺

4.2.1 丙烯酰胺概述

丙烯酰胺是一种有机小分子，英文名为 acrylamide，别名 propenamide、ethylene carboxamide、acrylic amide 和 vinylamide；CAS 登记号 79-06-1，有毒，是一种无臭透明片状晶体；可溶于水、醇、丙酮、醚和三氯甲烷，微溶于甲苯，不溶于苯和庚烷。丙烯酰胺相当活泼，分子中的活性中心为氨基和双键，双键则会发生迈克尔型加成反应，而其中的氨基具有脂肪胺的反应特点，可以发生霍夫曼反应、水解反应和烃基化反应。室温下固体的丙烯酰胺较为稳定，但如果热熔或与氧化剂接触时可以发生剧烈的聚合反应，在乙醇、乙醚、丙酮等有机溶剂中易聚合和共聚。当加热使其溶解时，丙烯酰胺释放出强烈的腐蚀性气体和氮的氧化物类化合物。以丙烯酰胺为单体的聚丙烯酰胺（PAM），是一种水溶性高分子聚合物，具有良好的絮凝性，工业上广泛应用于石油开采以及污水处理，是应用最广、效能最高的水处理絮凝剂，还用于纸浆的加工及管道的内涂层等，还可用作建造坝基、隧道和污水管的浆料以及肥皂和化妆品的增稠剂。在生物化学分析领域，丙烯酰胺还被用于核酸和蛋白质的凝胶电泳测定。聚丙烯酰胺本身及其水解体没有毒性，但是其单体丙烯酰胺是公认的神经性致毒剂和准致癌物质，被世界各国均列为危险化学品，严重危害人体健康。

由于丙烯酰胺易溶于水，因此它进入人体后迅速分布全身。在体内的代谢主要在肝脏进行，代谢产物有两种：N-乙酰-S-半胱氨酸和环氧丙酰胺，它们分别是肝脏药物解毒酶——谷胱甘肽硫转移酶（glutathione-S-transferases，GST）和细胞色素氧化酶P450（CYP2E1）催化而成。两种代谢产物均可与DNA、血红蛋白等作用，导致DNA损伤和突变。因此，丙烯酰胺/环氧丙酰胺-血红蛋白加合物常被作为丙烯酰胺暴露水平的接触性生物标志物，被认为是丙烯酰胺的主要致癌活性代谢产物，这是因为它比丙烯酰胺具有更强的加合反应活性。

4.2.1.1 丙烯酰胺的危害

（1）神经毒性 丙烯酰胺神经毒性行为的影响可能是通过影响多巴胺能系统产生的。实验研究发现，PC12细胞（一个常用的神经细胞株）暴露于丙烯酰胺24h后，多巴胺（dopamine，DA）水平明显降低。国内曾有两例报告：一例主要表现为多发神经病和震颤，齿轮样肌力增高及单足不能站立的锥体外系和小脑病变的临床表现；另一例除有多发性神经病外，还出现明显的左上肢和左肩胛部运动障碍，部分肌肉萎缩和肌束震颤，呈脊髓前角病变的临床表现。工业接触对人体的危害主要是感觉障碍和精神障碍。动物实验研究发现，用丙烯酰胺染毒的小鼠随剂量的递增和毒物的蓄积，小鼠有躁动、急躁等现象，继而倦怠、懒动。染毒第三周后出现四肢肌肉萎缩，肌力下降，染毒小鼠行为及症状改变可能与丙烯酰胺的神经毒性有关。

丙烯酰胺是一种具有累积性中等毒性的神经毒物，人和动物大剂量暴露于丙烯酰胺后，会引起中枢神经系统的改变。丙烯酰胺的神经毒性已经为许多学者所公认，大量的中毒事件也是由于其神经毒性所导致的。它可通过未破损的皮肤、黏膜、肺和消化道吸收入人体，分布于体液中。如果人经呼吸道的丙烯酰胺急性暴露，可以观察到中枢和周围神经系统损伤的症状，如头晕、幻觉等，而皮肤的长期暴露则可导致人的皮肤发生红疹；动物如果长期经口吸入丙烯酰胺，会观察到腿脚麻木、无力等神经损伤表现。更有学者展开深入的研究，发现丙烯酰胺对脑能量代谢的影响是丙烯酰胺产生神经元损伤的生化基础。它对脑能量代谢产生一定的影响，脑组织功能部分损伤，发生丙烯酰胺中毒导致周围神经病时轴突首先受累，当轴突变性时，神经元胞浆中呈持续的逆行改变，神经元是可以恢复，神经末梢也可以再生。

从现在已经报道的关于丙烯酰胺中毒的案例来看，丙烯酰胺的中毒不仅带来神经性的伤害，而且还导致人体某些器官发生实质性的病变，因此可能会造成严重的后遗症。20世纪70年代开始，我国已经有报道丙烯酰胺中毒的病例，并开展了对丙烯酰胺中毒的防治研究，目前已经基本明确了丙烯酰胺毒理性以及临床表现，并在1996年的时候，提出了丙烯酰胺中毒诊断标准（GB 16370—1996）。

（2）**生殖毒性** 丙烯酰胺的生殖毒性机制与神经毒性的机制十分相似。丙烯酰胺可以抑制蛋白样物质的活性，导致细胞的有丝分裂和减数分裂发生障碍，从而导致生殖功能下降。有关研究证据表明，丙烯酰胺可以损伤雄性动物的生育功能，注射雄性大鼠15mg/kg体重的丙烯酰胺，连续5d，或者注射小鼠12mg/kg体重的丙烯酰胺，连续28d，均发现其生育能力下降，具体表现为精子计数减少和精子活动能力减弱，这说明丙烯酰胺会影响动物的生殖系统。但是对人类的生殖毒性，目前还没有研究表明会影响人类的生殖能力。

大鼠的生殖和发育毒性试验发现，高中剂量[85mg/(kg bw·d)和42.5mg/(kg bw·d)]的AA能引起雄性小鼠睾丸精原细胞和初级精母细胞畸变率升高，且存在剂量依赖关系，对雌性小鼠的生殖系统没有影响，只表现神经毒性。Tyl等在大鼠的两代试验中发现，丙烯酰胺的生殖前暴露导致受精卵着床受损且着床后丢失增加，显性致死发生率上升，剖检显示丙烯酰胺对胚胎有毒性。AA可降低雄性动物的生育能力，表现为雄性大鼠睾丸损伤、精子数量减少、形态异常、交配力减弱、精子在雌鼠子宫中的运动力及受孕率降低等。丙烯酰胺低剂量［5mg/(kg bw·d)］时降低窝产仔数，大鼠比小鼠敏感；高剂量［≥12mg/(kg bw·d)］时影响精子形态学和精子活力。给予雄性大鼠15mg/(kg bw·d)丙烯酰胺，连续5d，或者小鼠12mg/(kg bw·d)，连续4周，均可发现精子数量减少和活力减弱。Sakamoto分别对青春期和成年小鼠以100mg/(kg bw·d)和150mg/(kg bw·d)单次经口急性染毒10d后跟踪检测发现，丙烯酰胺可引起青春期小鼠精子细胞肿胀坏死和减数分裂异常，引起成年小鼠生精细胞损伤脱落。经口每天给予小鼠36mg/(kg bw·d)丙烯酰胺，连续8周，导致精原细胞和精母细胞变性。目前尚无丙烯酰胺对人类的生殖毒性的报道。

丙烯酰胺可引起生殖细胞特定时期DNA断裂。MTT法和彗星试验对人角质形成细胞研究发现，丙烯酰胺和GA在相似的位点TP53和cII处形成DNA加合物。AA主要引起杂合子丢失（诱裂），而GA主要引起点突变（诱变）。实验表明，丙烯酰胺染毒动物可诱导粗线期精母细胞和早期精子细胞的DNA发生断裂，并且在处理后1d出现断裂峰值，随后断裂逐渐减少，推测是DNA修复的结果。丙烯酰胺还可引起DNA的烷基化，引起基因改变，其中有些突变可遗传给下一代。对丙烯酰胺染毒小鼠子一代研究表明，当亲本在精子细胞和精子阶段暴露于丙烯酰胺和GA时导致后代可遗传易位携带者的出现频率增高。研究表明丙烯酰胺能与小鼠精子细胞的DNA结合，导致遗传损伤。科研人员利用鼠胚胎成纤维细胞进行实验发现，低浓度丙烯酰胺处理能产生DNA加合物，引起cII基因突变。

丙烯酰胺的生殖发育毒性与蛋白质加合物的形成有关。目前医学上认为丙烯酰胺的生殖毒性机制与其神经毒性机制相似，丙烯酰胺可抑制与精子功能有关的驱动蛋白样物质的活性，导致细胞有丝分裂和减数分裂障碍，从而引起生殖损伤。丙烯酰胺和GA通过与精子鱼精蛋白结合，引起显性致死和精子畸变；与动力蛋白结合，导致精子运动能力改变。丙烯酰胺的致突变性主要是由于其环氧代谢产物GA形成DNA加合物。大小鼠实验发现，相同剂量的丙烯酰胺和GA，GA形成的DNA加合物要比丙烯酰胺的多。对人类TK6（类淋巴母细胞）研究证明，在没有代谢活化时高浓度丙烯酰胺（＞10mmol/L）处理4h，仅表现温和的基因毒性，而GA在10.5mmol/L时即表现出明显的浓度依赖的基因毒性。丙烯酰胺致突变机制可能与剂量有关,在低剂量主要表现为断裂剂,高剂量则为非整倍体毒性,在暴露于 AA 的小鼠和大鼠体内,可检测到 GA 与鸟嘌呤、腺嘌呤形成的加合物 N7-GA-Gua 和 N3-GA-Ade。对这些加合物的修复有一定的错配频率,错配则可能引起突变。

(3) 致癌性 自从有关研究报告指出丙烯酰胺可能具有致癌性以来,世界各国的科学家做了很多的研究实验。国外研究人员以 6.25mg/kg、12.5mg/kg、25mg/kg 的丙烯酰胺剂量经口染毒小鼠,发现丙烯酰胺能诱发小鼠皮肤肿瘤形成,促进肺腺瘤的发展。此外,在饮水中添加丙烯酰胺,每天以 0.1mg/kg、0.5mg/kg、2.0mg/kg 的剂量对大鼠进行了 104 周的慢性染毒后发现其大鼠睾丸鞘膜有肿瘤出现,因此认为丙烯酰胺具有一定的多巴胺拮抗作用,可能导致多种组织细胞异常增生,从而引发癌症。有关实验数据表明,在实验动物的饮用水中每天加入 2.0mg/kg 丙烯酰胺的剂量,一段时间后就可以在脑部、脊髓或其他组织中发现肿瘤细胞。现在,已经有大量的实验动物数据证实了丙烯酰胺具有一定的致癌作用。

据研究显示,0.06% 的人会因摄入含有丙烯酰胺的食品而发展成癌症。在非吸烟女性中,因摄入丙烯酰胺导致的肾癌、卵巢癌、子宫内膜癌、乳腺癌和口腔癌的发病危险度不断上升。科学家在一项前瞻性研究中发现,儿童时期每周食用一次炸薯条,成年后乳腺癌发病的相对危险度(RR)为 1.27(95% Cl:1.12~1.44)。意大利的一项病例-对照研究发现,与从不食用油炸或烘烤土豆的对照人群相比,每周食用一次者的乳腺癌患病风险(OR)为 1.1。在一项包括 544 名乳腺癌女性的队列研究中发现,大量食用油炸土豆者的乳腺癌发病 RR 值为 1.10。瑞典的一项病例-对照研究发现,食用油炸土豆对丙烯酰胺总摄入的贡献率是 10%,并且在对丙烯酰胺总摄入进行调整之后,RR 值为 1.32(95%Cl:1.03~1.69),几乎没有变化。目前已发现的与摄入含有丙烯酰胺的食品有关的癌症部位包括女性乳腺、子宫内膜、卵巢及男性前列腺、食管、胃、结直肠、胰腺、膀胱、肾脏、口腔、口咽-喉咽、喉、肺、脑、甲状腺。一项更具说服力的队列研究发现,丙烯酰胺暴露与子宫内膜癌和卵巢癌呈正向关联。但也有研究表明,丙烯酰胺摄入与某些类型的癌症呈负向关联。丹麦的一项通过测定丙烯酰胺生物标志物探讨丙烯酰胺与癌症关系的流行病学研究发现,丙烯酰胺-全血血红蛋白浓度每增加 10 倍,乳腺癌的发病风险将上升

5%（RR=1.05）；环氧丙酰胺-全血血红蛋白浓度每增加10倍，乳腺癌的发病风险下降12%（RR=0.88）。但是在对混杂因素吸烟（包括过去吸烟、吸烟量和持续时间）进行精确调整之后，发现丙烯酰胺-全血血红蛋白浓度每增加10倍，乳腺癌的发病风险将上升90%（RR=1.9）；环氧丙酰胺-全血血红蛋白浓度每增加10倍，乳腺癌的发病风险将上升30%（RR=1.3）。目前，联合国粮农组织（FAO）和WHO下的食品添加剂联合专家委员会（JECFA）、欧洲食品安全（管理）局的食物链污染物科研小组（EFSA）和欧盟食品委员会科学委员会（SCF）都已把丙烯酰胺的致癌毒性与神经毒性、遗传毒性列为同等重要的地位，均作为其核心毒性。

丙烯酰胺经口途径随食物进入人体后，在肝脏发生首过消除效应产生环氧丙酰胺，导致产生较高剂量的环氧丙酰胺内暴露，并且可导致丙氨酸转氨酶（ALT）、天冬氨酸转氨酶（AST）、超氧化物歧化酶（SOD）和丙二醛（MDA）水平的明显增加。尽管丙烯酰胺在Ames实验中没有显示致突变性，但是环氧丙酰胺的致突变性非常明确。丙烯酰胺和环氧丙酰胺在转基因小鼠睾丸细胞上诱导的突变谱与前突变嘌呤DNA加合物的形成是一致的。国内有研究表明，丙烯酰胺可引起组织细胞DNA损伤，激活RAS靶基因，启动细胞增殖，从而导致癌变。在离体组织（如人淋巴细胞和肝脏细胞）中，丙烯酰胺的致染色体断裂效应已被证实，如姊妹染色单体交换、微核、有丝分裂干扰和单链断裂。丙烯酰胺在离体实验和体内实验中都有遗传毒性（如致突变性和致染色体断裂性），主要是由于转换成了环氧丙酰胺。国内有多项研究表明丙烯酰胺经胃肠给药可导致小鼠和大鼠睾丸细胞DNA损伤，导致精子核成熟率降低，以致小鼠和大鼠生殖功能障碍。丙烯酰胺对小鼠精子有毒性作用，并且存在明显的剂量-反应关系。

最近有研究比较了丙烯酰胺导致的大鼠甲状腺肿瘤的发生和丙烯酰胺遗传毒性的时间窗和剂量-反应关系，得出遗传毒性机制不可能是丙烯酰胺导致甲状腺肿瘤的唯一机制，这是因为丙烯酰胺诱导的大鼠甲状腺肿瘤的剂量-反应曲线与丙烯酰胺在多种不同类型细胞上诱导的遗传毒性的剂量-反应曲线不一致，并且诱导甲状腺肿瘤的剂量低于诱导遗传毒性效应所需的最低剂量。

4.2.1.2 热加工食品中的丙烯酰胺

2002年4月，瑞典国家食品局（The Swedish National Food Administration) 和斯德哥尔摩大学 (Stockholm University) 的科学家联合公布了他们的研究成果，在油炸薯条、土豆片、面包等淀粉类的食物中，检测出有致癌可能性的丙烯酰胺。报告发表后，立即引起了世界各国食品业界的广泛关注，随后世界上许多国家纷纷对此问题展开了讨论和研究，结果一致认为大部分淀粉类食品经过高温的煎、炸、烤等烹调后会产生含量不等的丙烯酰胺，且其含量随加工温度的升高而增加。国际癌症研究机构 (International Agency Researchon Cancer，IARC) 已经将丙烯酰胺列为"2A组可能人类致癌物"。我国将食品中丙烯酰胺的检测列为"十五"国家重大科技专项"食品安全关键技术"课题。2002年6月，世界卫生组织 (WTO) 召开了关于丙烯酰胺的专家会议，与会专家一致认为研讨食物中丙烯酰胺问题十分重要，迫切需要针对有关食品中丙烯酰胺的问题做更加深入的研究。2005年4月13日，我国卫生部发布了建议消费者避免食用油炸薯条和油炸薯片的公告，呼吁采取一定的措施来减少食品中丙烯酰胺可能导致的健康危害。因此开展食品中丙烯酰胺含量的研究具有十分重要的意义。

大量的食品调查表明，淀粉类食品只在经过烘烤、煎炸等烹调过程后才会形成大量的丙烯酰胺，经过煮沸烹调则不会形成丙烯酰胺。丙烯酰胺主要存在于高温（100℃以上）煎炸、烘烤的食品中，如油炸土豆片、薯条、面包、饼干和谷物早餐等。

在 JECFA (Joint FAO/WHO Expert Committee on Food Additives，联合国粮农组织和世界卫生组织下的食品添加剂联合专家委员会) 第64次会议上 (INFOSAN，2005)，从24个国家获得的食品中丙烯酰胺的检测数据共6752个，数据来源包含早餐谷物、土豆制品、咖啡及其类似制品、奶类、糖和蜂蜜制品、蔬菜和饮料等主要消费食品，其中丙烯酰胺含量较高的三类食品是：高温加工的土豆制品（包括薯片、薯条等），平均含量为0.477mg/kg，最高含量为5.312mg/kg；咖啡及其类似制品，平均含量为0.509mg/kg，最高含量为7.300mg/kg；早餐谷物类食品，平均含量为0.313mg/kg，最高含量为7.834mg/kg。其他种类食品的丙烯酰胺含量基本在0.1mg/kg以下。

由中国疾病预防控制中心营养与食品安全研究所提供的资料显示，被监测的100余份样品中，丙烯酰胺含量为：薯类油炸食品平均含量0.78mg/kg，最高含量3.21mg/kg；谷物类油炸食品平均含量0.13mg/kg，最高含量

0.66mg/kg；谷物类烘烤食品平均含量 0.13mg/kg，最高含量 0.59mg/kg；其他食品如速溶咖啡为 0.36mg/kg、大麦茶为 0.51mg/kg、玉米茶为 0.27mg/kg（卫生部，2005a）。就所检样品的测定结果看，我国食品中的丙烯酰胺含量与其他国家相近。对世界上 17 个国家丙烯酰胺摄入量的评估结果显示，一般人群平均摄入量为 $0.3\sim2.0\mu g/(kg\ bw\cdot d)$，90%～97.5%的高消费人群其摄入量为 $0.6\sim3.5\mu g/(kg\ bw\cdot d)$，99%的高消费人群其摄入量为 $5.1\mu g/(kg\ bw\cdot d)$。按体重计，儿童丙烯酰胺的摄入量为成人的 2～3 倍。其中丙烯酰胺主要来源食品为炸土豆条（16%～30%）、炸土豆片（6%～46%）、咖啡（13%～39%）、饼干（10%～20%）、面包（10%～30%），其余均小于 10%。JECFA 根据各国的调查资料，认为人类的丙烯酰胺平均摄入量大致为 $1\mu g/(kg\ bw\cdot d)$，而高消费者大致为 $4\mu g/(kg\ bw\cdot d)$，其中包括儿童（卫生部，2005a）。由于食品中以油炸薯类食品、咖啡食品和烘烤谷类食品中的丙烯酰胺含量较高，而这些食品在我国人群中的摄入水平应该不高于其他国家，因此，我国人群丙烯酰胺的摄入水平应不高于 JECFA 评估的一般人群的摄入水平。

Murkovic（2004）对澳大利亚市场销售的食品进行抽样检测，报道了不同种类食品中丙烯酰胺的含量。其平均含量分别为：油炸土豆片 627ng/g，曲奇饼干 275ng/g，咖啡 204ng/g，面包片 153ng/g，炸薯条 152ng/g，爆米花 106ng/g，谷物早餐 95ng/g。从中可以看出，不同种类食品中丙烯酰胺含量差异很大，且油炸土豆片中的含量最高。此外，他们的研究结果还显示出同一种食品中丙烯酰胺的含量差别也很大。如油炸土豆片中丙烯酰胺的含量范围为 170～3700ng/g，面包片为 800～1200ng/g，谷物早餐为 30～1346ng/g，咖啡为 170～351ng/g。这主要是由加工方式、所用原料及预处理方式不同所致。

而肉、蛋类食品含有大量蛋白质，经过同样的高温烹调也未有明显的丙烯酰胺含量的增加。根据这些实验结果与目前人们对丙烯酰胺化学性质的认识，瑞典科学家提出了几种丙烯酰胺形成的可能途径，认为其前体有可能是食物中的碳氢化合物、蛋白质/氨基酸、油脂或是其他成分，可能性最大的前体化合物就是丙烯醛、天冬酰胺酸和小分子糖类化合物。

4.2.1.3 丙烯酸胺摄入的危险性评估

动物试验结果表明，丙烯酰胺引起神经病理性改变的 NOAEL 值为

0.2mg/kg bw，根据人类平均摄入量为 1μg/(kg bw·d)，高消费者为 4μg/(kg bw·d) 进行计算，则人群平均摄入和高摄入的暴露界限（MOE）分别为 200 和 50；丙烯酰胺引起生殖毒性的 NOAEL 值为 2mg/kg bw，则人群平均摄入和高摄入的 MOE 分别为 2000 和 500。JECFA 认为，此类副作用的危险性可以忽略，但是对于摄入量很高的人群，不排除引起神经病理性改变的可能。鉴于流行病学调查资料及动物和人的生物学标记物数据均不足以进行全面评价，故根据动物致癌性试验结果，对其致癌作用进行分析，推算引起动物乳腺癌的基准剂量下限（BMDL）为 0.3mg/(kg bw·d)，根据人类平均摄入量为 1μg/(kg bw·d)、高消费者为 4μg/(kg bw·d) 计算，平均摄入和高摄入量人群的 MOE 分别为 300 和 75（卫生部，2005a）。从上述结果来看，其对人类健康的潜在危害应给予关注，建议采取合理措施降低食品中丙烯酰胺的含量，如尽可能避免连续长时间或高温烹饪淀粉类食品，提倡合理营养，平衡膳食，改变油炸和高脂肪食品为主的饮食习惯，减少因丙烯酰胺可能导致的健康危害（卫生部，2005b）。

4.2.2 食品热加工过程中丙烯酰胺的形成机制

对食品中丙烯酰胺的形成机理学术界进行了大量的研究探讨。文献报道中对食品中丙烯酰胺形成机理进行探讨主要通过两种方法。一种方法是通过研究影响食品中丙烯酰胺形成的相关因素归纳总结其形成机理。目前主要是研究炸薯片或炸薯条中丙烯酰胺的含量与原料、制作工艺等因素的关系，或加入其他成分，分析其对丙烯酰胺形成的影响。另一种方法是人为地按一定比例配制或加入与丙烯酰胺生成反应有关的化学物质，建立反应模型，研究在不受食品基质其他成分的影响下，丙烯酰胺形成的分子机理。常建立的模型系统主要为美拉德反应的褐变模型系统、土豆模型系统和碳水化合物/天冬酰胺模型系统。褐变模型系统主要是加入与美拉德反应有关并易于形成丙烯酰胺的化学物质，如含羰基的化合物（二油酸甘油酯、丙烯醛、丙烯酸、葡萄糖、果糖等）和含氨基的化合物（天冬酰胺、谷氨酰胺等）。土豆模型系统是制作一个与炸薯片相似的食品体系，提供不参与丙烯酰胺形成的惰性基质。其制作过程是先将 5.6g D-葡萄糖、18g 麦芽糊精、10g 氨基酸（不同模型系统中加入不同种氨基酸），溶解于 400g 65℃ 的热水中，再加入 2.4g 乳化剂（单甘酯），随后加入

400g土豆淀粉和成面团，然后再制成薄片状进行油炸。分析不同处理下丙烯酰胺的含量。建立土豆模型系统研究丙烯酰胺形成机理，是因为土豆产品中存在较高水平的产生丙烯酰胺的前体物，如天冬酰胺和还原性糖，而且土豆的商业产品大多是经高温加工制成的，这就注定土豆产品中丙烯酰胺含量较高。碳水化合物/天冬酰胺模型系统是把天冬酰胺分别与葡萄糖、果糖、蔗糖等混合，并控制条件进行反应，然后测定丙烯酰胺的生成量，探讨其形成机理。

4.2.2.1 还原糖和天冬酰胺等氨基酸通过美拉德反应产生丙烯酰胺

目前多数学者认为丙烯酰胺的形成与美拉德反应有关，而且一致认为天冬酰胺是形成丙烯酰胺的关键因素。Mottram等（2002）指出天冬酰胺是形成丙烯酰胺比较合适的反应物，这是由于天冬酰胺具有酰胺基团，并能提供合适的碳骨架。他设计了不同种类的氨基酸与葡萄糖进行反应，结果表明，天冬酰胺与葡萄糖反应产生大量的丙烯酰胺；谷氨酰胺、天冬氨酸与葡萄糖反应只产生痕量的丙烯酰胺；其他氨基酸与葡萄糖反应几乎未产生丙烯酰胺。DavidV. Zyzak等（2003）通过同位素示踪对反应历程进行研究，发现丙烯酰胺所有的三个碳原子和一个氮原子均来自天冬酰胺，即丙烯酰胺来自天冬酰胺的酰胺侧链。

美拉德反应包括各种类型的化学反应，如氧化、还原、脱水、水解、脱氢等基本反应，其中间产物也很复杂。因此，有关食品中丙烯酰胺的形成机理也有不同解释。Stadler、Mottram、Varoujan等首先把多种氨基酸在高于100℃下单独加热一定时间，结果表明，只有少数的几种氨基酸（如天冬酰胺、谷氨酸、半胱氨酸和蛋氨酸）产生了微量的丙烯酰胺；而当把天冬酰胺和还原糖（D-果糖、半乳糖、乳糖等）按等物质的量比混合，在高温下反应一段时间，则能从反应产物中检测到大量的丙烯酰胺，其生成量是氨基酸单独加热时生成量的500多倍，平均可达到368mmol/mol的水平。由此可以推断：天冬酰胺和还原糖在高温条件发生美拉德反应，生成了大量的丙烯酰胺。同时，Stadler和Varoujan还发现，如果用水合天冬酰胺代替天冬酰胺或者是往天冬酰胺/还原糖无水反应体系加入少量的水，则丙烯酰胺的量得到显著提高，是无水反应体系生成量的3倍多。

Standler还证实了多种碳水化合物在单独加热下的条件，生成物中并未检出丙烯酰胺，由此更进一步地证实了美拉德反应对生成丙烯酰胺的贡献。通过氮原子同位素的标记实验也证实了天冬酰胺的酰胺基团部分生成了丙烯酰胺。实验表明，当用 ^{15}N 标记氨基酸的酰胺基团时，在丙烯酰胺中检出有 98.6% 的 ^{15}N；而用 ^{15}N 标记氨基酸的 α-氨基时，却并未能在丙烯酰胺中检测到 ^{15}N 的存在。

Mottran 将 2,3-丁二酮替代葡萄糖与天冬酰胺进行反应，同样能从反应产物中检测出较多的丙烯酰胺，证明 Strecker 降解产物参与丙烯酰胺的形成，也证实了 Standler 关于美拉德反应中间产物 N-葡基胺是生成丙烯酰胺的前体的推断。关于氨基酸与还原糖反应生成丙烯酰胺的路径见图 4-4。Mottran 提出的这一反应路径，正好解释了土豆、谷物等植物性食品在煎、炸和焙烤高温加工后检出有大量丙烯酰胺的现象。因为用于生产土豆制品的土豆片中，其主要的游离氨基酸是天冬酰胺，约有 940mg/mol，占氨基酸总量的 40%；而小麦粉中为 167mg/mol，占氨基酸总量的 14%；黑麦中为 173mg/mol，占氨基酸总量的 18%。

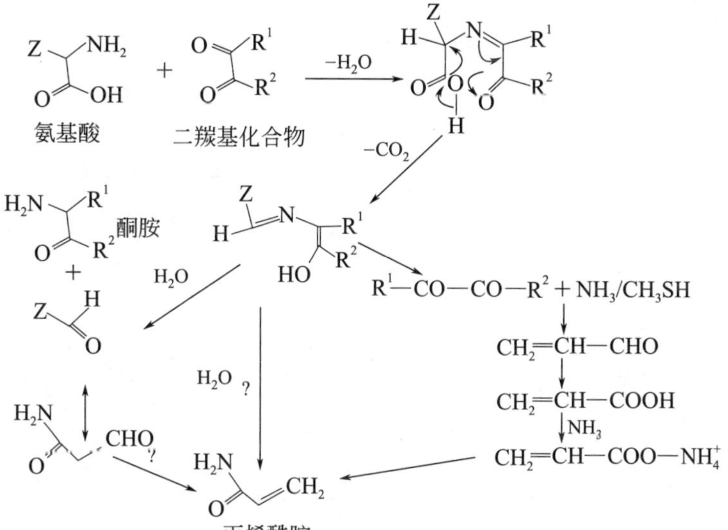

图 4-4 丙烯酰胺的生成途径

在 Mottran 提出这一反应原理后，Varoujan 等从化学反应的原理及熵值的角度提出了他的观点：由于许多食品加工是在高温、高湿条件下进行的，从理论上讲，天冬酰胺在高温条件下，可以发生脱羧、脱氨基反应生成丙烯酰胺

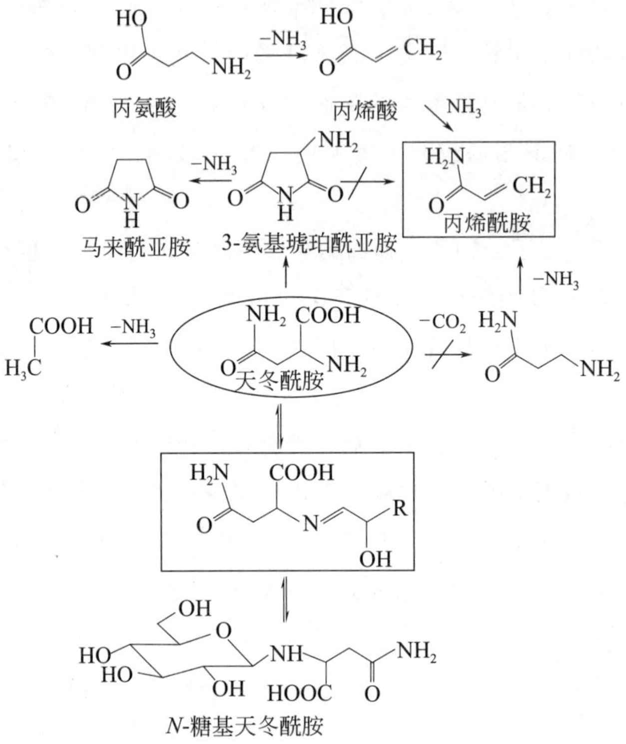

图 4-5　天冬酰胺在高温下降解反应及其与还原糖反应路径

（图 4-5），但采用 GC/MS 检测的结果却表明，天冬酰胺单独加热的主要产物是马来酰亚胺及少量的 3-氨基琥珀酰亚胺，而不是丙烯酰胺。这是因为天冬酰胺的羧基附近的 π 电子云使其不活泼，相比之下发生分子内环化反应生成马来酰亚胺和 3-氨基琥珀酰亚胺所需的能量比发生脱羧反应生成丙烯酰胺所需的能量要少，因此体系趋向于发生脱氨基反应，进而发生分子内环化作用；而当采用与加热天冬酰胺相同的条件去处理 β-丙氨酸时，却能检测到丙氨酸与丙烯酰胺生成，这就更进一步地证实了脱氨基反应比脱羧反应更容易发生的推理了，这与前面 Mottran 和 Standler 的结论是一致的。

Varoujan 进一步指出：还原糖的加入对于丙烯酰胺的生成起着关键的作用，还原糖首先与天冬酰胺生成席夫碱 N-葡基胺，反应是可逆的，N-葡基胺不稳定，但可通过两种不同的反应途径来促使反应向正方向进行。一种是通过发生 Amadoride 降解反应，进而发生分子内环化生成 N-琥珀酰亚胺和琥珀酰

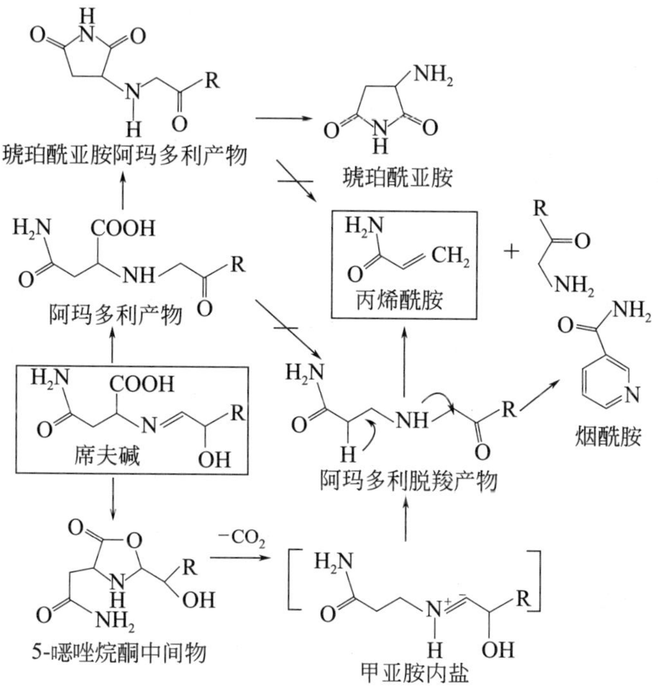

图 4-6 席夫碱通过脱羧反应生成丙烯酰胺

亚胺，这一过程的发生要求有较高的温度来打开氮原子的共价键。另外，体系内还存在另一种反应，就是在 Amadoride 降解反应前，N-葡基胺可以通过分子内环化作用生成中间产物 1,3-氧氮杂环戊酮化合物，并发生脱羧反应生成偶氮型的内盐，进而生成丙烯酰胺（图 4-6）。由于这一脱羧反应的条件十分温和，即使在室温下也能进行，因此丙烯酰胺的大量形成成为可能。

4.2.2.2 其他形成途径

丙烯醛路径：丙烯醛（acrolein）是简单的 α,β-不饱和醛，为合成树脂工业的重要原料之一，也大量用于有机合成与药物合成。丙烯醛主要来源：首先可来源于食物中的单糖在加热过程中的非酶降解，蛋白质和氨基酸如丙氨酸和天冬氨酸的降解。其次在脂肪、蛋白质、碳水化合物的高温分解反应中，产生大量的小分子醛（如乙醛、甲醛等），它们在适当的条件，重新化合生成丙烯醛。另外，油脂在高温加热中分解生成的甘油三酸酯进一步氧化或丙三醇进一步脱水也可产生丙烯醛。但 Mestdagh 等的研究表明，脂肪的降解产物如甘油等对丙烯酰胺的生成影响不大,说明油脂的降解不是丙烯酰胺生成的主要途径。另外,丙烯醛可来自于氨基酸或蛋白质与糖之间发生的美拉德反应,蛋氨酸、丙氨酸等多种氨基酸均可通过此反应产生丙烯醛。氨主要来自含氮化合物的高温分解。在加热条件下,天冬酰胺、谷氨酸、半胱氨酸和天冬氨酸都是有效氨的来源。

丙烯酸路径:食品中氨基酸热解可生成 α-丙氨酸和 β-丙氨酸,脱氨基后即可生成丙烯酸,丙烯酸再与氨反应最终生成丙烯酰胺。如肌肽经水解生成 β-丙氨酸,牛肉中的肌肽通常含量 $21\mu mol/g$,有学者认为这可能是油炸肉食品中丙烯酰胺(已检测含量在 $20\sim 50\mu g/kg$)的重要生成途径。

小分子的有机酸如苹果酸、乳酸、柠檬酸等经过脱水或去碳酸基的作用可形成丙烯酸,再与氨反应生成丙烯酰胺。

β-丙酰胺脱氨路径:近年来,科研人员根据同位素标记实验提出了新的反应机理。天冬酰胺的 α-氨基与羰基化合物反应形成席夫碱,在加热条件下,席夫碱发生脱羧反应,其脱羧产物水解可生成 β-丙酰胺中间体,然后 β-丙酰胺加热脱氨生成丙烯酰胺。

此外,食品中的天冬酰胺在酶催化条件下脱羧或与丙酮酸反应也可形成 β-丙酰胺,其中丙酮酸可由丝氨酸直接脱水或在糖存在下脱水生成,丝氨酸脱硫化氢也可产生丙酮酸;肌酸通过 β-消除可生成 β-丙酰胺。在一定条件下,β-丙酰胺是形成丙烯酰胺的非常有效的前体。

在以上提出的几个反应历程中,其机理被人们研究得最多而且最透彻的是天冬酰胺与还原糖的反应,并获得了一致的共识:只要天冬酰胺加上一个带 α-羟基的羰基化合物就能促进美拉德反应,生成大量的丙烯酰胺。当然在众多的氨基酸中,除了天冬酰胺外,还有谷氨酸、半胱氨酸、蛋氨酸等能与还原糖反应生成丙烯酰胺,但其机理还有待进一步研究。

4.2.3 控制食品中丙烯酰胺的方法

4.2.3.1 减少食品中丙烯酰胺的产生

(1)前体物质的控制 控制原料中游离氨基酸和还原糖含量。美拉德反应是食品中丙烯酰胺产生的重要途径,控制原料中游离氨基酸(尤其是天冬酰胺）和还原糖的含量对减少食品中丙烯酰胺含量显得尤为重要，且其对食物的色泽和风味的影响较小。天冬酰胺和还原糖的含量因作物的种类、种植及贮藏条件不同而不同：谷类食品中的决定因素是天冬酰胺；而马铃薯中还原糖对丙烯酰胺形成的影响更大；玉米中天冬酰胺含量少，控制玉米中天冬酰胺的含量比控制还原糖的效果更好。实验动物病理和毒理学测试显示，天冬酰胺酶是减少食物中丙烯酰胺的安全方式。对于面制品，加工前采用酵母发酵也是降低丙烯酰胺产生的有效途径之一。热水浸泡可显著降低土豆中的天冬酰胺和还原糖含量，而且相比浸泡时间，浸泡温度对减少食品中还原糖含量、降低丙烯酰胺最终生成量的影响更大。

氨基酸中，以天冬酰胺最易与羰基化合物反应生成丙烯酰胺，天冬酰胺与葡萄糖共热产生的丙烯酰胺量高出谷氨酰胺和蛋氨酸产生的丙烯酰胺量数百倍到1000多倍。研究指出，当马铃薯在低温2~4℃下保存时，一部分淀粉会转变为还原糖，然后进行高温加工，产品中丙烯酰胺的含量就会很高，建议最好利用在10℃以上温度储存的马铃薯作为高温加工食品的原料。以11个不同马铃薯品种做试验，结果表明，热烫60s，油炸180℃后脱油，测得马铃薯片中丙烯酰胺含量与品种的还原糖含量呈正相关，丙烯酰胺含量较低的马铃薯品种有D519、陇薯3号、中薯7号、LK99等。马铃薯原料中还原糖含量和天冬酰胺含量越高，越有利于丙烯酰胺的形成。不同品种的马铃薯片油炸成品中丙烯酰胺含量排序是：大西洋＜费乌瑞特＜中薯3号。因此，选用适当的马铃薯品种是降低丙烯酰胺含量的有效措施。研究结果表明，谷类食品中丙烯酰胺含量高低的决定因素是天冬酰胺；而马铃薯中是果糖和葡萄糖；玉米中天冬酰胺含量少，玉米中控制天冬酰胺的含量比控制还原糖的效果更好。因此，应根据原料的性质特点来确定合理的控制措施。

（2）前处理技术

① 漂烫处理：研究结果显示，用热水浸泡可显著降低马铃薯中的天冬酰胺和还原性糖含量，与浸泡时间相比，浸泡温度对减少食品中还原糖含量，降低丙烯酰胺最终生成量的影响更大。将原料分别在50℃、70℃和90℃下漂烫一定时间后再油炸，结果表明50℃漂烫80min和70℃漂烫45min，然后油炸，最后炸薯条中丙烯酰胺含量分别只有$342\mu g/kg$和$538\mu g/kg$，即使在190℃条件下油炸，薯条中丙烯酰胺含量也仅为$564\mu g/kg$和$883\mu g/kg$，这说明油炸之

前进行漂烫处理，可有效减少成品中丙烯酰胺的含量。

② 原料含水量控制：水在美拉德反应中既是反应物，又充当着反应物的溶剂及其迁移载体，过于干燥和过于潮湿均不利于反应的进行。含水量较低，则不利于反应物和产物的流动，也会缩短油炸至熟的时间，减少薯片中丙烯酰胺的含量。含水量较高，则会妨碍热量在食物中的传导和渗透，较高水分含量可明显降低丙烯酰胺最终生成量。因此，干燥和浸泡处理有助于降低食品中丙烯酰胺含量。以大西洋马铃薯为原料，经去皮切片、浸泡、热烫后分成5份，分别在鼓风干燥箱中用85℃热风干燥0min、25min、40min、50min和60min，然后在180℃条件下油炸，结果表明在0~60min内随着干燥时间的延长，产品中丙烯酰胺的含量逐渐减少。因此，在生产实际中，如果原料的含水量较高，采取预干燥处理，可降低丙烯酰胺的生成。

③ 柠檬酸浸泡处理：如果降低马铃薯的pH值，则可减少丙烯酰胺的含量，目前大都使用柠檬酸，也可采用富马酸、苹果酸、琥珀酸、乳酸等。分别采用1%和0.75%的柠檬酸浸泡马铃薯鲜切片后再油炸，则其成品中丙烯酰胺含量均显著降低。将甘薯和马铃薯鲜切片先用0~0.5%的柠檬酸水溶液浸泡，然后在160℃下油炸3min，则成品中丙烯酰胺含量随着柠檬酸浓度的增加而逐渐下降，且马铃薯脆片的丙烯酰胺含量低于甘薯。当pH值<5时，即使在较高温度下加工食品也很少有丙烯酰胺产生，pH中性条件最利于丙烯酰胺的生成。因此，从研究结果来看，用pH值<5的柠檬酸溶液浸泡处理可以有效减少丙烯酰胺的产生。

④ 控制薯片厚度：在短时间的烹制中，食品中丙烯酰胺含量还与食物样本的形态有关。例如薯条中丙烯酰胺的含量就低于薯片。薄薯片能在较短的时间内迅速失水干燥，具有较大的受热面积，从而会生成更多的丙烯酰胺。

（3）改变加工条件和加工方式　温度是影响丙烯酰胺产生的最主要因素之一。加工过程中，在一定温度范围内，随着加热温度的升高，产品中丙烯酰胺含量急剧上升，超过一定值则反而生成减少，适当降低油炸温度可减少食品中丙烯酰胺的产生。加热时间是影响丙烯酰胺产生的另一个主要因素，随着高温处理持续时间的延长，丙烯酰胺的生成增加，在保证食品做熟的前提下，适当减少加热时间可减少丙烯酰胺最终生成量。研究结果显示，经100℃以下温度油炸处理的马铃薯条中几乎没有丙烯酰胺产生，油炸温度在170~180℃时，薯条中丙烯酰胺产生量最高。将质量相等的天冬酰胺和葡萄糖在pH5.5条件下加热反应，发现120℃时开始产生丙烯酰胺，随着温度的升高，丙烯酰胺生成量增加，至170℃左右达到最高，而后下降，185℃时检测不到丙烯酰胺。另有研究表明，丙烯酰胺在100℃以上就可以产生，当温度从120℃升高到180℃时，丙烯酰胺含量急剧上升，170℃最利于其产生，超过170℃时生成速度有所下降，这可能与丙烯酰胺的聚合有关。一般认为140~180℃是丙烯酰胺生成的最佳温度。丙烯酰胺的含量随着热加工温度的升高而增加。因此，适当降低油炸温度可以减少丙烯酰胺的产生，一般而言，110℃以下是相对安全的温度。

（4）油炸用油的选择　分别采用大豆油和花生油为介质，将甘薯和马铃薯鲜切片在160℃下油炸3min，结果表明用花生油炸的脆片丙烯酰胺含量为大豆油炸的2倍以上。分别用6种油在160℃下油炸薯条5min，检测成品中丙烯酰胺含量，所用油排序为：葵花籽油（1422μg/kg）＞花生油（1361μg/kg）＞玉米油（317μg/kg）＞橄榄油（1264μg/kg）＞棕榈油（1250μg/kg）＞大豆油（1236μg/kg）。这说明选用大豆油或棕榈油有利于降低成品中丙烯酰胺含量。

（5）真空低温油炸技术的应用　真空低温油炸技术始于20世纪60年代末和70年代初，它是将真空技术与油炸脱水作用有机地结合在一起，在负压和低温状态下以热油为传热媒介，使果蔬组织内部的水分在短时间内急剧蒸发，从而形成一种酥脆、多孔的结构，称为果蔬脆片。由于真空条件下，油的沸点大幅下降，因此可以实现在低温下油炸。利用真空低温油炸技术，食品大多是在高真空度（0.097MPa以上）、低温（80~90℃）下完成脱水，基本排除了产生丙烯酰胺的可能性，即使产生极少量的丙烯酰胺，也会因真空条件而挥发掉。就此而言，真空油炸食品是十分安全的。另外，该技术可以有效地避免常压下高温油炸所带来的氧化褐变反应、美拉德反应以及油的聚合劣变等问题，较好地保留果蔬中的营养成分以及天然色泽和风味，并使果蔬脆片保持酥脆的口感、均匀的微膨化质构和持久的保藏性，可以满足消费者对食品营养、天然、方便、低脂肪、高膳食纤维的需求，因此果蔬脆片是一种安全、营养、健康的食品，在条件许可的情况下建议推广应用真空低温油炸技术。

（6）选择合适的添加剂　当添加碳酸氢铵时，丙烯酰胺生成量增加数十倍，用碳酸氢钠代替碳酸氢铵作膨松剂可减少70%。

（7）避免微波加热　研究比较了微波与传统加热方法，发现采用微波加热产生的丙烯酰胺明显增加，可能是微波有更强的热渗透作用，升高食物内部温度，而且在一定范围内，微波能量越高，丙烯酰胺生成越多。微波加热具有良好的优势，表现在其加热时间短、加热均匀等。目前微波技术的运用在中式餐饮中主要是利用微波炉对米饭进行复热，该复热过程中，存在微波加热特点，以及微波针对蛋白质和有机大分子的过热点特征。科学家研究了烹饪方法对丙烯酰胺生成量的影响。结果发现，常规加热情况下，丙烯酰胺的产生量仅为 $30\mu g/kg$；常规加热后再用微波炉进行复热，丙烯酰胺的产生量达到了 $80\mu g/kg$，是常规加热方式下的2倍多；而微波炉加热丙烯酰胺的产生量为 $260\sim276\mu g/kg$，是常规加热的8~9倍；微波炉加热后再采用微波炉复热，丙烯酰胺的产生量依然为 $260\sim276\mu g/kg$。

4.2.3.2　减少或消除食品中已生成的丙烯酰胺

科学家研究探讨了添加剂阿魏酸、H_2O_2、阿魏酸与 H_2O_2、儿茶素、$NaHCO_3$ 和 $NaHSO_3$ 在不同温度下对丙烯酰胺的脱除作用。结果表明，在160℃下短时间加热，以阿魏酸和 H_2O_2 联合处理效果最好，其机理是自由基反应；在100℃和121℃加热，仅阿魏酸和 H_2O_2 联合处理效果明显；增加阿魏酸的浓度至10mmol/L，可使反应体系中丙烯酰胺浓度下降94%以上。通过对食品进行真空、真空-光辐射、真空-臭氧等处理的研究表明，在真空条件下加热食品可使生成的丙烯酰胺挥发，从而降低食品中丙烯酰胺含量；光辐射，如红外线、可见光、紫外线、X射线、γ射线等可使丙烯酰胺发生聚合反应，从而减少其在食品中的含量；臭氧可使丙烯酰胺发生分解反应，生成小分子物质，也可减少其在食品中的含量。添加半胱氨酸、同型半胱氨酸、谷胱甘肽等含巯基物质，与丙烯酰胺反应，有清除丙烯酰胺的作用，用0.3%的半胱氨酸在油炸前浸泡土豆片，发现油炸薯片中几乎检测不到丙烯酰胺。

4.3　N-亚硝基化合物

4.3.1　N-亚硝基化合物概述

N-亚硝基化合物又名亚硝胺，是四大食品污染物之一，在自然界中广泛存在，人们主要通过饮食、饮水等途径将其吸收进入人体。迄今为止，已发现的 N-亚硝基化合物有 300 多种，其中 90% 以上可诱发人和动物基因突变，是一类致癌性很强的化学物质，可诱发食管癌、胃癌、肝癌、结肠癌、膀胱癌和肺癌等，是导致组织缺氧、肝脏病变等症状的化学物质。

一般来讲，N-亚硝基化合物这种类型的 NO 供体可以按照氮原子上所连接取代基的不同分为两种：一种是在氮原子上有一个像酰基这种拉电子基团的结构（图 4-7 中类型 1）；另一种是在氮原子上没有拉电子基团，只有烷基或者芳基取代的结构类型（图 4-7 中类型 2）。

类型 1

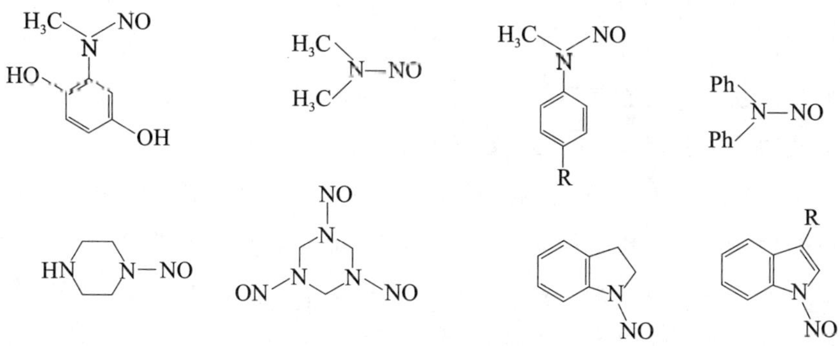

类型 2

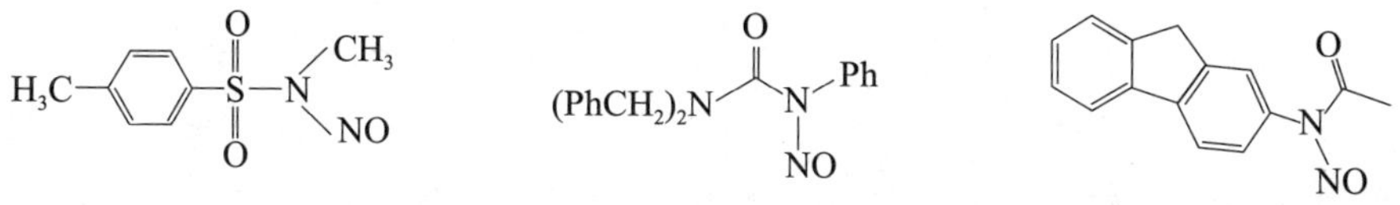

图 4-7 一些杂环胺结构式

亚硝胺的致癌机理是：在酶的作用下，先在烷基的碳原子上（通常是碳原子）进行羟基化，形成羟基亚硝胺，再经脱醛作用，生成单烷基亚硝胺，经脱氮作用，形成亲电子的烷基自由基，后者在肝脏或细胞内使核酸烷基化，生成烷基鸟嘌呤，引起细胞遗传突变，因而具有致癌性。

尽管目前还不能完全证明 N-硝基化合物与人类的肿瘤有关，但很多研究表明 N-硝基化合物是引起人类胃、食管、肝和鼻咽癌的危险因素。N-亚硝基化合物的基本结构是 $R^1(R^2)=N—N=O$，可分为 N-亚硝胺和 N-亚硝酰胺。

N-亚硝胺的 R^1 和 R^2 为烷基或芳基，化学性质稳定，不易水解，在中性和碱性环境中稳定，酸性和紫外线照射下可缓慢裂解；N-亚硝酰胺的 R^1 为烷基或芳基，R^2 为酰胺基团，化学性质活泼，在酸碱下均不稳定。

亚硝酸盐被大量吸收入血液后，可使血液中血红素的 Fe^{2+} 氧化成 Fe^{3+}，而失去结合氧的能力，从而出现机体组织缺氧的急性中毒症状，对于婴儿则更为严重，严重的会导致缺氧而死亡。N-亚硝基化合物的急性毒性表现为头晕、乏力、肝脏肿大、腹水、黄疸及肝脏病变。高剂量摄入亚硝酸盐会产生很大毒性，摄入 0.3~0.5g 的亚硝酸盐即可引起中毒甚至死亡。亚硝酸盐进入人体，氧化血液中的血红蛋白为高铁血红蛋白，后者无携氧功能，导致组织缺氧，中毒者头晕、无力、心率快，严重者可因呼吸衰竭导致死亡。N-亚硝胺进入人体后主要引起肝小叶中心性出血坏死，还可引起肺出血及胸腔和腹腔血性渗出，对眼、皮肤及呼吸道有刺激作用。N-亚硝酰胺的直接刺激作用强，可引起肝小叶周边性损害，并有经胎盘致癌的作用。

一次大量给药或长期少量接触均可诱发动物几乎所有组织和器官肿瘤，同时 N-亚硝基化合物可通过胎盘对子代致癌，且在胎盘期对其致癌作用的敏感性明显高于出生后或成年期。亚硝酰胺是直接致癌物，而亚硝胺为间接致癌物。致癌原理是亚硝酸根离子能够影响细胞核中 DNA 的复制，在细胞分裂时改变遗传物质，导致癌变。

亚硝酰胺对动物具有致畸作用，如甲基（或乙基）亚硝基脲可诱发胎鼠的脑、眼、肋骨等畸形，并存在剂量效应关系。亚硝胺的致畸作用很弱，可引起甲状腺肿大，干扰碘的代谢；在肠道可使维生素 A 氧化遭到破坏，干扰胡萝卜素向维生素 A 转变。大量的研究结果表明，亚硝酰胺是直接致突变物，能引起细菌、真菌、哺乳类动物细胞发生突变；亚硝胺需经哺乳动物微颗粒体混合功能氧化酶系统代谢活化后才有致突变性。

N-亚硝基化合物主要来源于果蔬种植的土壤以及施用的含氮肥料，肉制品加工过程中蛋白质的分解，乳制品中具有还原作用的枯草杆菌，腌制品中加入的硝酸盐和亚硝酸盐，食品加工、储存过程中被微生物污染而发生霉变、腐败。环境和食品中的 N-亚硝基化合物是由亚硝酸盐和胺类在一定条件下合成。作为 N-亚硝基化合物的前体物的硝酸盐、亚硝酸胺和胺类物质，广泛存在于环境和食品中，是自然界最普遍的含氮化合物。适宜条件下，这些前体物质可通过化学或生物途径合成各种各样的 N-亚硝基化合物。在胺类化合物中，以仲胺合成 N-亚硝基化合物的能力最强。在蔬菜中以红萝卜的仲胺含量较高，此外，玉米、小麦、黄豆、红薯干、面包等食品中，亦有较多的仲胺。

亚硝酸盐主要存在于腌菜、泡菜及添加亚硝酸盐用于发色的香肠、火腿中，仲胺、酰胺主要来自动物性食品肉、鱼、虾等的蛋白质分解物，当食品腐败变质时，仲胺等可大量增加，这些前体物质进入人的胃中就可以合成 N-亚硝基化合物，对人类健康构成威胁。

新鲜蔬菜中硝酸盐的含量主要与作物种类、栽培条件（如土壤和肥料的种类）以及环境因素（如光照等）有关（吴坤，2004），蔬菜中的亚硝酸盐含量通常远远低于其硝酸盐含量。蔬菜的保存和处理过程对其硝酸盐和亚硝酸盐含量有很大影响，例如，在蔬菜的腌制过程中，亚硝酸盐含量明显增高，不新鲜的蔬菜中亚硝酸盐含量亦可明显增高。新鲜蔬菜及煮熟蔬菜长时间放置，其含有的硝酸盐在硝酸盐还原菌的作用下转化为亚硝酸盐（白岚等，2002）。腌制不久的蔬菜含有大量亚硝酸盐，腌制 20d 后消失。

畜禽肉类及水产品中含有丰富的蛋白质，在烘烤、腌制、油炸等加工过程中蛋白质会分解产生胺类，腐败的肉制品会产生大量的胺类化合物。用硝酸盐腌制鱼、肉等食品是许多国家和地区的一种古老和传统的方法，其作用机理是通过细菌将硝酸盐还原为亚硝酸盐，亚硝酸盐与肌肉中的乳酸作用生成游离的亚硝酸，亚硝酸能抑制许多腐败菌的生长，从而可以达到防腐的目的。虽然使用亚硝酸盐作为食品添加剂有产生 N-亚硝基化合物的可能，但目前无更好的替代品，故仍允许限量使用。腌制肉制品时加入一定量的硝酸盐和亚硝酸盐，使肉制品具有良好的色泽和风味，且具有一定的防腐作用。咸猪肉中某些非致癌物质如亚硝基脯氨酸，在油煎时可变成致癌物质亚硝基吡咯烷。

某些乳制品（如奶酪、奶粉、奶酒等）含微量的挥发性亚硝胺，有的乳制品中含有枯草杆菌，可使硝酸盐还原为亚硝酸盐。在发酵食品和饮料中也可能有亚硝胺存在。

久沸之水中含有亚硝酸盐较多，一般不能饮用。有些地区饮用水中含有较多的硝酸盐，当用该水煮粥或食物，在不洁的锅内放置过夜后，硝酸盐在细菌作用下还原为亚硝酸盐（陈炳卿等，2002）。发霉的食品中有亚硝胺存在，有些霉菌可以使食品中的硝酸盐和仲胺含量提高很多倍。

胃是人体内合成亚硝基化合物的主要场所，由于在 pH＜3 的酸性环境中合成亚硝酸胺的反应较强，可将硝酸盐还原为亚硝酸盐，使其在胃液中的含量升高 6 倍。机体内存在一氧化氮合成酶，可将精氨酸转化成一氧化氮和瓜氨酸；而一氧化氮可形成过氧化氮，而瓜氨酸与水作用释放亚硝酸盐。当胃有炎症、胃酸缺乏、pH＞5 时，含有硝酸盐还原酶的细菌有高度代谢活性，能将硝酸盐还原为亚硝酸盐。在唾液中或膀胱内，尤其是尿路感染存在细菌的条件下也可以合成一定量的亚硝胺。

4.3.2　食品热加工过程中 N-亚硝基化合物的形成机制

一些食品在用传统的方法加工处理时增加了亚硝酸盐的含量，我国一些地区的大豆制品及其他食品中含有较高的亚硝胺；咸鱼、虾皮等传统水产品在腌制、熏烤时，亚硝胺化合物含量较高；在高食管癌发病区中，亚硝胺含量高的泡菜/酸菜食用较多；畜产品加工中广泛使用硝酸盐、亚硝酸盐作为发色剂（护色剂），使亚硝酸盐含量较高。

有关 N-亚硝基化合物的研究多集中于亚硝基转移反应，亚硝基是潜在的 NO 来源，所以在热反应中亚硝基的走向备受人们的关注。一般来讲，亚硝基转移在中性条件下不容易实现，多数情况需要有酸催化或者同时具备 Cl^-、Br^-、I^-、SCN^-、$SCN(NH_2)_2$ 等这类亲核物质在反应体系中。当体系中存在 SCN^- 时它能起到很好的催化效果，因为 SCN^- 可以和 N-亚硝基化合物生成 NOSCN，NOSCN 促使亚硝基很好地游离原来的位置，可以更有效地促进亚硝基的转移过程（陈炳卿等，2002）。

N-亚硝基化合物在酸性条件下不但可以转移亚硝基给含杂原子的强亲核试剂，还可以将亚硝基转移给碳亲核试剂。比如吲哚的 3 位有较强的亲核性，可以发生亚硝化反应，最终结果是吲哚的 3 位被亚硝化。吲哚氮原子上没有氮氢时，亦即氮原子上有取代基时，3 位上的是亚硝基；但有氮氢时，亚硝基会发生异构化，重排，吲哚杂环双键发生迁移。

影响亚硝基化合物形成的因素主要有三个方面。第一，反应物浓度，N-亚硝基化合物的形成随着前体物质浓度和亚硝化试剂浓度的提高而加快。第二，胺的种类，过去认为，仲胺的反应速度最快，伯胺和叔胺很难反应，但近年来证实，在硫氰酸根存在的条件下，伯胺和叔胺亚硝基化反应速度也很快。

由于人的唾液中含有大量的硫氰酸根，所以这条途径很受关注。此外，海产鱼贝类体内由于微生物作用而含有较多三甲胺及其氰化物，也能发生亚硝基化反应，生成二甲基亚硝胺。第三，pH，通常在酸性条件下，最容易发生亚硝基化反应，例如仲胺的亚硝基化，最适 pH 为 2.5～3.4（白岚等，2002）。

腌肉中 N-亚硝基化合物的形成机理：在腌肉中 N-亚硝基化合物的形成是一个复杂的过程，对于其形成机理的研究，一般运用模型和确证的方法，从亚硝化试剂和胺类物质的形成两方面来研究。早在 1967 年通过模拟试验证明了，亚硝酸钠可以和胺类物质反应生成 N-亚硝胺类物质（Sen et al，1991）。接着提出了加入到肉制品中的硝酸钠可以被微生物还原为亚硝酸钠（Ayanaba et al，1973）。在肉中的酸性环境中，亚硝酸钠转变为亚硝酸，亚硝酸不稳定分解为 N_2O_3，作为亚硝化试剂和次级胺类物质、酰胺类物质反应生成 N-亚硝胺类物质和 N-亚硝酰胺类物质（Mirvish，1995；Mirvish，1975）。随后对油炸培根进行研究时发现，油炸培根中形成的 N-亚硝基吡咯烷主要存在于残留的脂肪组织和流出的脂肪油中。对此种现象进行深入研究发现，脂肪中存在着不饱和脂肪的假亚硝基衍生物，可能是假亚硝肟或脂肪氧化产物的硝基-亚硝基衍生物（比如 2,3-二甲基-2-硝基-3-亚硝基丁烷），这类物质可能是亚硝酸盐或 NO_x 与不饱和脂肪或脂肪氧化产物进行反应所形成的物质，在加热时释放出亚硝化试剂 N_2O_3，N_2O_3 亚硝化胺类物质产生 N-亚硝基化合物（Clifford，1979）。N-亚硝基化合物也可以作为亚硝化试剂，与次级胺类物质反应生成另一种 N-亚硝基化合物，比如非挥发性 N-亚硝基化合物（N-亚硝基氨基酸、N-亚硝基肽类物质），虽然没有作为致突变、致癌性物质的报道，但是很有可能作为挥发性致癌物质的前体物质具有亚硝化能力（Jagerstad et al，2005）。

目前，体外模拟腌肉制品中亚硝胺形成条件及机理已有研究，实验主要是在试管里以肉蛋白提取液作为基质模拟腌肉体系，找出影响亚硝胺形成的外界因素，大致考察各条件的作用范围，对亚硝胺的形成机理做初步研究。结果显示，初步推断出亚硝胺主要是在烤制的终止阶段形成，并且温度越高，时间越长，其生成量越大。其中，温度为影响亚硝胺形成的最重要因素，这可能是由于随着温度的不断提高，肉中的蛋白质易于转化为胺类物质。

腌制鱼类中常常含有亚硝基化合物，新鲜的鱼类不含有挥发性的 N-亚硝基化合物。主要是鱼在腌制时已经不新鲜，鱼肉蛋白质分解产生大量的胺类物质，而腌制时所用粗盐中含有杂质亚硝酸盐，在适宜的条件下，胺类与亚硝酸盐反应，导致腌制食品中含有较多的亚硝基化合物，有时可高达100mg/kg。

研究表明，N-亚硝基化合物的形成依赖于胺类物质、酰胺类物质、蛋白质、肽类物质和氨基酸的存在。微生物也参与了N-亚硝基化合物的形成，除了把硝酸盐还原为亚硝酸盐外，还能把蛋白质降解为胺类物质和氨基酸（Tricke et al，1991）。微生物可以使游离氨基酸脱羧形成生物胺类物质。据报道N-二甲基亚硝胺就由甘氨酸形成，N-亚硝基哌啶由尸胺或哌啶生成，N-亚硝基吡咯烷来自于精胺和亚精胺或者来自于脯氨酸。氨基酸加热脱羧是产生胺类物质的另一个来源，温度高于175℃时，脯氨酸脱羧生成吡咯烷，再亚硝化生成N-亚硝基吡咯烷。氨基酸本身就是N-亚硝基化合物的胺类前体物，脯氨酸亚硝化就生成了N-亚硝基脯氨酸，高温脱羧就形成了N-亚硝基吡咯烷；甘氨酸、肌氨酸和缬氨酸主要产生N-二甲基亚硝胺（DMNA）；L-丙氨酸产生DMNA和N-二乙基亚硝胺；然而精氨酸、组氨酸和色氨酸用相似的方法处理没有产生挥发性亚硝胺。对于酰胺类的产生，在模拟试验（系统温度200℃）中脂肪酸和$α$-氨基酸容易反应，产生N-取代酰胺类物质，但是亚硝化的酰胺类物质此温度下很不稳定，即加热情况下，N-取代亚硝酰胺类物质的产生是不太可能的。酰胺类物质产生的另一个来源就是机体的代谢产物，比如肌酸和磷酸肌酸的代谢产物肌酸酐，在模拟体系中亚硝化产生N-甲基亚硝基脲，并在模拟胃液pH值下，从腌肉中检测到了N-甲基亚硝基脲。此外，美拉德反应的某些中间产物也是NOC的前体物，Umano等在模型系统中证明了L-半胱氨酸、葡萄糖和亚硝酸盐反应能产生2-(1,2,3,4,5-五羟基五烷基)-N-亚硝基噻唑-4-羧酸，此产物加热生成2-(1,2,3,4,5-五羟基五烷基)-N-亚硝基噻唑烷；并且，烟熏肉和培根中的2-(羟甲基)-N-亚硝基噻唑-4-羧酸在加热烹饪中生成2-(羟甲基)-N-亚硝基噻唑烷。Amadori重排产物，如1-脱氧-1-果糖缬氨酸易亚硝化产生高含量NOC的胺类物质。

体外模拟试验中，胺类物质的亚硝化可被硫氰酸盐加速，柠檬酸盐和其他有机酸可以催化酰胺类物质的亚硝化，亲核阴离子如Cl^-也能加速亚硝化进程；有机酸和硫氰酸盐是自然存在食物中的物质，它们的存在势必会加强亚硝化进程。

4.3.3　食品热加工过程中 N-亚硝基化合物的安全控制

大量研究表明，肉制品中 N-亚硝基化合物的含量依赖于烹调方式、蒸煮温度和时间、残留和添加的亚硝酸盐的量、NOC 前体物的含量、亚硝化的催化和抑制剂的存在以及贮藏条件；肉制品加工过程中添加的功能性添加剂对 NOC 的形成也有影响，食盐对 DMNA 和 DENA 有抑制效果，而多聚磷酸盐则有增加 NOC 含量的作用；巴氏杀菌和气调包装具有降低 NOC 含量的效果。

在 NOC 生成阻断方面，最先使用的阻断剂是抗坏血酸，由于抗坏血酸在水相中作用效果好，而在油相中阻断效果不是很理想，于是维生素 E 和抗坏血酸联合作用，效果比较显著，其阻断机理就是通过还原亚硝化试剂如亚硝酸生成无害的产物 N_2 和 NO。也有人研究用抗坏血酸和异抗坏血酸的长链醛缩醇作为抗亚硝胺试剂用在培根中，比全能抗氧化物质抗坏血酸棕榈酸酯具有长效作用。植物浸提液作为阻断剂在模型试验中有报道，但在腌肉中的研究应用报道不多。高浓度的乙醇、甲醇、正丙醇、异丙醇、蔗糖在 pH≤3 的条件下能使亚硝酸变成无活性的亚硝酸酯从而抑制亚硝化，在 pH≥5 时反而能促进 N-亚硝基过程。

近年来，运用辐照技术对肉制品进行处理，既可以延长货架期又可以降低 NOC 含量，并且和维生素 C、气调包装联合起来使用，效果更好。模拟试验表明辐照对挥发性亚硝胺的破坏很有效，香肠辐照后 N-亚硝胺含量有显著降低。辐照和抗坏血酸的混合增效作用，部分原因是辐照使部分抗坏血酸转化为脱氢抗坏血酸。将辐照工艺应用于肉制品生产加工还有许多问题需要解决，如辐照工艺其他条件的确定、成本问题、食品安全问题、公众心理承受能力等。因此，利用辐照处理来降低肉制品中已产生的亚硝胺暂还不能在实际生产中应用。

预防 N-亚硝基化合物中毒的关键是减少食品中的 N-亚硝基化合物前体物质，限制硝酸盐和亚硝酸盐的含量；加工时使用的原料应保持新鲜，避免使用储存过久的材料，避免食物霉变或被其他微生物污染，减少食品加工过程中硝酸盐和亚硝酸盐的使用量；使用亚硝化阻断剂降低亚硝胺的形成；控制贮藏条件，研究显示，亚硝胺类化合物的含量在贮藏过程中也会有所变化，会受外界防止亚硝基化合物危害的措施及本身条件的影响。另外，还有一些其他因素如日晒、环境污染、堆放等都可能引起亚硝胺的含量升高（马俪珍等，2005）。要在适宜的条件下贮藏，且不易贮藏太久；食品加工过程中，要控制好工艺条件，以降低亚硝基化合物的含量；对食品中的 N-亚硝基化合物进行严格检测；保持良好的饮食习惯（不吃暴腌菜，不喝"千滚水"），也是防止 N-亚硝基化合物中毒的有效措施（吴素萍，2008）。

制定食品中硝酸盐、亚硝酸盐使用量和残留量标准并加强管理。我国规定，亚硝酸钠可用于肉类罐头和肉制品，最大用量 0.15g/kg，残留量以 $NaNO_2$ 计，肉类罐头不得超过 50mg/kg，肉制品不得超过 30mg/kg。硝酸钠在肉制品中的最大用量为 0.5g/kg，残留量控制同亚硝酸钠。此外，硝酸钠还可用于干酪的防腐，最大用量为 0.5g/kg，可单独或与硝酸钾并用。在制定标准的基础上还应加强对食品中 N-亚硝基化合物含量的监测，严禁食用 N-亚硝基化合物含量超标的食物。

增加维生素 C 等有抑制亚硝化过程的物质。在食品加工或烹调过程中加入维生素 C 或多食含维生素 C 的食物对抑制亚硝化有着重要作用。蔬菜所含的酶能分解亚硝胺，故能消除其致癌性。常吃大蒜居民胃液中亚硝酸盐含量显著低于少食大蒜者，其原因可能是由于大蒜对胃液中细菌，特别是对硝酸盐还原菌的抑杀作用。茶叶、猕猴桃、沙棘果汁等对亚硝胺的生成也有较强阻断作用。

防止食品霉变和微生物污染，保证食品新鲜。由于某些细菌或霉菌等微生物可还原硝酸盐为亚硝酸盐，而且许多微生物可分解蛋白质生成胺类化合物，或有酶促亚硝基化合作用，因此要防止食品霉变或被细菌污染，保持食品的新鲜程度，防止微生物污染变质和腐败等。

采用正确合理的烹调、加工操作。要改进食品加工方法，加工腊肉、腌制鱼、制泡菜类食品时，在加工工艺可行的情况下，尽可能不用或少用硝酸盐和亚硝酸盐，以减少亚硝化前体量，从而减少亚硝胺的合成。

合理使用氮肥，控制矿物氮在土壤中的积累。目前，农肥、化肥和农药的大量使用，是环境中最主要的氮污染源。施入土壤中氮肥的环境损失主要包括淋溶损失和挥发损失。土壤特性、气候条件、灌溉与耕作制度和地表覆盖度等多种因素对淋溶损失影响较大（宋圃菊，1995）。这些自然的特性提供了亚硝基化合物形成的有利条件。建议生产者采用施用钼肥，钼元素在植物体内的生理作用是固氮和还原硝酸盐,农业生产过程中施用钼肥可降低硝酸盐。

加强企业的监督与管理,注意口腔卫生,防止微生物的还原作用,减少唾液中亚硝酸盐含量。

4.4 苯并[a]芘

4.4.1 苯并[a]芘概述

食品经过烟熏处理后,不但能延长货架期,还能带有特殊的风味,故而国内外很多地区都有熏制加工贮藏食品和食用烟熏食品的习惯。我国烟熏法加工动物类食品的习惯也由来已久,如熏鱼、熏肠等。然而人们在享用熏制食品带来的美味时却往往忽略了这一传统加工方式所造成的健康问题(张莉等,1996)。据报道冰岛人的胃癌发病率居世界首位,很大一部分原因在于该国居民常年食用过多的熏鱼熏肉。烟熏烧烤类食品当中含有苯并芘等多环芳烃化合物,这种物质在一般食品中含量甚微,但经过烟熏和烧烤过程后,含量显著增加,这类物质是目前世界上公认的强致癌、致畸、致突变物质之一。

多环芳烃是指由两个或两个以上苯环以线状、角状或簇状结构排列的非极性或中性碳氢化合物,包括菲、芘、萘、蒽等 200 余种物质。苯并[a]芘(B[a]P)在自然界中分布极广,是多环芳烃化合物(PAHs)中致癌性、急性毒性等对生物体危害最大的一种,卫生学中一般以它作为多环芳烃类致癌物的代表物,环境毒理中常将其作为 PAHs 的典型代表加以研究。B[a]P 也叫 3,4-苯并芘,是 1 种由 5 个苯环构成的多环芳烃,其分子式为 $C_{20}H_{12}$,相对分子质量为 252.32,常温下为黄色晶体,熔点 179~180.2℃,沸点 310~312℃,相对密度 1.351,挥发性小,微溶于水,溶于环己烷、苯、甲苯、己烷、丙酮,呈紫蓝色荧光,在硫酸内呈现橙红色并带有绿色荧光。

B[a]P 具有"三致作用"(王桂山等,2001),多环芳烃的致癌作用与其本身的结构有关,三环以下不具有致癌作用,四环芳烃开始出现致癌性质,致癌物也多集中在四环至七环范围中,超过七环的芳烃未发现有致癌作用(Yang et al,1996)。动物实验证明 B[a]P 能够诱导肺、皮肤和肠道等组织或器官肿瘤的发生,啮齿动物致癌作用的最小剂量为 4mg/kg,出现肿瘤的时间为420d；如果把出现肿瘤的试验时间缩短为100～200d，则剂量需加大10～50倍方可出现相同的结果。B[a]P能够与DNA直接结合，引起DNA断裂，染色体畸变等（Charles et al，2000）。德国有报道大气中苯并芘浓度为10～12.5μg/100m³时，居民肺癌死亡率为25人/10万人；当苯并芘浓度达到17～19μg/100m³时，居民肺癌死亡率上升至35～38人/10万人。而且B[a]P具有生物累积性，它极易溶于脂肪，所以能迅速进入细胞但是很难排出体外。环境中的B[a]P很容易通过食物链进行传递，进而在高级动物以及人体内进行累积，增大了致癌、致畸、致突变的风险。另有实验研究发现暴露于B[a]P的怀孕小鼠，后代成活率明显减少且体重较轻，当暴露量足够大时，97%的小鼠不孕；而暴露于B[a]P中的雄性小鼠比未暴露者不育率增加了35%；且雌鼠、雄鼠生殖器由于B[a]P的作用而出现不同程度的发育不全，这说明B[a]P可致生殖障碍（Zheng et al，2005）。此外，B[a]P能够影响大鼠的血液成分和一些器官组织如肾脏，而且大鼠对B[a]P的耐受明显具有性别差异。

B[a]P在人体内的代谢过程大致如下：人体吸收的B[a]P一部分与蛋白质结合，另一部分则参与代谢分解。与蛋白质结合的部分通过其结构中高能电子密度区和亲电子的细胞受体结合，使控制细胞生长的酶和激素中的蛋白质部分结构发生变异和丢失，造成细胞失去控制生长的能力而发生变异（Santodonato et al，1997）。另一部分B[a]P首先在混合功能氧化酶——芳烃羟化酶（AHH）作用下生成环氧化物（4,5-环氧化物、7,8-环氧化物或9,10-环氧化物），同时还生成酚类化合物（1-羟基、3-羟基、6-羟基、7-羟基和9-羟基化合物）。B[a]P的环氧化物可以在环氧水化酶作用下进一步生成4,5-二氢二醇、7,8-二氢二醇和9,10-二氢二醇。其中，B[a]P的二氢二醇环氧化物与DNA结合的活性最高，是B[a]P的终致癌物，在小肠部位易被吸收，并随血液流动分布于肝、胆汁、肺、肾、膀胱、体内脂肪、胃、肠等器官组织，有肝肠循环特点，也可透过乳腺进入乳汁内。同位素标记B[a]P进行研究表明，24h内82.4%的放射性被排出体外，其中约1%稳定地保留在体内。

4.4.2 食品热加工过程中苯并[a]芘的来源与形成机制

B[a]P的来源可分为加工过程中产生和环境污染两个方面。首先在食品烟熏、焙烤、粮烘干过程中，食品中的脂肪、胆固醇在高温作用下均可生成

B[a]P。在烟熏，主要是加工动物性食品过程中，由于熏制食品过程中食品与烟直接接触，食品中 B[a]P 含量比熏前明显增多，如鳗鱼熏制前 B[a]P 含量为 1~2.7μg/kg，而熏制后达到了 5.9~15.2μg/kg；新鲜猪肉中 B[a]P 含量为 0.04μg/kg，制成熏肉后激增至 1~10μg/kg。烟熏对食品的污染程度与发烟量、发烟条件和温度有关，热烟比冷烟（320℃以下）产生更多的 B[a]P，对食品的污染也更为严重。快速烟熏对食品的污染更加严重，几周后烟熏动物性食品中的 B[a]P 从表皮渗透到深层。

目前较为公认的 B[a]P 生成机制是通过乙炔途径（图 4-8）：食品加工过程中在高温缺氧的条件下，肉制品中的油脂等有机物裂解生成乙炔（**1**），乙炔聚合生成 1,3-丁二烯（**2**），再环化生成乙基苯（**3**），并进一步结合成化合物丁基苯（**4**）和四氢化萘（**5**），最后经过（**4**）和（**5**）结合生成中间产物（**6**），并最终生成苯并[a]芘（**7**）。实验证明：图 4-8 中参与反应的任意中间产物均可在 700℃ 下裂化生成 B[a]P。生成量随熏烤温度的升高而增加，在 400℃ 以上，B[a]P 的生成量呈直线增长（肖苏尧等，2012）。

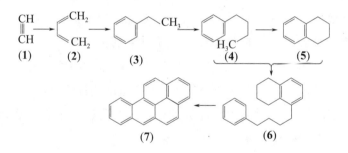

图 4-8 苯并[a]芘生成机理（王广会等，2001）

此外，环境中各种含 B[a]P 的废气、废水、废渣也是造成食品中 B[a]P 升高的重要原因（李贵宝等，2005）。据报道每克煤燃烧时产生的 B[a]P 的量为：煤 67~136μg，木柴 62~125μg，原油 40~68μg，汽油 12~50.4μg。B[a]P 可以通过"三废"排入大气、河流、土壤，在动植物内富集或附着在其表面。据调查，我国太湖某处水源水中 B[a]P 的平均浓度达到 300~400ng/L；杭州市某处地表水中的 B[a]P 平均浓度竟高达 1582ng/L，远远超过国家标准（3.8ng/L），污染程度令人震惊，必须引起高度的警觉和重视。某地调查，工业区生产的菜籽 B[a]P 含量为 215.5μg/kg，而农业区仅为

2.69μg/kg；而污染海域中海鱼的B[a]P含量也高达 2~65μg/kg。当动物饲料中含有B[a]P时，将会在用其饲喂的动物体内积累，其肉制品、乳制品、禽蛋中都可能含有B[a]P。

4.4.3 食品热加工过程中苯并[a]芘的安全控制

鉴于B[a]P的巨大危害，防止和减少食品中B[a]P含量成为一个亟待解决的问题。由于B[a]P来源广泛、危害性大，因此对其防治是一个涉及环保、规范养殖、改进食品加工方式的综合性难题。

第一，从环境和整体规划方面，大气污染和水污染是造成食品中B[a]P等多种多环芳烃的主要因素，因此控制大气和水污染是解决食品中B[a]P积累的有效途径。加强对作物区和畜牧区周围的大气、陆地和水源中B[a]P等多环芳烃的检测，和有关部门合作，采取必要对策，减少水源、大气、土壤的污染，消除烟尘；防止有高浓度B[a]P的污水、污泥进入菜区和养殖区，并尽量将菜区和养殖区选址在距污染区较远的地区；对污染严重的土壤增加翻耕的次数可有效加速B[a]P的分解，同时可充分利用和提高土壤微生物的活性以增强微生物对B[a]P的降解速率。对于已受到污染的食品可以通过以下途径降低其含量：①采用紫外线或日光照射食品，油脂中和粮食中的苯并芘都可以通过这一途径得到一定程度的降解；②污染的植物油可以采用活性炭吸附法，在 90~95℃下搅拌可除去大部分的苯并芘；③除去烟熏食品表面的烟油可在一定程度上降低食品表面苯并芘含量。

第二，在食品加工技术方面，尤其是在食品熏制过程中，严格控制熏烤温度，避免食品与炭火直接接触，改进熏烤技术。首先控制生烟温度可有效降低食品中B[a]P含量，尽量将生烟温度控制在 400~600℃ 以下，温度在 400℃ 以下时仅仅生成微量的 B[a]P，但同时生成的风味有效成分也较少，而温度过高也会导致 B[a]P 的大量生成。此外，尽量不使炭火与食品直接接触，不让油脂滴入炉内，实验表明烧烤过程中如滴油着火，B[a]P 的含量可增加 4 倍以上。在熏烤过程中，可引入优质炭作为熏烤燃料，采用将高热的水蒸气和混合物强行通过木屑，使木屑产生烟雾，并将之引进烟熏室，既能达到烟熏的目的，又不会产生污染制品的 B[a]P。此外，可用其他方法代替熏烤进行制作，同样可达到风味独特的品质。比如，天然植物（如枣核、山楂核等）提取液精制的烟熏液的应用，其可以替代传统方法在烟熏食品中应用。世界上先进国家生产的熏制食品，基本上都采用液熏技术。如美国烟熏液的用量每年达10000t，日本年用量达700t。我国也自1984年开始研制天然熏液，目前已在国内肉制品生产中广泛应用（赵勤等，2005）。

第三，开发B[a]P的抑制剂，国内外都在积极研究开发抑制B[a]P生成的抑制剂。据报道，天然植物制剂AML-1对强致癌物B[a]P的致突变作用也有很强的抑制作用。顾平等从长期受PAHs污染的土壤中分离出1株能够降解B[a]P的真菌，经鉴定为绿色木霉。谢刚等用聚二甲基二烯丙基氯化铵（PDMDAAC）和十二烷基硫酸钠（SDS）改性凹凸棒石对模拟微污染水溶液中痕量B[a]P的吸附作用，结果发现在改性凹凸棒石投加量为15g/L、粒径150μm、反应温度20℃、反应时间60min条件下，B[a]P去除率可达98.56%。

4.5 杂环胺

4.5.1 杂环胺概述

杂环胺类化合物（heterocyclic aromatic amines，HAAs）由碳、氢和氮原子组成，具有多环芳香族结构，为带杂环的伯胺，包括氨基咪唑氮杂芳烃和氨基咔啉两类。杂环胺是富含蛋白质的食物在烤、炸、煎过程中蛋白质、氨基酸的热解产物，是一类致癌、致突变物。杂环胺类化合物的发现可以追溯到20世纪30年代，当时瑞典科学家Widmark利用烤马肉的有机溶剂提取物重复涂抹小鼠的背部，结果发现能够诱导小鼠乳腺肿瘤的发生。之后的几十年，一些新型的致癌物如亚硝胺、多环芳烃、杂环胺和胆固醇氧化产物逐渐在热处理食品中被鉴定出。直到1977年，日本科学家Sugimura和Nagao等从烤鱼和烤牛肉的焦化表层发现在Ames试验中具有强烈致突变性的物质，杂环胺类化合物才逐渐受到人们的广泛关注，迄今，已有近30种的杂环胺类化合物被分离鉴定出。

根据形成方式，杂环胺主要可以分为两种：一种是由杂环胺的前体物如葡萄糖、氨基酸、肌酐与肌氨酸酐反应而形成；另一种由单一氨基酸或蛋白质经热裂解形成，其形成温度一般高于300℃。杂环胺在食品中的产生受多种因素的影响，如食品的种类、加工温度和时间、添加物等。食品加工温度越高，时间越长，杂环胺的产生量就越多。杂环胺类具有较强的致突变性，其致突变性是迄今为止Ames实验检测到的最高突变活力毒物的水平，致突变能力远远大于多环芳烃（PAHs）。杂环胺类化合物，尤其是极性杂环胺大多具有强致突变性，长期的动物试验表明，杂环胺能诱发动物体内多种靶器官产生肿瘤。此外，虽然目前还没有足够的理论依据证明杂环胺与人类患癌之间的关系，但是一些流行病学报告指出通过经常食用肉制品而摄入杂环胺的人患癌的风险要高。杂环胺类化合物有致突变和致癌的生物学危害，可导致多种器官肿瘤的生成。国际癌症研究中心（IARC）把PhIP、MeIQ、MeIQx、Glu-P-1、Glu-P-2、Trp-P-1、Trp-P-2、AαC和MeAαC归类为潜在致癌物（2B级）（IARC1993），IQ为致癌物（2A类）。由于杂环胺类化合物具有强烈的致突变性和致癌性，许多国家的学者对其展开了深入的研究，主要集中于杂环胺的分离富集和定性定量分析、生物转移和毒理性研究、形成的影响因素和控制措施、形成机理和抑制机制、人体暴露水平和体内代谢等方面。杂环胺的研究是食品安全研究领域的一个重要方面，已逐渐成为人们研究的重点和热点。

4.5.1.1 杂环胺的结构与性质

杂环胺类化合物从化学结构上可以分为氨基咪唑氮杂环胺（AIA）和氨基咔啉类杂环胺。

AIA包括喹啉类（IQ、MeIQ）、喹喔啉类（IQx、MeIQx、7,8-DiMeIQx、4,8-DiMeIQx）、吡啶类（PhIP）与呋喃吡啶类（IFP），陆续鉴定出的新的化合物多数为这类化合物，一般在加热温度低于300℃就可产生。AIA均含有咪唑环，其α位置上有一个氨基，在体内可以转化成N-羟基化合物从而具有致癌、致突变活性。因为AIA上的氨基能耐受2mmol/L的亚硝酸盐的重氮化处理，与较早发现的AIA类化合物IQ性质相似，所以又被称为IQ型杂环胺，也称为极性杂环胺。氨基咔啉类杂环胺包括α-咔啉类（MeAαC、AαC）、β-咔啉类（Harman、Norharman）、γ-咔啉类（Trp-P-1、Trp-P-2）和δ-咔啉类（Glu-P-1、Glu-P-2），一般在加热温度高于300℃时产生。氨基咔啉类环上的氨基不能耐受2mmol/L的亚硝酸盐的重氮化处理，称为非IQ型杂环胺，也称为非极性杂环胺，其致癌和致突变活性较极性杂环胺弱。

4.5.1.2 杂环胺的生物毒性

（1）**杂环胺的致突变性**　鼠伤寒沙门菌致突变测试法 Ames 已经广泛应用于杂环胺的致突变性研究。由于杂环胺更容易引起移码突变，因此其对更易引起移码突变的 Salmonella Typhimurium TA98 菌株表现出较大的致突变性。杂环胺的致突变能力相对于其他典型致癌物更强。例如黄曲霉毒素的致突变活性为 6000rev/μg，而 MeIQ 的致突变活性为 661000rev/μg。

杂环胺都是前致突变物，需要经过代谢活化才能产生致突变性。杂环胺最初由细胞色素氧化酶 P450IA1 与 IA2 进行代谢活化。杂环胺的环外氨基经细胞色素氧化酶（P450）催化形成 N-羟基衍生物，然后进一步被乙酰基转移酶、磺基转移酶、氨酰 tRNA 合成酶或磷酸激酶酯化，形成高度亲电子活性的最终代谢产物，能与脱氧鸟嘌呤第 8 位上的碳原子共价结合。研究发现 PhIP 是由肝脏内细胞色素氧化酶 P450IA1 与 IA2 进行代谢活化。同时细胞色素氧化酶 P450LA2 也负责将 MeIQ、MeIQx、4，8-DiMeIQx 进行代谢活化。

（2）**杂环胺的致癌性**　在 Ames 测试中表现出的致突变性化合物不一定就是致癌物。致癌性还需要进行细胞培养或动物试验。有研究表明 PhIP、MeIQ、MeIQx、IQ 能引起啮齿类动物产生肿瘤。这些肿瘤发现于肝脏、前胃、乳腺、皮肤与结肠等器官中。目前已有 9 种杂环胺化合物经动物试验证明具有致癌作用，给 CDFI 小鼠和 F344 大鼠喂饲含量为 0.015％～0.08％某杂环胺化合物的饲料，实验期为 1.5～2 年。发现 IQ、MeIQ、MeIQx、Trp-P-1、Trp-P-2、Glu-P-1、Glu-P-2、AαC、MeAαC 都可以引起小鼠肝脏肿瘤，对大鼠，这几种杂环胺化合物也易诱发肝、小肠及一些器官肿瘤。引起癌基因和 *P53* 基因突变 DNA 加合物形成可能造成基因突变。细胞中癌基因的活化和肿瘤抑制基因的失活可能是癌发生的原因。检测 IQ 诱发的肿瘤中 *Ki-ras* 基因的突变频率，发现每 54 个 IQ 诱发的肺肿瘤中就有 47 个存在 *Ki-ras* 突变。

（3）**心肌毒性**　杂环胺的主要生物学作用是它们的致突变和致癌。但还有研究表明一些杂环胺如 IQ 和 PhIP 在非致癌靶器官——心脏形成 DNA 加合物，促使人们关注其细胞毒性。经口摄入 IQ 或 PhIP 两周的 8 只大鼠中有 7 只出现心肌组织镜下改变现象，包括灶性心肌细胞坏死伴慢性炎症、肌原纤维融化和排列不齐等。

（4）杂环胺的风险评估　杂环胺的风险评估需要进行放射性研究、代谢研究、致癌能力研究与流行病学研究等。人体每天从食物中摄取的杂环胺约为 26ng/kg，有学者认为若人体长期处于啮齿动物的 TD_{50} 剂量之下，将有诱发肿瘤的风险，因此杂环胺摄入量应越小越好。研究者对美国人群中杂环胺的摄入量及其对结肠癌作用进行评价。结果表明，基于 75 年的寿命，积累患结肠癌的风险高达 4.5%。虽然杂环胺的致癌风险很难准确计算，但对于一般人群可能处于 1∶10000 水平，而对于大量摄入熟肉制品的个体来说，可能高达 1∶50 的水平。要对这些风险进行具体的研究就需要对试验中的基因差异、食品类型与加工工艺、每日暴露量进行分析。

4.5.2　食品中杂环胺的含量

鱼和肉加工制品中杂环胺的水平在英国、瑞典、瑞士、西班牙、日本和美国已有广泛的报道。目前文献中有关食品中杂环胺水平的数据主要是根据 Ames/Salmonella 实验估计致突变性而得到，通过 Ames 检测发现，几乎所有经过高温烹调的肉类均有致突变性，而不含蛋白质与氨基酸的食品致突变性很低。基于 HPLC 或 GC-MS 分析，不同类型肉制品中杂环胺的首次定量数据发表于 20 世纪 80 年代后期。通过化学检测，发现烹饪类制品是膳食杂环胺的主要来源。

4.5.2.1　喹啉类杂环胺

科学家首次在烤沙丁鱼中分离并鉴定出 IQ 与 MeIQ。随后这些化合物在煎碎牛肉饼、煎烤碎牛肉饼、炭烤碎牛肉、煎鱼中也被鉴定出来。在煎烤碎牛肉饼中 IQ 的浓度为 0.5～20ng/g，然而 MeIQ 只有微量生成。

4.5.2.2　喹喔啉类杂环胺

在加工肉制品中发现三种喹喔啉类杂环胺。研究者最先在煎碎牛肉饼中分离鉴定出 MeIQx 与 7,8-DiMeIQx 两种喹喔啉类杂环胺。在煎碎牛肉中分离出第三种喹喔啉类杂环胺 4,8-DiMeIQx。随后 MeIQx 与 4,8-DiMeIQx 被发现存在于煎烤培根、煎烤与烧烤鸡肉、鱼肉、煎烤火鸡肉、烤鹿肉与肉丸中。在煎烤碎牛肉中 MeIQx 的含量为 0.1～16.4ng/g。在煎烤培根中 MeIQx 的含量最高，达 45ng/g。在煎烤碎牛肉中 4,8-DiMeIQx 的含量为 0.1~4.5ng/g。在煎烤碎牛肉中 7,8-DiMeIQx 的含量为 0.7ng/g，而烘烤鳝鱼中为 5.3ng/g。MeIQx 与 4,8-DiMeIQx 可以在肌酐、糖（葡萄糖、果糖或者核糖）与氨基酸（丙氨酸、甘氨酸、赖氨酸、苯丙氨酸或苏氨酸）的模型体系中产生。而 7,8-DiMeIQx 只在葡萄糖与甘氨酸的模型体系中分离出来。

4.5.2.3 吡啶类杂环胺

在加工肉制品中含量最高的杂环胺为 PhIP，这种化合物最早在烤碎牛肉中分离出来。PhIP 已发现存在于各种加工肉制品中，如培根、碎牛肉、牛排、鸡肉、肉丸与火鸡肉中。在煎烤碎牛肉中 PhIP 的含量为 0.1~68ng/g。与其他加工肉制品相比，烤鸡肉中 PhIP 的含量最高，为 27~480ng/g。PhIP 也发现形成于包含肌酐、葡萄糖与几种氨基酸的模型体系中。在肌酐与苯丙氨酸的模式体系中加入或不加入葡萄糖均可产生大量的 PhIP。研究者发现模型体系中若采用亮氨酸作为氨基来源只产生少量 PhIP。PhIP 不但在加工肉制品与模型体系中分离出来，也发现存在于啤酒、葡萄酒与烟雾中。实验发现在啤酒与葡萄酒中 PhIP 的含量分别为 14.1ng/L 与 30.4ng/L，在香烟烟雾中 PhIP 的含量为 16.4ng/cig。

4.5.2.4 呋喃吡啶类杂环胺

人们在加工肉制品中发现几种未知的致突变杂环胺。两种相对分子质量分别为 202 与 216 的致突变化合物在烤碎牛肉与猪肉中分离出来。研究者从烤碎牛肉、肌酐与牛奶的混合物中分离出一种相对分子质量为 202 的含氧甲基咪唑并呋喃吡啶化合物。另一种新的杂环胺，4-OH-PhIP 在煎烤牛肉与包含葡萄糖、酪氨酸与肌酐的模型体系中鉴定出来。近来，相对分子质量为 202 的甲基咪唑并呋喃吡啶化合物的结构被鉴定出来并在含有氨基酸、肌酐与葡萄糖的模型体系中发现。

4.5.2.5 氨基咔啉类杂环胺

为了更好地估计加工肉制品中的杂环胺的总含量，有必要对氨基咔啉类杂环胺（非极性杂环胺）也进行分析。将包含苯丙氨酸、葡萄糖与肌酐的模型体系在 150℃ 与 200℃ 下加热，可产生 Norharman、Harman、AαC 与 MeAαC。

研究表明 Norharman、Harman 与 Trp-P-2 存在于意大利肠、烟熏肠中。同时发现牛排在 240℃下加热 14min 后 Norharman、Harman 与 Trp-P-2 的含量较高，分别为 30.0ng/g、28.6ng/g 与 1.59ng/g。与极性杂环胺相比，非极性杂环胺一直没有受到重视，因为其被认为只在极端的加工条件下才形成，正常的烹调条件下一般不会产生。

4.5.3 杂环胺的形成机制

杂环胺的形成机制可以通过化学模型体系来研究。模型体系的优点在于可以减少复杂的副反应并且可以排除那些没有参与杂环胺形成的肉品中其他成分的反应。此外，一些杂环胺是先在模型体系中鉴定出来而后在烹调肉品中发现的。

4.5.3.1 IQ 型杂环胺的形成

Millard 反应除能产生诱人的焦黄色和独特风味外，还可形成许多杂环化合物。从美拉德反应得到的混合物，表现出很多不同的化学和生物特性，其中，有促氧化物和抗氧化物、致突变物和致癌物以及抗突变物和抗致癌物。由等摩尔还原性单糖和氨基酸组成的美拉德反应模型所形成的许多产物在 Ames 测试中呈现致突变性，其中包括由淀粉/甘氨酸、乳糖/酪氨酸和麦芽糖/丙氨酸组成的反应模型。但有实验证明在没有糖存在时也可以形成杂环胺，提示这可能是催化作用。采用 ^{13}C 标记的葡萄糖进行实验，表明糖中碳原子确实可以进入一些杂环胺中。杂环胺的形成是由肌酐、氨基酸和碳水化合物通过美拉德反应等复杂过程形成的，美拉德反应也是通过自由基机制形成的，它被证明对咪唑并喹啉与咪唑并喹喔啉基团的形成有重要作用。由此 IQ 型杂环胺的形成机制推测可能为肌酐通过环化和脱水形成分子中氨基咪唑部分，而 IQ 型杂环胺剩下部分来源于美拉德反应中 Strecker 降解产物如吡啶和吡嗪等。通过 Strecker 反应产物醛或相关席夫碱，丁间醇醛缩合将这两部分连接起来。这个假说已经在 MeIQx 和 7,8-DiMeIQx 的鉴定中得到验证，将肌酐、甘氨酸和葡萄糖在 130℃沸水中回流 2h 便产生上述两种物质。用苏氨酸代替甘氨酸便产生 MeIQx 和 4,8-DiMeIQx，而用丙氨酸代替就可以产生 4,8-DiMeIQx 和微量 MeIQ。在这个基础上 Nyhammar 更详细地描述了 IQ 型杂环胺形成的途径，而 Jones 等提出在前体物相同的情况下，肌酐可能先与醛进行缩合，然后再与吡啶或吡嗪反应。Pearson 等对 IQ 型杂环胺形成的机制提出了一个比较有争议的假说。根据这个假说，烷基吡啶自由基和肌酐反应生成 IQ 和 MeIQ，而二烷基吡啶自由基和肌酐反应生成 MeIQx 和 4，8-DiMeIQx。MeIQx 和 DiMeIQx 形成的开始步骤依赖于美拉德反应和 Strecker 反应与吡啶和吡嗪自由基形成的动力学，以及自由基最后的稳定性，与肌酐反应的吡啶与吡嗪的衍生物等。有证据支持这个反应途径，当肌酐与 2,5-二甲基吡嗪或 2-甲基吡啶和乙醛在 130℃ 加热 3h 可生成 MeIQx 和 DiMeIQx。而 Lee 等试验结果证实 IQ 是在加热 2-甲基吡啶、肌酐和不同醛的混合物后产生的。Arvidsson 等建立一个模型系统来测定时间和温度对 IQ 型杂环胺形成的影响，即在 150～225℃下经过 0.5~120min 加热与牛肉中成分比例相同的肌酐、葡萄糖和氨基酸。结果表明一级反应模式和 Eyring 方程与试验数据相符，活化熵为负值，这说明反应的限速步骤为双分子反应，而肌酐-醛和吡嗪之间的反应可能为限速反应。

4.5.3.2 Norharman 的形成

对于非极性杂环胺 Norharman，科学家已提出了明确的机制。Norharman 自身不是致突变物，但当与苯胺共存时它可以变成致突变物。根据反应机制，色氨酸 Amadori 重排产物（ARP）以呋喃糖的形式进行脱水反应，随后在环氧孤对电子的辅助下进行 β-消除反应从而形成一个共轭的氧鎓离子。这个反应中间体可以通过脱水和形成一个扩展的共轭体系而进一步稳定自身，或者通过 C—C 键分裂而产生一个中性的呋喃衍生物和一个亚胺鎓阳离子。随后中间体进行分子内亲核取代反应而形成 P-咔啉。

4.5.3.3 PhIP 的形成

采用模型体系的研究表明，苯丙氨酸、肌酐和葡萄糖很可能是 PhIP 的前体物。通过干加热 ^{13}C 标记的苯丙氨酸和肌酐有力地证明了苯丙氨酸和肌酐是 PhIP 的前体物。PhIP 也可以通过加热肌酐与亮氨酸、异亮氨酸和酪氨酸而形成。因此在干加热条件下，葡萄糖不是一个必要的前体物。然而研究发现在苯丙氨酸与肌酐的液体模型体系下，葡萄糖对 PhIP 的生成量有重要影响，依赖于自身的浓度它可以起到增强或抑制作用。在干加热条件下也有相同结果。研究报道，当苯丙氨酸和肌酐溶于水中并在37℃和60℃下加热，四糖（赤藓糖）在PhIP的形成中具有最高活性，其他碳水化合物如树胶醛糖、核糖、葡萄糖和半乳糖活性较低。这个研究组发现，PhIP在加热肌酐、苯丙氨酸和乙醛的混合物中产生，同样在加热苯丙氨酸、肌酐和核酸的混合物中也产生。在将酪氨酸替代苯丙氨酸的类似反应中发现PhIP的4′-羟基衍生物。以苯丙氨酸和肌酐作为前体物的简单模型体系中PhIP形成首先是Strecker醛-苯乙醛的形成，第二步是醛和肌酐的醇醛缩合反应并随后脱水。在模型体系和加热肉品中已鉴定出这些缩合产物。PhIP中形成吡啶基团的氮原子的来源至少有两部分，首先它可以是肌酐的氨基与中间体的含氧基团反应而成，其次是苯丙氨酸的氨基或者是游离氨。PhIP中5、6、7位碳原子的来源已通过利用^{13}C标记的苯丙氨酸（分别标记在C2和C3）和通过NMR分析形成的PhIP而鉴定出来。结合这些结果阐明了PhIP的形成机制。

4.5.3.4　新的杂环胺和未确认的致突变化合物

两种新的杂环胺TMIP（2-氨基-1,5,6-三甲基-咪唑并吡啶）和DMIP（2-氨基-1,6-二甲基-咪唑并吡啶）是在炸牛肉中发现的；此外两种分子质量为202Da和216Da的致突变化合物从炸碎牛肉和猪肉中分离出来。一种甲基咪唑-含氧吡啶化合物（分子质量为202Da）从炸碎牛肉、牛奶与肌酐的混合物中分离出来。从加热的肌酐、谷氨酸和葡萄糖混合物中分离出来的是一种致突变化合物。另一种新的杂环胺4,7,8-TriMeIQx在加热丙氨酸、苏氨酸、肌酐和葡萄糖的模型系统中形成。在明火烧烤的肉制品中，只有30%左右的致癌活性是由已知的杂环胺产生的。在非肉类制品中，还发现了与已知杂环胺具有相似特性而未鉴定的致突变化合物的存在，如加热麦麸和面粉、速溶咖啡、谷类饮料等。此外，"胍基"化合物，如精氨酸和1-甲基-胍被认为是它们的前体物。新的未鉴定的致突变芳香胺可以通过干加热单个氨基酸或它们的二元混合物产生，如苏氨酸和精氨酸的结合可产生高致突变活性，但在糖存在时却没有致突变活性；1-甲基-胍单独加热或与其他氨基酸混合加热可产生致突变活性。在包含不同的单个氨基酸、葡萄糖和肌酐的液态模型体系中发现几种未鉴定的致突变化合物。近来，葫芦巴碱（一种存在于咖啡豆中的天然化合物）被证实在单独加热或与其他氨基酸混合加热时可产生几种未鉴定的化合物。

4.5.4 杂环胺形成的影响因素

4.5.4.1 温度和时间

在杂环胺形成的条件中温度比时间更为重要，大部分模型体系是在125～300℃范围内进行的。PhIP形成对温度的依赖性已经在几个研究中作了探讨。采用苯丙氨酸、肌酐和葡萄糖的液体模型体系研究表明，随着温度从180℃升高到225℃，PhIP的生成量增加。用苯丙氨酸和肌酐的液体模型体系得到相同结果。然而，肌酐、苯丙氨酸和糖或乙醛的液体混合物在37℃和60℃的低温下加热能产生PhIP，并且肌酐、苯丙氨酸和核酸在60℃下加热4周也可产生PhIP。研究者在水模型体系中研究了杂环胺的形成中温度与时间的关系，其将肌酐、葡萄糖和混合氨基酸在150～225℃下加热0.5～120min，结果表明，除IQ和MeIQ外，IQx、MeIQx、4,8-DiMeIQx、7,8-DiMeIQx和PhIP迅速形成。依赖于加热温度，通常在加热5～10min后杂环胺的生成量达到高峰，随后或多或少出现下降。苏氨酸、葡萄糖和肌酐的液体模型体系在225～250℃下加热15～30min，MeIQx和4,8-DiMeIQx的生成量减少。在另一个模型实验中，225℃下加热5～10min，MeIQx和7,8-DiMeIQx的生成量在达到高峰后下降，但没有检测到PhIP。再者，合成的杂环胺在225℃下加热出现明显的降解。将合成的标准杂环胺（IQ、MeIQx、4,8-DiMeIQx、PhIP）加入到牛肉提取物中进行稳定性研究，结果表明在40℃或60℃下储存2周每一种杂环胺的量都出现下降。

4.5.4.2 前体物

不同的模型和油炸实验结果表明，肌酸和肌酐是许多种杂环胺形成的前体物。将肌酐加入到牛肉汁中回流加热12h，结果表明其对杂环胺的形成只有较小的增强作用。许多IQ类化合物能在加热单个氨基酸、肌酐或肌酐和葡萄糖的模型体系中形成。此外，研究表明，在与葡萄糖和肌酐加热的模型体系中，牛磺酸可以产生MeIQx，而肌肽（β-丙氨酸和组氨酸）可以产生IQx和MeIQx。氨基酸可以充当IQ类化合物的前体物是由于其在吡嗪的形成中能作为氮源，且吡嗪的产量和种类随着氨基酸的变化而变化。同时氨基酸可以提供碳原子，并且在某些情况下可以提供 4 位上的甲基。甘氨酸是 IQ、MeIQx 和 7,8-DiMeIQx 的前体物，而丙氨酸是 MeIQ 和 4,8-DiMeIQx 的前体物。然而，近来的研究表明，大部分氨基酸包括丙氨酸与葡萄糖和肌酐在模型体系中加热时可形成 IQx、MeIQx 和 7,8-DiMeIQx。这可以通过氨基酸的逆醇醛化形成甘氨酸，以及通过自由基反应分裂来解释。近来研究发现，在煮牛肉汁中加入氨基酸，特别是谷氨酸盐、酪氨酸、苏氨酸和丙氨酸可以增加杂环胺的形成。

研究表明，在水模型体系中需要加入糖才能产生 IQ 化合物。而在肌酐、葡萄糖和苏氨酸的模型体系中，经 ^{14}C 标记的葡萄糖其碳原子合并到 IQx、MeIQx 和 4,8-DiMeIQx 中，这清楚地表明葡萄糖是杂环胺形成的前体物。在模型体系中葡萄糖的加入对杂环胺的形成有显著影响，导致杂环胺产量的增加和相对数量的变化。当单糖或二糖的量为肌酐和氨基酸物质的量的一半时，这个比率与天然牛肉中比例相似，其对杂环胺的形成就有最适的作用。然而，在模型体系中随着糖浓度的增加，杂环胺的形成减少。据报道，在与苯丙氨酸和肌酐混合加热的模型体系中，对于 PhIP 的形成，赤藓糖表现出最高活性，其次为树胶醛糖、核糖（戊糖）、葡萄糖和半乳糖。另有报道，在煮牛肉汁中加入核糖和葡萄糖可以增加杂环胺的生成，而果糖作用不大。

4.5.4.3 脂肪

在肌酐、甘氨酸和葡萄糖的水模型体系中加入不同的脂肪酸（$C_{18:0}$、$C_{18:1}$、$C_{18:2}$、$C_{18:3}$）、油（玉米油和橄榄油）和甘油来研究其对 MeIQx 生成的影响。加入的这些化合物对模型体系中杂环胺形成的种类没有影响，但对 MeIQx 的生成量有影响。

在加入和不加入脂肪酸或油的情况下加热前体物，在开始的 10min 能产生大致相同数量的 MeIQx，但在加热 30min 后，与不加入油相比，加入油（玉米油和橄榄油）能使 MeIQx 的量增加两倍，此外，MeIQx 的量随着脂肪浓度增加而增加。当温度被控制时，在模型体系中加入油后 MeIQx 的增加量不能解释为在脂肪的存在下其有更高的热传递效率，因此，MeIQx 的增加可看作是化学作用的结果，可能是某些美拉德反应产物形成的增加，或者是自由基产生的增加。

当认识到美拉德反应本质上包括自由基反应时，自由基被认为参与杂环胺的形成，脂肪对杂环胺形成的增强作用可能是由于热处理过程中脂质氧化产生自由基。然而设计一个模型体系来研究自由基的作用，结果表明脂肪的氧化程度对 MeIQx 的生成量没有影响。

在肌酐、甘氨酸和葡萄糖的模型体系中加入 Fe^{2+} 和 Fe^{3+}，可以令 IQx、MeIQx 和 DiMeIQx 生成量的增加接近 2 倍。众所周知，铁离子是脂肪在低温下氧化的催化剂，因此认为铁离子促进 MeIQx 的生成是由于通过铁催化脂质氧化形成自由基。相反，铜对 MeIQx 的形成没有增强作用。同样，对苯二酚（已知的可以激发自由基反应）在模型体系中对 IQx 和 MeIQx 的形成没有影响，但 7,8-DiMeIQx 的生成量增加。然而当在模型体系中同时加入对苯二酚和硫酸铁时，IQx、MeIQx 和 7,8-DiMeIQx 的生成量增加 7～14 倍。对苯二酚很可能被铁离子氧化成自由基，从而通过自由基介导的反应机制增加杂环胺的生成。

4.5.5 杂环胺形成的控制措施

4.5.5.1 微波前处理

研究者在肉品煎烤前进行微波前处理，以研究其对杂环胺形成的影响。牛肉馅饼在烤制前经不同时间的微波前处理（0、1.0min、1.5min、2.0min、3.0min）后，杂环胺前体物（肌酸、肌酐、氨基酸与糖）、水分、脂肪减少 30%，从而导致总体的致突变性减少 95%。根据二级反应动力学，如果两种前体物减少 30%，其产物将会减少 50%；如果三种前体物减少 30%，其产物会减少 70%～80%。同时由于微波前处理引起水分损失，剩下的前体物不能通过水分渗出至肉品表面参与反应，因此减少杂环胺的生成量。

4.5.5.2 添加碳水化合物

水对食品里水溶性前体物的传送起重要作用，在加工过程中水溶性前体物随水转移至食品表面。与整块肉相比，碎肉中有更多的水溶性前体物渗出到平底锅内，这是由于肉的绞碎过程破坏了细胞的结构从而影响杂环胺的生成。加入水结合化合物如盐、大豆蛋白、淀粉等可以抑制水溶性前体物的传送。加工前在牛肉馅饼中加入大豆蛋白浓缩物和淀粉可以减少致突变性的形成。在高脂肪碎牛肉中加入酪蛋白可以减少 IQ 的形成，这可能是其影响肉的物理特性和结构。在煎烤前用面包屑覆盖食物可以减少杂环胺的生成，这是由于覆盖层的绝缘作用。但是在用面粉覆盖的炸鱼外壳中发现杂环胺，这可能是覆盖层太薄的原因。过量的糖可以抑制杂环胺的形成，如加工时在碎牛肉中混入葡萄糖、乳糖或奶粉可减少杂环胺形成。

4.5.5.3　添加抗氧化剂

研究抗氧化剂对杂环胺形成的影响，结果表明在加工前添加 BHA 可以显著减少肉制品中的致突变性。Barnes 等发现在加工前加入 BHA 可以抑制 40% 的 IQ 形成。科学家发现在碎牛肉中添加 TBHQ、PG 与 BHA 可以抑制 IQ、MeIQx 与 4,8-DiMeIQx 的形成。然而，抗氧化剂 BHT 却增加 4,8-DiMeIQx 的生成量。另有研究在煎烤前将合成的抗氧化剂如 BHA、BHT、PG 和 TBHQ 加入到原料肉中，BHA 减少 56% 的 MeIQx 生成量，而 PG 和 TBHQ 分别减少 71% 和 76% 的 MeIOx 生成量，BHT 也减少 IQ 和 MeIQx 的量，但 4,8-DiMeIQx 的量轻微增加。然而该实验中牛肉中的杂环胺生成量比其他报道的高 100 倍，因此结果令人怀疑。但其提出 BHT 可以作为一种烷化剂促进 4,8-DiMeIQx 前体物的形成，且 BHT 旁位上的甲基可与二烷基吡嗪自由基和肌酐反应而形成第 8 位上的甲基，从而形成 4,8-DiMeIQx。对茶及茶多酚对杂环胺形成的影响的研究表明，在模型体系中加入茶黄素没食子酸-5-儿茶素没食子酸酯可以显著减少 MeIQx 与 PhIP 的形成。同时在模型体系中加入绿茶和红茶可以减少 PhIP 的生成量。试验表明茶多酚作为美拉德反应中间体的竞争捕获剂及抗氧化剂可以影响美拉德反应中间体的生成量，但其具体机制仍有待研究。这些试验说明在肉品加工前添加茶多酚是抑制杂环胺形成的有效方法。有人发现在包含葡萄糖、甘氨酸与肌酐的模型体系中，酚类抗氧化剂 BHA、PG、芝麻酚、儿茶素没食子酸酯可以抑制杂环胺的形成。通过添加儿茶素、没食子酸酯与绿茶提取物可以抑制鲤鱼肉中杂环胺的形成。试验表明，在模型体系中形成不稳定的吡嗪阳离子自由基，添加 BHA、芝麻酚和儿茶素没食子酸酯可以抑制其形成。这说明酚类抗氧化剂能有效清除不稳定的美拉德中间体自由基从而抑制杂环胺的形成。采用包含肌酐、甘氨酸、葡萄糖与玉米油的模型体系来探讨抗氧化剂对杂环胺形成影响的试验表明，α-生育酚、抗坏血酸与 TBHQ 不能抑制 MeIQx 的形成，然而 1000mg/kg 抗坏血酸能减少 84% 的 MeIQx 生成量，这可能是由于在该浓度下抗氧化剂表现出助氧化作用。另有研究在包含肌酐、葡萄糖与甘氨酸的模型体系中考察 8 种不同的抗氧化剂对 MeIQx 形成的影响。丁香酸、阿魏酸、槲皮素、芦丁、咖啡酸、儿茶素没食子酸酯、鞣花酸与绿茶儿茶素分别抑制 MeIQx 的生成量达 78%、57%、54%、45%、40%、35%、30% 与 21%。这些抗氧化剂可显著减少 29%～91% 的致突变性。研究香辛料对煎烤牛肉中杂环胺形成的影响，发现迷迭香、百里香、大蒜能显著抑制杂环胺的形成。研究发现在煎碎牛肉饼前添加维生素 E 可以显著减少杂环胺形成，同时迷迭香油树脂也可以抑制 44% 的 PhIP 形成。

4.5.5.4 腌制

已发现在肉品加工前进行腌制可以有效抑制杂环胺的形成。在烧烤前将鸡肉以冰糖、棕榈油、酱油、大蒜、芥水、柠檬汁和盐进行腌泡 4h 可以减少 92%～99% 的 PhIP 生成量。研究表明对鸡肉进行腌制并烤制 20min 或更短时间可以减少大部分杂环胺的形成。有人研究两种不同的腌制剂对烤牛排杂环胺形成的影响。结果表明其能有效抑制杂环胺的形成，但其不能解释是哪一种成分在起作用，只是建议采用含有酱油、大蒜、糖等的腌制剂可以减少杂环胺的形成。

4.6 羟甲基糠醛

4.6.1 羟甲基糠醛概述

羟甲基糠醛也称 5-羟甲基糠醛、5-羟甲基-2-糠醛、5-羟甲基呋喃甲酸或 5-羟甲基-2-呋喃甲醛，英文名 5-hydroxymethyl-2-furfural 或 5-hydroxmethyl-furfural，缩写简称为 5-HMF 或 HMF，为一个呋喃环结构的糠醛化合物。羟甲基糠醛分子中含有一个醛基和一个羟甲基，可以发生加氢、氧化脱氢、酯化、卤化、聚合、水解等化学反应（王军等，2008），分解产物主要有乙酰丙酸和甲酸（Feridoun et al，2007）。羟甲基糠醛为针状结晶、暗黄色液体或粉末，甘菊花味，有吸湿性，易液化，避光密封保存，不能与强碱、强氧化剂、强还原剂共存。易溶解于水、甲醇、乙醇、丙醇、乙酸乙酯、甲基异丁基甲酮、二甲基甲酰胺等，可溶于乙醚、苯、氯仿等，微溶于四氯化碳，难溶于石油醚。

羟甲基糠醛是一种广泛应用于化工、食品、医药等行业的重要有机原料，感官评价为具有甜香、木香、面包香、焦糖香并带有烘烤食品的气味（孙宝国，2003）。糠醛还可直接用作防腐剂，它的衍生产品糠酸和糠醇亦可用作防腐剂。以糠醛为原料可以合成重要的有机酸——苹果酸、麦芽酚和乙基麦芽酚，这两种物质是优良的增香剂和食品添加剂。5-HMF 是美拉德反应、焦糖化褐变、抗坏血酸氧化分解反应和纤维素降解共同的中间产物。它不仅会导致果蔬汁风味变化和颜色加深，还会影响其食用安全性。5-HMF 是体系形成色素沉积的潜在条件，也是美拉德反应和非酶褐变的重要指示因子。

研究表明羟甲基糠醛对人体有毒副作用，对眼、黏膜、皮肤有刺激性，过量食用会引起中毒，造成动物横纹肌麻痹和内脏损害（张玉玉等，2010）。糠醛和 5-HMF 在达到一定剂量时对肝脏、肾脏、心脏等器官产生不良影响；5-HMF 还对眼黏膜、上呼吸道黏膜等产生刺激作用。羟甲基糠醛现今成为食品安全关注的热点。

羟甲基糠醛的含量是研究食品在加工贮藏过程中质量发生变化的一个重要参数，是衡量许多产品质量优劣的一项重要指标，因此世界各国均对食品中羟甲基糠醛的含量做了限量规定，一般不得超过 20mg/kg。

4.6.2 食品热加工过程中羟甲基糠醛的形成机制

羟甲基糠醛广泛存在于含有糖类物质的食品中，如苹果汁、速溶咖啡、啤酒、婴儿乳制品、蜂蜜等，在含糖食品生产、存放过程中都有可能生成羟甲基糠醛。在蜂蜜的存放、啤酒的储存、饮料果汁的生产、牛乳的生产和饼干的焙烤等食品加工过程中，糖的热降解反应（蔗糖的焦化及还原糖的分解）和美拉德反应是糖类物质的主要反应。

目前，对糠醛反应的研究处于初步的探索阶段，基本限于单一成分和单糖体系的糠醛反应。一般认为在单一糖溶液中，己糖经脱水反应后生成 HMF，戊糖经脱水反应后生成糠醛（如图 4-9 所示）。HMF 的生成途径为己糖脱水。

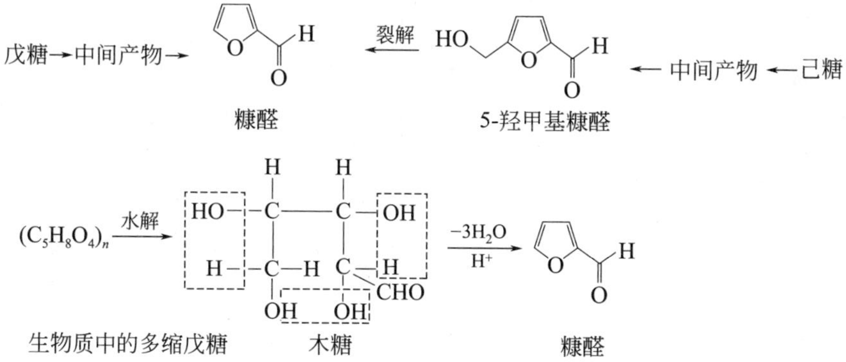

图 4-9 糠醛反应的方程式及木糖的脱水机理

而糠醛的生成途径有两条：一是戊糖脱水生成糠醛，如工业上由生物质水解得到木糖，木糖在酸性条件下分子内脱去 3 个水分子，环化生成五元杂环化合物糠醛；二是 HMF 受热裂解生成糠醛。Zeitsch（2000）、Antal 等（1991）的研究均表明，木糖在酸的催化作用下脱水，其路径如图 4-10 所示。转化步骤包括 1,2 位脱去两分子水和 1,4 位脱去一分子水。其中 1,2 位脱水过程发生在两个相邻的 C 原子上，并且脱水后它们之间形成双键；而 1,4 位脱水过程则发生在由其他两个 C 原子分隔的 1,4 位碳原子上，并且最终脱水后在它们之间形成环状。

HMF 作为糖的热解产物，在高压灭菌的过程中，葡萄糖注射液的储存过程中，或糖含量高的食品，如蜂蜜、甜酒、甜面酱等（张玉玉等，2010）的储存过程中，都会产生糠醛和 HMF（Pereira et al，2011）。一般认为糠醛反应的底物是单糖化合物，但也陆续有相关研究报道了不同的结果，在高于 250℃ 的条件下烘烤饼干，若将葡萄糖或果糖置换为蔗糖，则会产生大量的 HMF（Ameurla et al，2007），这可能是由于蔗糖在高温条件下产生了具有较高活性的呋喃果糖基离子造成的（Locas et al，2008）。目前，在酸催化条件下六碳糖脱水生成 HMF 的反应机理也不是十分清楚。一般认为六碳糖在酸催化过程中第一步会生成烯醇互变结构体这样的中间产物，再进一步脱水生成 HMF，反应过程主要经历异构化、双键断裂和脱水这三个步骤（杨凤丽等，2009）（在以葡萄糖为反应物时）。除此之外，在六碳糖脱水生成 HMF 的过程中，还伴有其他副反应，同时生成很多复杂的反应副产物，例如 2-羟基乙酰呋喃（Miller et al，1952）、呋喃甲醛、5-氯甲基糠醛（Brown et al，1982）、甲酸、

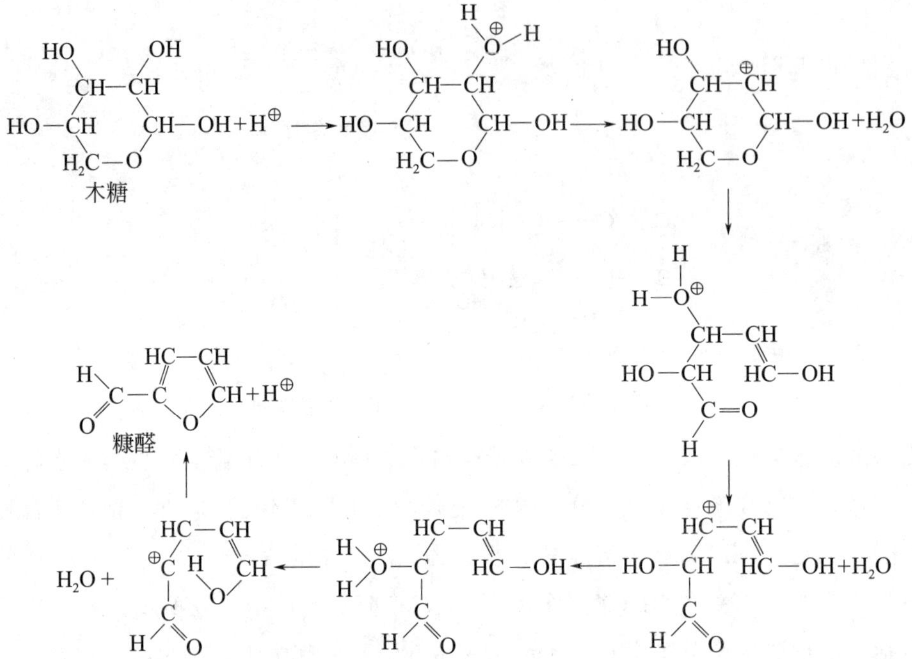

图 4-10　木糖脱水转化成糠醛的反应机理

乙酰丙酸等。在反应进程中，这些副产物容易发生聚合反应，生成可溶的聚合物以及不溶的黑色物质（刘力谦，2010）。

蔗糖等己糖物质在生产加工和储存过程中都不可避免地发生糖的热降解反应和美拉德反应，使得羟甲基糠醛可能在很多生产工序步骤中产生或含量增加，因此可用羟甲基糠醛来指示反应程度的物质。己糖在溶液中先异构化成 1,2-烯二醇，烯醇式结构被认为是生成羟甲基糠醛的决定性步骤，1,2-烯二醇进一步转化为 3-脱氧己糖，然后再水解生成 5-羟甲基糠醛（王军等，2008）。食品在加工过程中会发生美拉德反应，还原性糖与氨基酸反应，Amadori 重排产物在 1,2 位置烯醇化并消去 C3 上的羟基，加 H_2O 生成 3-脱氧己糖酮，然后脱水生成羟甲基糠醛类风味成分。

反应温度和反应压力对 HMF 的生成有着非常重要的影响（Asghari et al, 2007）。较高的温度与压力都可以加快反应速率，因为在较高的反应温度和反应压力下，烯醇缩合反应以及相关的水解和脱水反应均比较容易进行（Aida et al, 2007）。此外，pH 值对 HMF 的产生也有一定影响，有研究称随着面团 pH 值的升高，HMF 会呈现降低的趋势（朱萍等，2009）。微波加热能够增加

HMF 的生成量，Qi 等（2008）认为在微波的电场中，六碳糖以酮糖的结构形式存在，这是对 HMF 的生成有利的分子存在方式。己糖在不同反应条件下，其糠醛产生的路径不同。在溶液中，己糖先异构化成 1,2-烯二醇（1,2-enediol），烯醇式结构被认为是生成羟甲基糠醛的决定性步骤。己糖在酸性催化剂作用下首先脱水形成 HMF，再在水溶液中，HMF 继续与水结合，产生乙酰丙酸和甲酸，反应过程如图 4-11 所示（王军等，2008）。

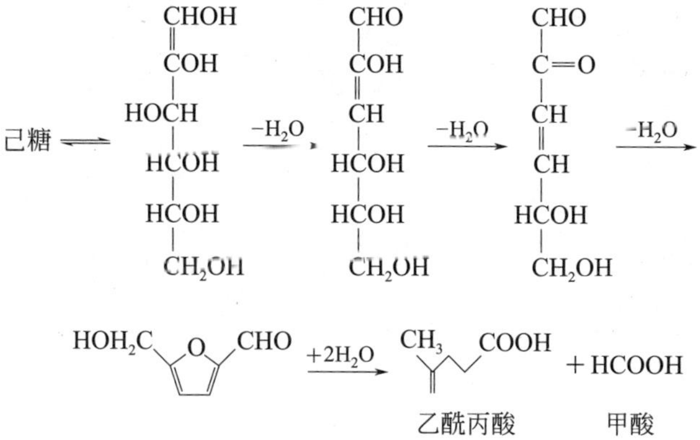

图 4-11　己糖在酸性催化剂作用下的反应过程

葡萄糖的降解过程十分复杂，早期 Tyrlik 等（1999）在研究各种金属硫酸盐催化葡萄糖生成 HMF 时，认为葡萄糖降解主要是因为金属离子与葡萄糖半缩醛上的氧形成配合物，促使 C3 和 C4 位的羟基在质子的作用下脱离生成共轭二烯，然后羟醛缩合生成 HMF（图 4-12）。

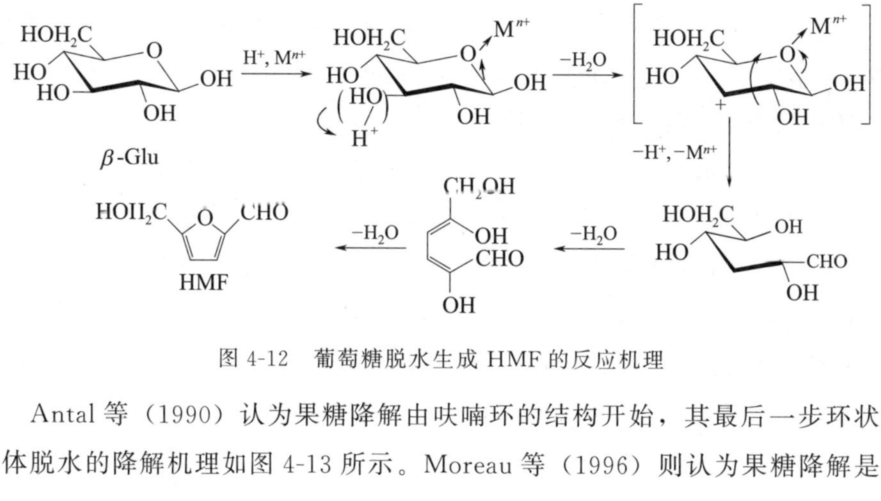

图 4-12　葡萄糖脱水生成 HMF 的反应机理

Antal 等（1990）认为果糖降解由呋喃环的结构开始，其最后一步环状中间体脱水的降解机理如图 4-13 所示。Moreau 等（1996）则认为果糖降解是从

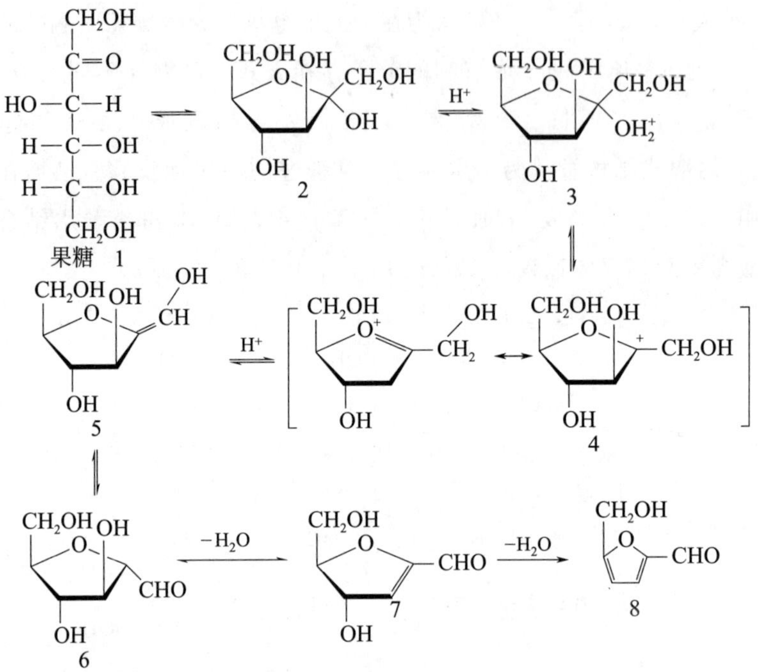

图 4-13 果糖呋喃环脱水生成 HMF 机理

开链结构开始的，在最后一步才完成环化（图 4-14）。3-脱氧邻酮醛糖是 HMF 形成的关键中间体。HMF 的含量随着贮藏或加热处理温度的升高而明显增加，但在酸性条件下，HMF 可在低温时形成（Kmen et al，2008）。在干燥和热解的情况下，果糖和蔗糖均可生成 HMF，并在反应过程中形成高活性的呋喃果糖基阳离子，这种阳离子可以直接并有效地形成 HMF（Locas et al，2008）。除了温度之外，食品中 HMF 的产率与糖的种类、pH 值（朱萍等，2009）、水分活度（Zeitsch et al，2000；Capuano et al，2008）、二价阳离子介质的浓度等均有很密切的联系（Capuano et al，2008）。

影响羟甲基糠醛形成的因素有很多，如加热温度、加热时间、pH、电解质和降温方式等。其中温度和时间是首要因素，在高温条件下电解质的价数越高，羟甲基糠醛的产量越多（Qi et al，2008）；羟甲基糠醛随温度升高逐渐增加，随加热时间延长含量先增加后减少。蔗糖酸水解制取转化糖浆过程中，羟甲基糠醛的产生随着 pH 值的降低会有所减少（Lo et al，2008）；受糖分种类影响较大，受其他成分影响较小。羟甲基糠醛在食品中是一种中间产物，延长加热时会继续分解成其他物质。在酱油酿造中，随着发酵的不断进行，5-羟甲

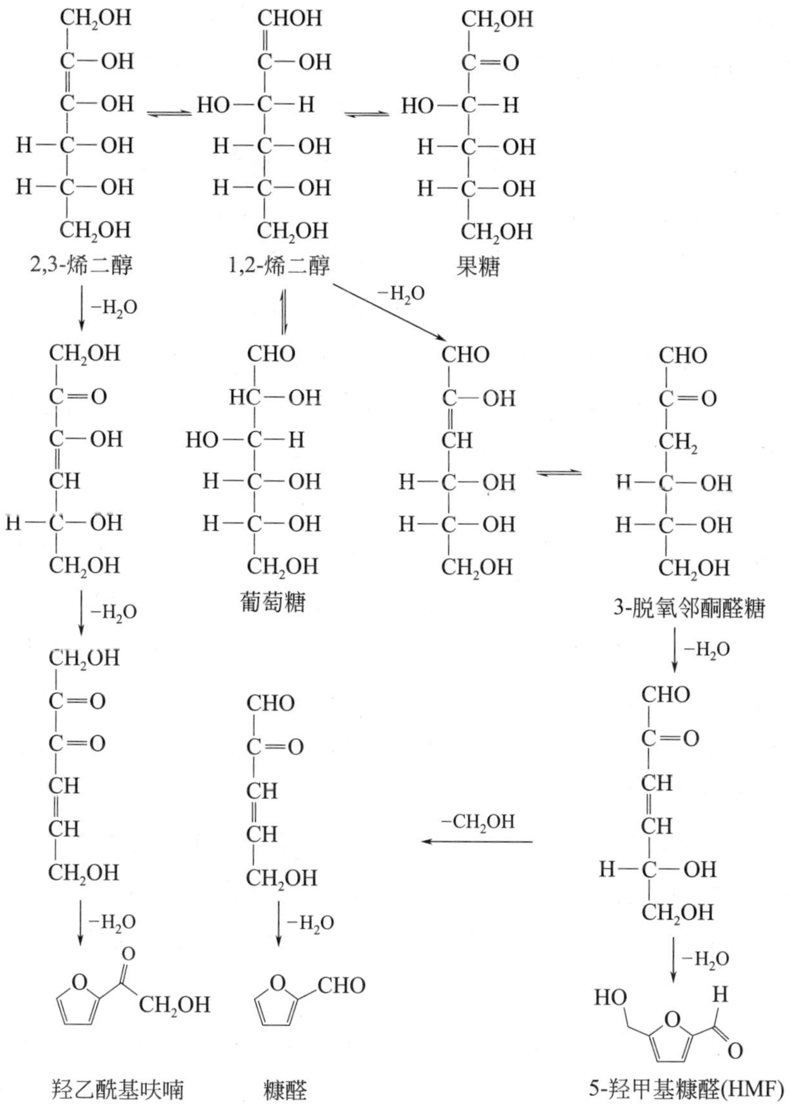

图 4-14 果糖开链脱水制备 HMF 的反应机理

基糠醛含量缓慢增加,高温灭菌处理使其含量明显增加。在红烧肉制作中,糖炒工艺引起 5-羟甲基糠醛的产生。可见 5-羟甲基糠醛是糖类食品受热度的一种指示物质。

4.6.3 食品热加工过程中羟甲基糠醛的安全控制

很多食品在热处理、发酵等加工过程中会产生糠醛和 5-羟甲基糠醛,其主要来源于加工过程中所发生的美拉德反应及焦糖化反应。糠醛和 HMF 具有增香调色功能，因为随着糠醛和 HMF 的产生，糠醛和 HMF 继续反应还会产生很多棕色物质及呈香物质（Capuano et al, 2008; Gentry et al, 2004）。食品加工环境中的诸多因素如 pH 值、压力、温度等和食物组成成分对糠醛和 HMF 生成量的影响比较显著，比如在反应温度、时间、压力、pH 值、氧含量等体系因素改变时，非还原糖转换为还原糖或多酚，这都会影响糠醛反应的进程（Gentry et al, 2004），因此通过控制这些因素可以有效调控糠醛反应进程。工业上生产糠醛和 HMF，主要使用富含糖类的生物质材料或农业废料，即它们在提取、加工和保存过程中降解生成戊糖、己糖等单糖，继而在受热、氧化或酸性环境发生水解、裂解、脱水反应，产生糠醛和 HMF 等化合物（谭俊杰等，2010）。

酱油是用豆、麦、麸皮酿造的液体调味品，是利用曲霉等微生物产生的蛋白酶和淀粉酶等酶系，在长期的发酵过程中将大豆、小麦等蛋白质和淀粉原料水解成多种氨基酸和糖类，并经微生物发酵而成的。原料处理主要是把原料经适当的破碎后加水润胀，再经蒸煮使蛋白质适度变性、淀粉质糊化以便被酶所作用，同时也可杀灭原料中的微生物，给米曲霉正常发育创造有利的条件。种曲就是酱油酿造制曲时所用的种子，是由酱油生产所需的菌种（米曲霉、酱油曲霉、黑曲霉）经纯种培养而得的含有大量孢子的曲种，不能含有黄曲霉毒素，不仅要求孢子数多，发芽快，发芽率高，产酶活力高，而且必须纯度高。随着酱油发酵的进行，5-羟甲基糠醛含量逐渐增加，在制成成品后含量最大。前 30d 之内，酱醪中 5-羟甲基糠醛含量缓慢增加，且生成量较少，第 30 天时，含量变到最大，这是因为酱油酿造到 30d 时，酱醪被高温灭菌。灭菌前后 5-羟甲基糠醛含量变化差异巨大。酱油中 5-羟甲基糠醛含量的影响因素主要是温度和时间，也就是说 5-羟甲基糠醛含量是一种热敏感指标。

各类红烧肉中或多或少存在 5-羟甲基糠醛，就其产生原因进行分析研究。研究证明，当美拉德反应温度提高或加热时间增加时，表现为色度增加，碳氮比、不饱和度、化学芳香性也随之增加。单糖比双糖较容易反应；氨基酸比例增加，可促进美拉德反应；且赖氨酸参与美拉德反应，可获得更深的色泽。糖在红烧肉制作过程中起着相当大的作用：一是当白糖加热至 200℃变成褐黑色焦糖时可用来增加肉的色泽，即可以将肉着色成枣红色、酱红色、橘黄色等；

二是糖能促进美拉德反应，产生诱人食欲的色泽和香气；三是糖还有提鲜、消腻、去腥、解膻的功效，能调和滋味、增加鲜美度，使菜肴显得柔和醇厚，味汁稠浓，成菜油润明亮。添加白砂糖炒制后，肉中 5-羟甲基糠醛明显增加，炒制时间越长含量越多，随着时间的延长，5-羟甲基糠醛含量有所降低，在 20~25min 之间，5-羟甲基糠醛含量平稳。由此可知，红烧肉里的 5-羟甲基糠醛主要是在糖炒上色加工时糖类物质高温条件下产生的，也就是美拉德反应和糖类物质分解反应产生的。

生面团和醒发面团中都不含有 5-羟甲基糠醛，可见面包的起始原材料中并没有 5-HMF 的存在，其形成主要是在烘烤过程中产生的。在不改变温度和时间的前提下，更换面包配料中糖分种类，在添加量相同的情况下，结果显示添加蔗糖组产生的 5-羟甲基糠醛量最多，其次是葡萄糖和果糖，无糖组中也检出了少量 5-羟甲基糠醛。无糖组中 5-羟甲基糠醛的来源可能为面团在醒发等过程中淀粉等一些碳水化合物被淀粉酶水解成蔗糖或单糖，在烘烤过程中进而产生 5-羟甲基糠醛。蔗糖组产生的 5-羟甲基糠醛最多，可能是蔗糖进一步水解成果糖和葡萄糖，使蔗糖能更多地生成 5-羟甲基糠醛。添加鸡蛋的面包中 5-羟甲基糠醛含量增加，这可能由于鸡蛋的添加促进了面包焙烤过程中美拉德反应的进行，因为鸡蛋为面包焙烤时的美拉德反应提供了丰富的蛋白质和氨基酸类物质。根据面包焙烤工艺，考察了焙烤温度和时间以及糖分种类和面包中其他成分对 5-羟甲基糠醛含量的影响情况。结果表明 5-羟甲基糠醛随温度升高逐渐增加，随加热时间延续先增后减，受糖分种类影响较大，受其他成分影响较小，同时验证了 5-羟甲基糠醛在食品中是一种中间产物，延长加热时间会继续分解成其他物质。在酱油酿造中，随着发酵的不断进行，5-羟甲基糠醛缓慢增加，高温灭菌处理使其含量明显增加。

目前糠醛和 HMF 含量的检测方法仅限于紫外分光光度法和高效液相色谱法，食品中可检测到的糠醛的含量可以达到几百毫克每千克，而 HMF 的含量则相对较低，一般不超过几十毫克每千克。糠醛在我国是作为一种食品添加剂使用的，大鼠经口的半数致死量为 65mg/kg。而 HMF 则被看作是一种潜在的影响健康的化合物，对眼睛、上呼吸道、皮肤和黏膜等有刺激性，对肿瘤的恶化也有一定的诱导作用，但是目前对 HMF 的致病机制仅限于动物实验，并没有成熟的理论解释。

关于 5-羟甲基糠醛的毒副作用还存在一定争议，有研究表明 5-HMF 可能会引发并促进结肠小囊异常生长，具有一定程度的基因毒性，对眼、黏膜或皮肤有刺激性，食之过多会引起中毒，造成动物横纹肌麻痹和内脏损害，能与人体蛋白质结合产生积蓄中毒，食用含过多 5-HMF 的食品可能会导致基因突变和 DNA 链断裂。

4.7 油脂氧化过程中的危害物以及其他危害物

4.7.1 反式脂肪酸

4.7.1.1 反式脂肪酸概述

反式脂肪酸（trans fatty acid，TFA）又称反式脂肪或逆态脂肪酸，是一种不饱和人造植物油脂。自 1902 年植物油脂的"氢化处理"方法问世以来，TFA 就成为拉动全球食品生产的一大动力。它的存在改善了食物的口感，延长了食品的保质期。因此，人造植物油成了食品加工不可或缺的原料。直到 1990 年，科学家们称 TFA 为"又一个 DDT"，其对人体健康具有的潜在危害性不容忽视。从此，TFA 对人类食品的安全性逐渐引起了世界各国的普遍关注。

油脂（脂肪）可分为游离脂肪酸和三酰甘油酯（甘油三酯），在生物体和食物中主要以三酰甘油酯的形成存在。三酰甘油酯是由 3 分子脂肪酸和 1 分子甘油组成的酯类化合物，约占植物油脂总量的 98%（曾昭琼等，2004）。脂肪酸是一条长的烃链和一个末端羧基组成的一元羧酸，是构成三酰甘油酯的基本单元。根据烃链的饱和程度不同，可分为饱和脂肪酸（SFA）、单不饱和脂肪酸（MUFA）和多不饱和脂肪酸（PUFA）。不饱和脂肪酸分子中的碳碳双键存在两种空间异构体，碳碳双键的两个氢原子若位于同侧则为顺式结构，碳碳双键的两个氢原子若位于异侧则为反式结构。顺式脂肪酸的分子结构成 U 形，而 TFA 的分子结构呈线性，分子中至少含有一个非共轭的反式构型双键。天然油脂中的不饱和脂肪酸几乎都以顺式构型存在，但在经过一定的加工处理后会形成结构更为稳定的 TFA（Ferreri C，2005）。由于 TFA 分子中的 C—H 基团空间位阻较小，反式双键的键角也要小于顺式双键，且 TFA 的直线形刚性结构，使其分子结构更为稳定，理化性质接近于饱和脂肪酸。最明显的特征就是反式脂肪酸的熔点一般要高于顺式脂肪酸。如顺式油酸 $C_{18:1-9c}$ 的熔点为 13.5℃，而反式油酸 $C_{18:1-9t}$ 的熔点则为 46.5℃，在室温下呈现半固态或固态。反式双键还具有增加酯酰链的旋转灵活度及降低双键发生水化、氢化和卤化等亲电反应的能力，并能提高抗氧化能力。由于机体组织内的酶具有空间特异性，顺式脂肪酸与反式脂肪酸在体内的代谢及生理功能也有较大的不同。食物中99%的脂类为脂肪酸甘油酯，此外，还含有少量磷脂和固醇类物质。

油脂普遍存在于动物脂肪组织和植物的种子中，习惯上，把室温下呈固态的叫做脂，呈液态的叫做油，它是高级脂肪酸甘油酯的通称，其中R、R′和R″的不同决定了油脂的种类不同（曾昭琼等，2004）。脂肪的饱和与否，对其所组成的油脂的熔点有一定的影响，液态油比固态脂肪含有较多的不饱和脂肪酸。而含双键的不饱和脂肪酸又分为顺式脂肪酸（cis-fatty acid）和TFA。顺式脂肪酸如油酸、亚油酸、蓖麻酸，呈"U"形，天然植物油脂通常是顺式脂肪酸；TFA呈线形。由于两者在结构上的细微差别，其物理特性和化学特性在具有共通性的同时也具有显著的特殊性（Feldmaneb et al，1996）。

TFA表现出的一些特性是介于饱和脂肪酸和顺式脂肪酸之间的（张恒涛 2006）。

（1）TFA的物理特性　TFA与顺式脂肪酸比水轻，常温时的相对密度在0.90～0.98；不易溶于水，易溶于乙醇、汽油、石油醚等有机溶剂；由于它们一般都是混合物，没有明显的熔点和沸点；具有较好的光滑性和润滑性。

（2）TFA的化学特性　TFA与顺式脂肪酸一样都有双键，具有双键共同的特征：一是能在一定条件下水解生成甘油和高级脂肪酸；二是具有干性；三是能发生氢化、碘化等加成反应；四是长期储存，易被空气中的氧及细菌氧化而发生酸败。但是，它们除具有共通的性质以外，TFA有其显著的特殊性：常温呈固态，口感较好；稳定性较强，与顺式脂肪酸相比不易酸败。

（3）TFA的安全性　由于过量食用高热量油脂而极易引发肥胖症、心血管病等疾患，人们用各种不同规格人造奶油、起酥油替代传统油脂，其独特的美味深受人们喜爱。但氢化加工过程中产生的TFA对人体产生越来越多的负面效应。营养专家认为，食品中的TFA对人体的危害甚至大于饱和脂肪酸，摄入TFA食品对人类健康造成极大危害。

① TFA 能促进动脉硬化和血栓形成　TFA 通过肝脏代谢而导致血浆中总胆固醇、甘油三酯和血浆脂蛋白升高。它们含量的升高是动脉硬化、冠心病和血栓形成的重要危险因素。同时，TFA 的大量存在，可能在一定程度上降低了细胞膜的组织通透性，使得一些营养组分以及信号分子难以通过细胞膜，从而降低细胞膜对胆固醇的利用（陈银基，2006；张英峰，2007）。由于 TFA 导致了血液中胆固醇的增加，这不仅加速了心脏动脉和大脑动脉的硬化，还会造成大脑功能的衰退。

② TFA 增加了患心脏病的危险性　荷兰研究人员对 700 位 64～84 岁的男性自愿者的膳食习惯和健康状况进行了跟踪调查。结果发现，随着对 TFA 摄入的减少，这些自愿者患心脏疾病的危险性也相应下降。更重要的是，摄食 TFA 仅仅增加 2%，就会导致患心脏疾病的危险急剧增加 25%（吴红梅，1999）。

③ TFA 易导致妇女患 Ⅱ 型糖尿病　Salmeron 等在为期 14 年的研究中分析了 84000 多例妇女的资料，在此期间共有 2507 例被诊断为 Ⅱ 型糖尿病（Manson J E, et al, 2001）。分析结果表明，TFA 导致血清脂蛋白浓度增加，摄入量多可引起心血管疾病；TFA 会导致血糖不平衡，减少红细胞对胰岛素的灵敏性，对糖尿病有潜在的副作用。但是，并不是所有的 TFA 都是有害的。研究表明，具有反式结构的共轭亚油酸对人体就有潜在的益处（Belury M, 2002）。

④ TFA 可能导致乳腺癌　妇女在绝经后患乳腺癌的概率和 TFA 摄入量存在正比关系。Enig 等在 1978 年研究 TFA 对营养的作用，发现饮食摄入总油脂量与植物油量和总癌症死亡率存在一个正相关关系，与动物油摄入量为负相关（Keeney M, et al, 1978）。

⑤ TFA 可抑制人体的正常生长发育　TFA 能经胎盘转运给胎儿，如果母亲大量摄入氢化植物油，TFA 还可以通过乳汁进入婴幼儿体内，使他们被动摄入 TFA，对其生长发育产生不可低估的影响。TFA 对生长发育的抑制作用可能通过以下几个途径实现（李华，2003；赵国志，2003）：

a. TFA 能干扰必需脂肪酸的代谢，抑制必需脂肪酸的功能，从而使机体对必需脂肪酸的需要量增加。胎儿和新生儿由于生长发育迅速，体内多不饱和脂肪酸储备有限，与成年人相比更容易患必需脂肪酸缺乏症，更易受干扰必需脂肪酸代谢因素的影响，从而影响生长发育。

b. TFA 能结合于机体组织脂质中，特别是结合于脑中脂质，抑制长链多不饱和脂肪酸合成，从而对中枢神经系统的发育产生不利影响。

c. TFA 抑制前列腺素的合成，母体中的前列腺素可通过母乳作用于婴儿，通过调节婴儿胃酸分泌、平滑肌收缩和血液循环等功能而发挥作用，因此 TFA 可通过对母乳中前列腺素含量的影响而干扰婴儿的生长发育。

d. 有研究指出，TFA 还会减少男性激素分泌，对精子产生负面影响，中断精子在身体内的反应。

4.7.1.2 食品热加工过程中反式脂肪酸的形成途径

一般认为，TFA 中的单不饱和脂肪酸是自由基链式反应，而多数不饱和脂肪酸则包括自由基和分子内重排两种途径（Ferreri C et al，2005）。TFA 进入食品主要有 3 种不同的渠道：一是一些动物脂肪中自然存在；二是植物油脂经氢化加工；三是植物油脂经高温处理。但不管哪种渠道，TFA 都是由不饱和脂肪酸异构化反应而来。

（1）植物油脂在高温加热脱臭处理过程中部分异构化　植物油脂由于含有色素和具有臭味的游离脂肪酸、醛、酮类等物质，需经过进一步精炼。在油脂精炼工艺脱臭操作中，需添加过量酸、碱、白土等化学品，从而产生肥皂味及白土等异味。要全部去除这些异味，通常需要加热到 250℃ 以上并持续 2h 左右的时间，在此过程中会产生一定数量的 TFA。

（2）植物油脂氢化加工过程中部分异构化　食品中 TFA 的人工形成与人造奶油、黄油和起酥油等的发明有关。法国 Sobatier（1579）采用镍（Ni）为催化剂，将不饱和化合物在气相条件下还原为饱和化合物。法国 Mege Ourier（1869）发明人造奶油。美国 David Wesson（1900）发明在减压条件下水蒸气蒸馏的油脂脱臭技术，不仅提高了油脂精制技术，同时与氢化技术相结合，使鱼油、棉籽油、猪油等其他油脂得到新的有效应用，并从此拓宽人造奶油更广泛的油脂原料的来源。德国 Norrnan（1902）率先将这一研究成果应用到油脂加工上，制出氢化油（又称硬化油），并因此被誉为"氢化之父"。美国宝洁公司（P&G）当时独占其专利，并首先采用，将脱臭棉籽油、鱼油等氢化后，又进而发明起酥油。这样在人造奶油、黄油和起酥油制作过程中不仅双键被氢所还原,大量变成了饱和脂肪酸的同时也部分异构化成了 TFA。其中,人造奶油中 TFA 为 7.1%~7.7%（最高为 31.9%）,起酥油中 TFA 为 10.3%（最高为 35.4%）（张恒涛,2006）。

目前,氢化加工是在镍（Ni）等催化剂作用下,直接将氢气加成到脂肪酸的不饱和双键上的一种化学反应。其可将不饱和液体油转化为半固态油脂,从而改善油脂特性,例如提高熔点等性质,使之更适合食用口感,同时也增加油脂稳定性。因液态植物油的脂肪酸组分通常有 2 个或 2 个以上不饱和酸,也就是说,它含有 2 个或 2 个以上双键,这就意味着在其氢化过程中,氢气要被加成到几个不同脂肪酸双键的端点上,因而氢化工艺过程也就变得较为复杂,容易由顺式变成反式而发生异构化。

氢化油中 TFA 是金属催化剂作用下油脂发生化学氢化而产生的。参与油脂化学氢化反应的反应物包括油脂、氢气和金属催化剂,在气、液、固三相界面均有反应发生,氢化途径和机理十分复杂。油脂在化学催化氢化过程中 TFA 的形成机理研究已有报道,目前比较认可的是 Horitiuti-Polanyi 的半氢化中间体理论。当不饱和脂肪酸的双键与催化剂的表面形成络合物时,会首先与一个氢原子发生反应,产生一个活泼的中间体,此中间体的碳碳单键可发生自由旋转而改变原来的构型。若此时没有氢原子及时与之反应,则可能会从碳链上脱去一个氢原子。由于分布在"活性中心"两侧的氢均具有非常高的反应活性,因此两侧的氢均有可能被脱出。若脱除的是原来加入的氢原子,则重新生成原来位置的双键的反式异构体；若脱除的是邻位碳的氢原子,则发生双键位置的转移,形成新位置双键的反式异构体（李江涛,2008）。随着氢化过程的进行,发生异构化的双键倾向于沿着脂肪酸碳链转移到更远的链端。Streitwiser 等（1972）在这个理论基础上,进一步提出了氢化模型,包含四个阶段。

① 扩散阶段：氢气向油脂中扩散并逐渐溶解。

② 吸附阶段：催化剂吸附溶解在油脂中的氢气并活化成金属-氢活泼中间体,即 $2M+H_2 \Longrightarrow 2M\text{-}H$。

③ 反应阶段：不饱和脂肪酸的双键与金属-氢活泼中间体发生配位反应,生成活化了的金属-π 络合物。

④ 解吸阶段：金属-碳 σ 键中间体吸附氢,同时解吸出饱和烷烃。由于金

属-碳 σ 键中间体上碳碳之间的 σ 键可以旋转，因此其逆反应可以形成反式的异构体。

（3）热致异构化　热致异构化是指在加热条件下化合物由热不稳定态异构化成热稳定态的过程。通常情况下，顺式异构体的分子内能较高，即热稳定性较低，因此顺式异构体往往能通过加热而转变成反式异构体。要明确油脂中不饱和脂肪酸热致异构化的反应机理，首先应明确该反应途径中反应物、过渡态、中间体和产物的结构及其热稳定性。化学反应过渡态理论认为，任何与热有关的化学反应，均要经过一个能量高于反应物和产物的过渡态，且这一过渡态中活跃化学键处于生成和断裂的中间状态，因此结构很不稳定，可转化成产物，也可能回到反应物。因此了解反应过渡态的分子和电子结构及性质，非常有助于了解反应的机理及影响反应速率的因素。然而由于过渡态性质非常活泼，存在时间极短，难以实现从实验获得过渡态的结构及其理化性质等数据（Tsuzuki W et al, 2008）。

20 世纪发展起来的量子化学技术，开辟了微观化学反应的途径。基于"密度泛函理论"的算法和基于"第一原理"的"从头算法"都是极其有力的理论计算工具，通过解算分子的波动方程可以很快速获得化合物的分子结构、电子性质、振动频和强度等，从而确定该分子最为稳定的结构、生成焓和反应热等，这些信息可以从本质上阐述反应发生的可能性。利用量子化学计算还可预测某些过渡态和中间体的几何构型，从而揭示反应发生的途径。分子体系的势能面是量化分析的基础，势能面的特征反映出整个化学反应过程的全貌和反应的始终态、过渡态的基本特征。在势能面上反应所经历的区域就是利用内禀反应坐标理论（IRC）得到的最小能量路径，这条路径通过反应体系的过渡态，并连接体系的另外两个稳定点，即反应物和产物。在势能面上，过渡态所处的位置称为鞍点，该点的势能与反应物和生成物所处的稳定态能量 R 点和 P 点相比是最高点。

量子化学的核心问题是利用量子力学的方法研究分子和原子的电子结构，以进一步探究分子和原子的性质。分子结构与分子中原子的构成、空间排布、电子排布及其运动状态有关。量子化学是从电子运动的基本规律出发，通过积分求解电子-原子核体系的薛定谔方程，对多电子体系的电子结构及其性质进行全面的描述。对于复杂的分子体系，由于数学上求解的困难，通常引入近似方法简化数学运算，常用的计算方法包括：从头算法、半经验方法、密度泛函方法等。密度泛函理论（density functional theory，DFT）是近年来应用最广泛的量子化学计算方法。与从头算法类似，DFT方法也需要按Hartree-Fock原理进行计算。与通过多电子波函数讨论电子相关性不同的是，DFT方法充分考虑了体系中电子的相关效应能够直接确定精确的基态能量和电子密度。DFT方法包含两个基本定理：一是分子体系的基态能量仅是电子密度以及一定原子核位置的泛函，对于给定的原子核坐标，基态的能量和性质由电子密度唯一确定；二是分子基态确切的电子密度函数使得分子体系能量处在最低状态，这就为密度函数的寻找提供了可变分原理。DFT计算量小，尤其适用于大分子结构，且由于DFT考虑了电子相关效应，因此在预测分子结构特别是过渡态结构得到成功应用（丁迅雷，2004）。

国内外还未见报道利用量子化学手段研究不饱和脂肪酸的顺反异构化过程，但对其他化合物的异构化反应进行过量子化学的计算研究。蒲敏等采用量子化学中的密度泛函理论计算方法，在B3LYP/6-311++G基组水平上研究3-羟基丙烯醛的双键旋转异构反应机理，该异构化反应存在两个过渡态和一个重排四元环骨架的中间体。张明等采用DFT方法在B3LYP/6-311++G**水平上计算了氰酸和异氰酸的异构化反应，并对过渡态进行了内禀反应曲线IRC计算，从分子结构的几何构型参数和能量对反应途径进行了描述，结果表明，异氰酸的能量为－168.73227a.u.，要低于氰酸的能量（－168.69356a.u.），氰酸异构化成异氰酸易于进行，该反应是典型的质子迁移反应。这些研究为研究者寻找不饱和脂肪酸异构化过渡态方面提供了思路。

反应动力学是从反应速率和反应活化能角度揭示化学反应机理的常用方法。不饱和脂肪酸热致异构化是由温度主导的反应。常温下顺式双键比较稳定，异构化反应很难进行，但在足够高的温度下可实现由顺式构型向反式构型的转化。根据反应速率常数 k 和异构化反应所需的活化能 E，可观察反应过程中的能量变化途径。不饱和脂肪酸顺反异构化需要跨越一个能垒，反应物必须获得活化能大小的能量，才能使异构化反应能够进行。Tsuzuki（2010）在研究油酸甘油三酯的热致异构化时，根据Arrhenius经验公式计算了异构化反应所需的活化能约为106kJ/mol（Tsuzuki W，2010）。将油酸甘油三酯的异构化反应活化能与顺式2-丁烯异构化反应活化能（115kJ/mol）比较发现，油酸甘油三酯的异构化过程与顺式 2-丁烯异构化过程相类似,都属于自由基反应。

4.7.1.3 食品热加工过程中反式脂肪酸的安全控制

国内新技术:以牛羊油或固体棕榈油与豆油、棉籽油等植物油为主要原料,经过分子重排等新技术生产出的第三代人造健康奶油,既无第一代奶油(即天然奶油)的高饱和脂肪酸、高胆固醇对人体带来的危害,又无第二代奶油(即氢化人造奶油)所产生的对人体不利的反式脂肪酸,同时又富含亚油酸。利用中国科技大学专利技术在安徽省华裕油脂有限公司生产出不含反式脂肪酸、亚油酸丰富的第三代人造健康奶油及系列产品(丘彦明,2002)。

生物技术利用:目前,人们很难采用常规育种手段控制油脂的组成,但是可以利用基因工程技术改造脂质,可行的办法是采用基因工程技术生产富含硬脂酸或油酸的油脂。Liutal (2002) 报道采用基因改进的植物油料种子(大豆、葵花籽、玉米和芥花菜)取代氢化油,最理想的是基因工程改造的葵花籽油,油酸含量达 87%~90%,而饱和脂肪酸仅为 6.5% (Munn R J, 2002)。

改进加工工艺:利用超临界 CO_2 氢化技术,产品既有足够硬度,又减少反式脂肪酸含量,可应用于人造奶油等食品的制作。从分子水平上改性油脂以生产低反式脂肪酸的技术,流程简单、有效,不存在废水问题,不影响成品油脂的风味和功效,资金投入较少。诺维信公司(Novozymes)成功开发了用于酶法酯交换的新型固定化脂肪酶 Lipozyme,该技术被世界一流的专用植物油脂生产商 Karlshamns 公司率先采用 (Annemarie, 2005)。

开发油脂替代品:Weste (1996) 将植物甾醇与植物油通过酯化作用制得植物甾醇酯,利用其与硬脂相似的物理特性和结晶特性作为氢化油的健康替代品,应用于蛋黄酱、人造奶油、奶酪、奶油、烹饪油和起酥油等工艺 (Annemarie, 2005)。

4.7.2 丙烯醛

4.7.2.1 丙烯醛概述

丙烯醛是一种亲电性的不饱和醛,结构式为 $CH_2=CHCHO$,相对分子质量为 56.06。可溶于水,易溶于乙醇、丙酮等多数有机溶剂。外观呈无色或淡黄色液体,有类似油脂烧焦的辛辣臭气,是一种重要的工业原料,常用于生产树脂、药物和有机合成等方面。丙烯醛是一种强刺激性挥发气体，人体可通过消化道、呼吸道、皮肤黏膜等多种方式接触。吸入丙烯醛容易引起流泪、眼痛、头痛、头晕、咳嗽及呼吸困难等症状，特别是对肺部产生损伤（Moretto N et al，2012）。早在1988年，美国环保署（Environmental Protection Agency）（Gao Y T et al，1987）就将其列为有害空气污染物并着力研究其致癌性。1998年，丙烯醛被加拿大政府列入卷烟有害成分名单（Rodgman A，2003）。然而直至目前，还没有足够的证据表明丙烯醛对人和动物有致癌性。IARC将丙烯醛评定为Group3（证据缺乏或不足证明其致癌性）（Shields P G，1995）。由于丙烯醛具有神经毒性、遗传毒性和潜在的致癌性，因此食品中的丙烯醛引起国内外科学家的高度关注。

食品中的丙烯醛是食品在高温加工过程中产生的内源污染物，碳水化合物、植物油、动物脂肪和氨基酸是其形成前体。碳水化合物的高温裂解、甘油脱水、多不饱和脂肪酸的脂质氧化等过程都可以产生丙烯醛。丙烯醛可以与谷胱甘肽、DNA、蛋白质等形成加合物，积累氧自由基，对呼吸系统、心血管系统、生殖系统、神经系统等造成不同程度的危害。在煎炸过程中，由于高温催化作用，煎炸油中的甘油三酯发生水解反应，产生脂肪酸和甘油，甘油在高温下进一步脱水以及脂肪酸的氧化都可以产生丙烯醛。丙烯醛具有强烈的辛辣气味，对鼻、眼、黏膜有强烈的刺激性，使操作人员干呛难忍，长时间地吸入会损害人体的呼吸系统，引起呼吸道疾病，有碍操作人员的健康。

4.7.2.2 食品热加工过程中丙烯醛的形成途径

丙烯醛是最简单的不饱和醛，可来源于食物、环境和人体本身。碳水化合物、植物油、动物脂肪以及氨基酸等都可以通过相关的化学反应生成。主要有以下途径：加热导致的甘油脱水（Berzelius J J，2010）、脱水糖类的反醛醇裂解（Yaylayan V A，2000）、多不饱和脂肪酸的脂质氧化、蛋氨酸和苏氨酸等氨基酸的Strecker降解（Anderson M M et al，1997）等。在日常生活中，卷烟烟气、汽车尾气、烹调油烟、炙烤食品等均含有大量的丙烯醛（Feron V J et al，1991）。

油炸和炙烤食品是丙烯醛的主要来源，主要通过两种途径。一是美拉德反应，富含碳水化合物的食品经过高温处理后会引起碳碳双键断裂或糖类与蛋白质中的氨基酸结合。据研究，葡萄糖经过脱水和醇醛裂解生成丙烯醛的前体物质羟基丙酮，羟基丙酮再脱水形成丙烯醛（Yaylayan V A，2000）。二是脂质氧化产生丙烯醛。其中甘油脱水形成丙烯醛已经得到广泛的证明。Alhanash 等（2010）提出了全新 Lewis 酸和 Brosnted 酸催化机制，提出甘油分子在 Lewis 酸和 Brosnted 酸的催化下会分别形成一个环状过渡态和质子化过程，前者产生羟基丙酮，最终均脱水形成丙烯醛。另一方面，多元不饱和脂肪酸和饱和脂肪酸是否氧化产生丙烯醛目前科学家还没有定论。Esterbauer 等（2002）曾推测脂肪酸氧化降解生成丙烯醛的机制，该机制认为丙烯醛并不是从通过脂肪酸的烷基端和羧基端产生，而是从脂肪链的中间断裂而生成。脂肪酸在过氧化后发生两次 β-断裂最终形成丙烯醛。Fullana 还发现脂质的热处理温度对丙烯醛的含量有显著影响，当温度从 180℃ 加热到 240℃ 时，丙烯醛的产生量从 53mg/L 升至 240mg/L。Mottram 等（2002）在研究丙烯酰胺的过程中发现蛋氨酸和苏氨酸也可以产生丙烯醛。蛋氨酸和丁二酮结合生成席夫碱，然后席夫碱通过 Strecker 降解生成甲硫基丙醛，最后通过 Michael 加成形成丙烯醛。20 世纪 70 年代，科学家陆续在甘蔗糖浆、腌猪肉、鲣鱼和面包中检测到丙烯醛，引起广泛关注。数据表明丙烯醛在食物中的浓度范围 10~600ng/kg，其中烤肉、烤鱼中的丙烯醛含量范围 0.01~0.59mg/m^3（Vaimotalo S，1993）。而有些食品如面包、奶酪、土豆以及酒精饮料等丙烯醛的含量更远高于标准（Ghilarducci D P，1995）。

4.7.2.3　食品热加工过程中丙烯醛的安全控制

（1）减少或消除丙烯醛的前体物质　在食品加工过程中，产生丙烯醛主要有美拉德反应、脂质的氧化以及通过氨基酸直接生成，而富含脂肪、蛋白质、碳水化合物的食品原料，经过高温裂解反应后会产生大量的丙烯醛。因此控制原料中糖、脂肪、蛋白质、氨基酸（特别是蛋氨酸和苏氨酸）的含量对减少丙烯醛有重要意义。

（2）改变加工条件和加工方式　加热温度是控制丙烯醛生成量的最重要因素，油在 180℃ 热处理一般会产生 5~250mg/kg 的丙烯醛。Umano 和 Shibamoto 测定了牛肉在食用油中从 180℃ 到 320℃ 的丙烯醛的生成量，发现丙烯醛的生成量与处理温度和时间存在明显正相关，而食用油碘价的升高却会抑制丙烯醛的生成。因此在食品生产和加工过程中，适当降低油炸温度和时间就可以减少丙烯醛的生成量。日常烹饪在保证食品做熟的基础上，不要超过200℃，适当减少加热时间，多利用煮、焖等烹调方式，可减少丙烯醛的生成量。

（3）油的种类也直接影响到油烟和食品中的丙烯醛含量　在大豆油、玉米油、猪油、橄榄油、菜籽油、葵花籽油、芝麻油等食用油中，检测发现，未经精制的中国菜籽油丙烯醛生成量最高，豆油最低。Umano（1998）认为橄榄油是产生丙烯醛最多的食用油，这与Fullan（2004）的结果有所相悖，他的结果是在180℃下，每升特级精炼橄榄油中只测得9mg丙烯醛。

（4）减少或消除已产生的丙烯醛　油烟是除吸烟外人类接触丙烯醛最多的途径，因此在厨房配备良好的通风和除油烟系统是控制丙烯醛吸入的有效手段。除此以外，还有以下物质能够作为丙烯醛清除剂。

① 含硫化合物。硫醇易与不饱和醛反应，使含硫化合物成为消减丙烯醛的有效物质。据报道（Esterbauer H et al，2008），在20℃用磷酸缓冲溶液调节pH至7.4时，半胱氨酸和谷胱甘肽与丙烯醛能够生成稳定的加成物。

② 抗氧化剂。抗氧化剂如BHA和抗坏血酸等加入到食用油中也能够减少丙烯醛的生成。Stevens等（2008）证明了抗坏血酸能够与丙烯醛发生Michael加成形成环状加合物，是有效的丙烯醛清除剂。

③ 含氮化合物。研究（Kaminskas L M et al，2004）发现在无细胞系统中，加入0.05mmol/L肼苯哒嗪处理30min能够消减92%的丙烯醛。相同条件下，双肼酞嗪更是将丙烯醛的含量减少至1%。

近年来关于丙烯醛消除剂的研究尚未成熟，但研究如何拮抗丙烯醛引起的相关疾病报道较多。根据丙烯醛易与谷胱甘肽结合的特点，刘雪莉等（1999）发现谷胱甘肽能够拮抗丙烯醛引起的小鼠脾细胞以及PC3的细胞毒性，修复免疫功能。王观峰则发现硫辛酸烟酸二联体对丙烯醛诱导的ARPE-19细胞损伤具有保护作用。

4.7.3　油脂氧化物

4.7.3.1　油脂氧化物概述

在煎炸过程中，油脂高温加热，油脂加速氧化，其中不饱和甘油三酯发生自动氧化反应，产生氢过氧化物。油脂在高温加热过程中，甘油三酯中的不饱和脂肪酸发生分子间聚合反应以及多不饱和脂肪酸的分子内聚合成环等反应，导致分子聚合产生大分子化合物。另外，在油脂的自动氧化过程中产生的游离自由基之间也可以发生聚合，产生氧化聚合产物。氧化产生的聚合物也很难被动物吸收，常积累于体内对动物造成损害，导致肝肿大，出现生育障碍。

4.7.3.2 食品热加工过程中油脂氧化物的形成途径

油脂氧化酸败路径和产物除受油脂自身饱和度影响外，还受温度、光、氧气、金属离子、水活度和抗氧化剂等因素影响。

热将降低氧化所需活化能，温度可改变氢过氧化物分解路径。单分子氢过氧化物裂解受温度影响较大，而双分子氢过氧化物裂解对温度并不敏感。氢过氧化物分解在高于60℃始发生变化。温度还可通过获得氧而影响自由基终止反应，在温和条件下烷氧自由基更重要，150℃时烷自由基更重要（KamalEl-dinA，2003）。氧化时首先破坏由金属、LOX或光敏剂产生的微量ROOH或LOOH中O—O键，生成RO·、LO·和·OH，这些自由基脱除邻近脂质分子上氢，生成L·并诱发氧化链式反应。

光和氧的获得，不仅改变氧化路径，且已证明将提高氧化速率。

过渡金属（铁、铜、钴等）显著缩短氧化诱导期（induction period），在氧化初始诱导期中起着至关重要作用。水活度对氧化速率呈现低抑高促（降低金属催化剂活性、灭活自由基、促进非酶褐变）作用（Min D B，1985）。抗氧剂通过捕获自由基、螯合金属离子、分解或还原过氧化物、紫外线吸收和清除分子氧等机制以抑制氧化酸败进程。

高温氧化和热质变与常规空气氧化相比，其氧化影响因素、酸败路径和反应产物皆具特殊性。

空气氧化：油脂酸败除由水解所致外，而由空气氧化所引起更为广泛。其中，自动氧化、光敏氧化和酶促氧化是空气氧化主要三种方式，三者相互关联，都涉及自由基链式反应。油脂氧化最初氢过氧化物由光敏氧化或酶促氧化所形成，起到诱导自动氧化作用；之后自动加速催化自由基链式氧化占主导地位，形成位置和立体异构体，产生多达数千不同的氧化产物（Erickson M D，2007）。

温度低于60℃，无外加催化剂时，氧化诱导期变化大。Frankel指出，在温和条件下有很多未知变量影响氧化发生，导致重复性差。在更高温度时，氧化诱导期较稳定，并已作为加速稳定实验标准。若高于100℃时，氧化剧烈，对食用油劣败与风味稳定性研究已无相关性，并可能会误导机理研究。100℃以上高温稳定性试验不能预测低温下货架寿命（Frankel E N，1993）。研究非催化氧化适宜温度应为60℃左右，此时氢过氧化物降解和其他副反应最少（Kamal Eldin A，2003）。

在油脂氧化诱导期，主要氧化产物——氢过氧化物形成缓慢，并持续增加直至氧化晚期阶段（advancedstages）。可反映氢过氧化物PV增高达到临界值时，自动氧化主要涉及氢过氧化物而非不饱和脂肪酸。氧化三酰甘油聚合物（TGP）仅在氧化诱导期结束进入氧化加速期（accelerated period）时才会显著增加（Kamal Edin A，2005）。

高温氧化：高温下油脂氧化具特殊性，环境（如180℃左右烘焙或煎炸时）溶氧剧减，所有氧化加速。高温（例如油炸温度）具有足够能量破坏酰基骨架上C—C或C—H共价键，形成各种脂质烃基自由基，然后开始自由基氧化链式反应。随反应温度上升，烷氧自由基形成C_{18}环氧衍生物与经β-裂解形成短碳链产物竞争（Kamal Eldin A，2003）。当反应温度高于150℃时，初级氧化产物ROOH发生分解，且降解多于形成。在贝雷油脂著作中描述煎炸油脂主要化学反应为：100℃前自动氧化；200~300℃热聚合；300℃热氧化（Hui Y H，2001）。脂质同时发生氧化反应和热反应，经自由基氧化链式反应，三酰甘油分子上至少一条脂肪酰基链发生变化。

油脂高温氧化主要是氧化聚合和氧化分解反应，主要形成如下三类产物。

（1）氧化三酰甘油单体（oxidized triacylglycerol, Ox-TG）。由三酰甘油自由基与氢或羟基自由基间相互作用形成，分子量与三酰甘油单体相当。Ox-TG分子有新的氧合功能（oxygenated function）。

（2）氧化三酰甘油聚合物（oxidized triacylglycerol polymer，TGP）。由三酰甘油自由基间相互作用形成，主要由Ox-TG的烷自由基（L·）与烷氧自由基（LO·）聚合。大量生成的是三酰甘油二聚物（oxidized triacylglycerol dimmers，TGD），而三聚体以上低聚物（oxidized triacylglycerol oligomers，TGO）较少。这些二聚物与低聚物分子量和极性都高于三酰甘油单体，可采用体积排阻凝胶渗透色谱（HPSEC）方法分离和检测。

（3）短碳链三酰甘油及挥发性化合物经烷氧自由基裂解形成短链脂肪酸酯；甘油脂肪酸链氧化分解能产生醛、酮、酸、内酯、醇、CO_2 和烃类等小分子化合物。

4.7.3.3 热质变

对于热质变（thermal alteration）尚无准确描述。一般处高温有空气存在状态下，油脂热裂解与氧化是主导反应（Min D B，1985）。高温热质变产物，大多是经热反应生成；多数非氧合（non-oxyenated）化合物是在氧稀缺条件下经自动氧化自由基反应生成（Sahin S，2008）。热质变反应主要产物有三酰甘油热聚合物、异构化脂肪酸、环形脂肪酸等非极性产物。

（1）非极性三酰甘油聚合物　在高温、氧稀缺状态下，烷自由基（L·）远多于烷过氧自由基（LOO·），大量 L·经自由基间热质变作用，主要形成非极性三酰甘油二聚体（L-L），以 C—C 键相连（Dobarganes M C，1987；Martin Polvillo M，2004）。

（2）环化甘油酯单体　环化甘油酯单体一般易在200℃以上高温、缺氧条件下，经非自由基热反应生成。主要来自亚油酸酯和亚麻酸酯单环或双环，已知有五元环和六元环。其中，油脂不饱和脂肪酸在高温下可发生顺、反异构化和位置异构化。经 Diels-Alder 反应形成二聚六元环化物，既可在一个三酰甘油内部，也可在两个三酰甘油分子之间聚合。环化脂肪酸是高温油中一些最毒化合物（Destaillats F，2005；Christie W W，2000；Sebedio J L，1989）。

（3）位置与几何异构化甘油酯单体　异构化甘油酯单体是在高温缺氧条件下，经非自由基热反应生成，含位置和几何（顺反）异构化脂肪酸甘油三酯。异构化三酰甘油具有分子量相同而双键位置与构型不同特点（Kalo P J，2012）。

4.7.3.4 食品热加工过程中油脂氧化物的安全控制

影响油脂氧化速率的因素很多，主要为油脂的脂肪酸组成、温度、氧气、光敏剂、光和射线、水分、金属离子催化剂和抗氧化剂等（汪东风，2007；陈新民，2001；夏延斌，2004）。

（1）脂肪酸组成　一般来说，油脂的氧化变质是从不饱和脂肪酸的氧化开始的。并且油脂分子的不饱和程度越高，氧化作用的发生越明显（张国治，

2005；穆同娜，2004；陈新民 2001；徐芳，2008）。李炎等（1997）对鱼油（碘值 160～195）、花生油（碘值 87～106）和猪油（碘值 46～66）的自动氧化进行了试验研究，测得三者的氧化速率最快的是鱼油，不饱和脂肪酸含量最低的猪油的氧化速率最慢。孙曙庆（2005）通过对加氢和不加氢的菜籽油进行了试验，用 Rancimat 仪器测定了油脂的氧化稳定性，从而验证了油脂中的脂肪酸饱和程度与油脂的氧化稳定性有着非常密切的关系。

（2）氧气　在油炸食品加工过程中，设法阻断油炸用油表面的空气是一种可行的方法，如采用真空油炸装置，使用抽风柜或在油炸器皿上设置过滤装置（张国治，2005）。与此同时，也有人采用氮气/蒸汽层隔绝氧气保护油脂免于氧化（王斌等，2007）。一般油脂的氧化速率随大气氧分压的增加而增加，当氧分压达到一定值之后，其氧化速率会保持基本不变（徐芳，2008）。

（3）水分　对各种含油食品来说，控制适当的水分活度能够有效抑制自动氧化反应的速率。有研究表明，油脂氧化的速率主要取决于水分活度。在水分活度小于 0.1 的干燥食品中，油脂氧化速率很快（Kalo P J，2012），但其影响机理还有待进一步研究；当水分活度增加到 0.3 时，因为水的保护作用，阻止氧气进入食品而使脂类的氧化减慢，并往往会达到一个最低速率；当水分活度在 0.3 的基础上再增高时，可能是因为增加了氧气的溶解度，因此提高了存在于此体系中的脂类分子的溶胀度和催化剂的流动性而暴露出更多反应位点，所以氧化的速率加快，这对于预防含油食品的氧化变质具有十分重要的实践作用。另外，有研究表明（邱伟芬等，2003），油脂类的氧化速率一般随着水分含量呈现出先快速升高后略有下降或基本保持不变。例如有研究表明油炸花生中的平衡含水量在 2.02g/100g 时的氧化酸败速率是最慢的（邱伟芬等，2003）。

（4）金属离子　不同金属离子对油脂的氧化反应的催化作用的强弱是：铜＞铁＞钙＞铝＞不锈钢＞银（Kalo P J，2012）。然而，食品中的金属离子主要来源于加工与贮藏过程中所用到的金属设备，因而在油脂的制取精制与贮藏以及含油食品的加工与贮藏过程中，最好不要接触铜、铁制品，而选用不锈钢材料。随着食品工业的发展，特别是食品安全法的实施都要求食品加工的机械设备在接触食品的表面及相关的零部件时必须使用不锈钢材料。为了改善油炸用油的品质，刘勤生（2003）利用金属膜对炸油进行了不同处理，从而使油脂的酸价过氧化值和色泽均得到了改善。

（5）温度　温度是影响油脂以及含油脂食品氧化的最重要因素。高温能加速碳链的衍生反应，促进自由基的生成，同时也会加快过氧化物的分解（冯有胜，2003）。对不同处理的温度和时间条件下色拉油的理化卫生指标的变化进行了研究。结果表明色拉油的酸价、过氧化值、丙二醛均随着加热温度的升高和时间的延长而显著性增加，尤其是140℃以上的高温和2h以上的长时间加热，色拉油的酸价、丙二醛、羰基值升高得十分明显，得出了控制加热时间尤其是高温处理时间对防止油脂的氧化酸败变质，保证油脂及其制品的质量具有重要意义的结论。因而食品油炸时，应尽量控制好油温，一般不超过200℃为宜。油炸方便面的煎炸温度一般为145～155℃，当温度超过160℃时，水解和氧化等反应随之加快。只要脂肪酸一旦发生氧化，低贮藏温度并不能大幅度地降低油脂食品的氧化，即使在低温，油脂也能发生氧化酸败（陈杭君，2006）。王新芳（2001）等人利用差示扫描量热法（DSC）测定了四种食用花生油的热氧化稳定性，用Ozawa法和Kissinger法计算出了四种食用花生油的热氧化反应的动力学参数，推算出了油脂在不同温度下的氧化寿命。结果表明，使用此法测定油脂的热氧化稳定性准确、快速、方便，对于在不同温度下的油脂和含油食品的质量鉴别具有一定的实用价值。一般来说，化学反应的温度上升10℃反应速率便会增加一倍，油脂也不例外，其自动氧化的速率也随着温度的上升而加快（柳琴等，2006）。高温既能促进自由基的产生，也能促进氢过氧化物的分解与聚合，因此，氧化速率和温度之间的关系将会有一个最高点。

（6）抗氧化剂　抗氧化剂能够减慢和延缓油脂自动氧化的速率。为了避免油脂发生氧化劣变，人们对油脂的抗氧化剂展开了大量的研究，并取得了很大的进展。在棕榈油的煎炸稳定性方面，李荣启等（2009）用新鲜的棕榈油添加了抗氧化剂叔丁基对苯二酚（TBHQ）、不添加叔丁基对苯二酚（TBHQ）的四种油脂做了试验，比较了四种油的煎炸品质，结果表明加入抗氧化剂叔丁基对苯二酚（TBHQ）对油脂中极性物质含量的上升会有明显的抑制作用，再生的棕榈油的煎炸性能低于正常的新鲜棕榈油。另外，陈洁（2008）等对新鲜的棕榈油分别添加0.01%和0.02%两个水平的TBHQ，通过测定酸价和羰基值等指标，分析得出在棕榈油中加入0.02%的TBHQ可以使棕榈油及方便面的稳定性大大提高，可以满足6个月临界值的商业化棕榈油的保质期要求。张敬尧（2009）等人研究了 3 种常见的天然抗氧化剂茶多酚、迷迭香、番茄红素对大豆油的抗氧化效果，并通过复配和添加柠檬酸作为增效剂组合出 5 组复合型抗氧化剂，通过考察过氧化值的变化趋势得出了抗氧化效果最佳的复合天然抗氧化剂为茶多酚＋迷迭香＋柠檬酸。这表明天然抗氧化剂代替人工合成抗氧化剂，其抗氧化的成分对食用油脂有很强的抗氧化作用，不仅可以减缓油脂的氧化变质，提高油脂的营养价值，而且还会使食用油具有保健功能。叶蔚云等（2003）采用国家的卫生标准规定的酸价测定方法，对 5 种天然物质的提取物抑制花生油在高温煎炸过程中的劣变进行了研究，并且应用 SAS6.12 统计软件进行了双因素的方差分析，结果表明花生油煎炸过程中随着煎炸时间的延长，羰基值和酸价均增大。分别加入了不同提取物后，碳基值和酸价依然是随着煎炸时间的延长而增加，但是与对照组相比较，它们增加的量因为加入了不同的提取物而出现不同程度的减缓。

参 考 文 献

白岚，孙国云. 2002. 强致癌物质——N-亚硝基类化合物. 农业与技术，22（4）：98-101.

陈炳卿，张长颢. 2002. 食品污染与健康. 北京：化学工业出版社：218-234.

陈杭君，毛金林等. 2006. 富含油脂食品的抗氧化研究现状. 浙江农业科学，(3)：335-337.

陈洁，何红伟等. 2008. 煎炸时间对棕榈油品质和方便面保质期的影响. 粮油加工，(7)：104-106.

陈新民. 2001. 油脂的氧化作用及天然抗氧化剂. 四川粮油科技，69（1）：8-10.

陈银基，周光宏. 2006. 反式脂肪酸分类、来源与功能研究进展. 中国油脂，31（5）：7.

叶蔚云，罗念慈，黄润根. 2003. 5 种天然物质提取物抑制煎炸油劣变的研究. 中国公共卫生，19（4）：391.

丁迅雷. 2004. 金团簇上小分子吸附的第一性原理研究. 合肥：中国科学技术大学.

冯建勋，李红艳，田建伟. 2006. 饮食中晚期糖基化终产物对健康 SD 大鼠肾脏的影响. 中国临床康复，10（36）：116-119.

冯有胜. 2003. 加热温度和时间对色拉油质量的影响. 食品工业科技，24（4）：37-39.

顾春梅，王红月，赵颖等. 2010. 晚期糖基化终末产物与老年慢性肾衰竭患者颈动脉粥样硬化的关系. 中国老年学杂志，(30)：2441-2442.

李贵宝，周怀东，郭翔云，陈海英. 2005. 我国水环境监测存在的问题及对策. 水利技术监督，(3)：57-60.

李华. 2003. 脂肪中的新杀手——反式脂肪酸. 饮食科学，(7)：26.

李江涛，王明霞，邓乾春. 2008. 反式脂肪酸的控制与检测技术. 中国粮油学报，23（5）：204-208.

李荣启,于学军,李国柱等. 2000. 棕榈油煎炸稳定性实验报告. 中国油脂, 25 (3): 50~51.

李炎,包惠燕,赖旭新等. 1997. 油脂氧化与抗氧化研究. 中国食品添加剂, (4): 5-9.

刘雪莉,陈凯. 1999. 谷胱甘肽拮抗环磷酰胺和丙烯醛所致 PC3 细胞毒性及小鼠免疫抑制. 中国药理学报, 20 (7): 643-646.

刘海燕,陈孝文. 2006. 晚期糖基化终末产物与慢性肾衰竭的研究进展. 国际泌尿系统杂志, 26 (3): 395-398.

刘力谦. 2010. 单糖转化制备 5-羟甲基糠醛的研究. 北京: 北京化工大学.

刘勤生,苗惠. 2003. 金属膜过滤食品煎炸用油效果的研究. 食品与机械, (2): 19-20.

柳琴. 2006. 对食用植物油品质的影响因素分析. 粮食与食品工业, (4): 6-7.

马俪珍,王瑞,方长发等. 2005. 金华火腿制作及储藏过程中亚硝胺类化合物的含量变化. 肉品卫生, (11): 19-21.

穆同娜,张惠,景全荣. 2004. 油脂的氧化机理及天然抗氧化物的简介. 食品科学, 25 (增刊): 241-244.

欧仕益,林其龄,汪勇等. 2004. 几种添加剂对丙烯酰胺的脱除作用 [J]. 中国油脂, 29 (7): 61-63.

欧仕益,张玉萍,黄才欢等. 2006. 几种添加剂对油炸薯片中丙烯酰胺产生的抑制作用. 食品科学, 27 (5): 137-140.

秦菲. 2007. 食品中丙烯酰胺形成机理的研究进展. 北京联合大学学报: 自然科学版, 21 (3): 62-67.

丘彦明,徐贤伦,刘淑文. 2002. 国内外植物油脂催化加氢研究现状及发展趋势. 中国油脂, 27 (3): 39-42..

邱伟芬,王娟,徐文蕴. 2003. 番茄红素在油脂氧化时的稳定性初探. 食品科学, (1): 3-42.

宋圃菊. 1995. N-亚硝基化合物. 中国酿造, (3): 3-8.

孙宝国. 2003. 食用调香术. 北京: 化学工业出版社: 140.

孙曙庆. 2005. 油脂氧化稳定性的研究. 食品与发酵工业, (3): 22-25.

谭俊杰,柴建国,张善飞等. 2010. 参麦注射液中 5-羟甲基糠醛含量的高效液相色谱测定. 时珍国医国药, 21 (7): 1624-1625.

汪东风. 2007. 食品化学. 北京: 化学工业出版社.

王广会. 2012. 芝麻油中苯并 [a] 芘的来源与控制的研究. 广州: 华南理工大学.

王桂山,仲兆庆,土福涛. 2001. PAH (多环芳烃) 的危害及产生的途径. 山东环境, (2): 41-41.

王军,张春鹏,欧阳平凯. 2008. 5-羟甲基糠醛制备及应用的研究进展. 化工进展, 27 (5): 702-706.

王新芳等. 2001. 差示扫描量热法测定食用油脂的热氧化稳定性及氧化寿命. 化学分析计量, 10 (4): 17-19.

王斌,杨冠军,叶志. 2007. 油炸过程中油的质量变化及其检测方法. 食品工业科技, 2007 (10): 232-234.

吴红梅. 1999. 反式脂肪酸与血脂水平和心血管疾病发生的危险性. 国外医学: 临床生物化学与检验学分册, (2): 91.

吴克刚,许淑娥,刘泽奇等. 2007. 丙烯酰胺的形成机理、危害及预防措施. 现代食品科学,23(3): 57-59.

吴坤. 2004. 营养与食品卫生学. 北京:人民卫生出版社:114-118.

武丽荣,蒋新正,鲍元奇等. 2005. 油炸食品中丙烯酰胺的形成及减少措施. 中国油脂,30(7): 18-21.

吴素萍. 2008. 食品中N-亚硝基化合物的危害性及预防措施. 中国调味品,(8):84-87.

吴永宁,2003. 现代食品安全科学. 北京:化学工业出版社:261-270.

肖苏尧,车科,陈雪香等. 2012. 不同油茶籽油提取工艺中苯并[a]芘形成的溯源. 现代食品科技, 28(2):156-159.

徐芳等. 2008. 油脂氧化机理及含油脂食品抗氧化包装研究进展. 包装工程,29(6):24-26.

徐芳,卢立新. 2008. 油脂氧化机理及含油脂食品抗氧化包装研究进展. 包装工程,29(6):23-26.

夏延斌. 2004. 食品化学. 北京:中国农业出版社:102-109.

杨凤丽,刘启顺,白雪芳等. 2009. 由生物质制备5-羟甲基糠醛的研究进展. 现代化工,29(5): 18-22.

叶宽萍,蔡若男,孙子林. 2010. AGEs与糖尿病肾病. 实用糖尿病杂志,(1):9-11.

张国治. 2005. 油炸食品生产技术. 北京:化学工业出版社.

张蕾,潘丽,王静. 1999. 相对湿度对去皮椒盐油炸花生氧化酸败的影响. 包装工程,20(l):21-23.

张敬尧等. 2009. 天然抗氧化剂在大豆油脂中抗氧化活性的研究. 中国酿造,(3):24-26.

张莉,李岩,陈献文. 1996. 熏烤动物性食品中苯并[a]芘含量抽样调查分析. 哈尔滨医科大学学报, (2):145-146.

张恒涛,肖韦华,王旭峰等. 2006. 食品中反式脂肪酸的研究现状及其进展. 肉类研究,(4):28-32.

张英峰,王丰玲,李长江. 2007. 隐形杀手——反式脂肪酸的来源、危害及降低措施. 化学世界,(4): 254-255.

张玉玉,孙宝国,冯军等. 2010. 不同发酵时间的郫县豆瓣酱挥发性成分分析. 食品科学,31(4): 166-170.

张玉玉,黄明泉,田红玉等. 2010. 六必居面酱挥发性成分SDE法提取及GC-MS分析. 中国食品学报, 10(2):154-159.

曾昭琼. 2004. 有机化学. 北京:高等教育出版社:45-46.

郑智楷,关瑞锦. 2011. 晚期糖基化终末产物致动脉硬化的研究及药物干预. 中外医学研究,(16): 163-164.

赵勤,王卫. 2005. 熏烤肉制品卫生安全性及其绿色产品开发的技术关键. 成都大学学报:自然科学版,(2):107-1101.

赵国志,刘喜亮,刘智锋. 2003. 世界油脂工业现状及发展. 粮油食品科技,14(3):14-16.

朱萍,汤颖,薛青松等. 2009. 微波辅助的金属氯化物Lewis酸催化化纤维素水解. 燃料化学学报,37 (2):244-247.

邹玉婷, 沈建国. 2008. 晚期糖基化终末产物与骨质疏松症. 国外医学: 老年医学分册, 29 (1): 12-15.

Adamson R H, Thorgeirsson U P, Snyderwine E G, et al. 1990. Carcinogenicity of 2-amino-3-methylimidazo [4,5-fl-quinoline in nonhuman primates: induction of tumors in three macaques. Japanese Journal of Cancer Research, 81: 10-14.

Adamson R H, Takayama S, Sugimura T, et al. 1994. Induction of hepatocellular carcinoma in nonhuman primates by the food mutagen 2-amino-3-methylimidaz- [4,5-f] quinoline. Environmental Health Perspectives, 102: 190-193.

Aid T M, Tajma K, Watanabe M, et al. 2007. Reaction of d-fructose in water at temperatures up to 400℃ and pressures up to 100MPa. Journal of Supercritical Fluids, 42 (1): 110-119.

Ahmed N. 2005. Advanced glycation endproducts-role in pathology of diabetic complications. Diabetes Res Clin Pract, (67): 3-21.

Ahmed N, Thornalley P J. 2003. Quantitative screening of protein biomarkers of early glycation, advanced glycation, oxidation and nitrosation in cellular and extracellular proteins by tandem mass spectrometry multiple reaction monitoring. Biochem Soc Trans, (31): 1417-1422.

Ameur L A, Mathieu O, Lalanne V, et al. 2007. Comparison of the effects of sucrose and hexose on furfural formation and browning in cookies baked at different temperatures. Food Chemistry, 101 (4): 1407-1416.

Anderson M M, Hazen S L, Hsu F F, et al. 1997. Human neutrophils employ themyeloperoxidase-hydrogen peroxide-chlonde system to convert hydroxyl-amino acids into glycolaldehyde, 2-hydroxypropanal, and acrolein mechanism for the generation of highly reactive alphahydroxy and alpha, beta-unsaturated aldehydes by phagocytes at sites of inflammation. J Clin Invest, 99: 424-432.

Annemarie. 2004. ADM expanding low-trans fat product line. Oils& Fats International, (6): 31.

Antal M L, Leesomboon T, MokK W S, et al. 1991. Mechanism of formation of 2-furaldehyde from D-xylose. Carbohydrate Research, 217: 71-85.

Antal M J, Jr Mor W S L, Richards G N. 1990. Mechanism of formation of 5- (hydroxymethyl) -2-furaldehyde from D-fructose and sucrose. Carbohydrate Research, 199 (1): 91-109.

Asghari F S, Yoshida H. 2007. Kinetics of the decomposition of fructose catalyzed by hydrochloric acid in subcritical water: formation of 5- hydroxyl methylfurfural, levulinic, and formic acids. Industrial and Engineering Chemistry Research, 46 (23): 7703-7710.

Alhanash A, Kozhevnikova E F, et al. 2010. Gas-phase dehydration of glycerolto acroleincatalysed by caesiuraheteropoly salt. Appl Catal A: Gen, 378 (1): 11-18.

Basta G, Del T S, Marchi F, et al. 2011. Elevated soluble receptor for advanced glycation end product levels in patients with acute coronary syndrome and positive cardiac troponin I. Coronary Artery Disease, 22 (8): 590-594.

Belury M. 2002. Not all trans-fatty acids are alike: what consumers may lose when we oversimplify nutrition facts. Journal of the American DieteticAssociation, 102 (11): 1606-1607.

Berzelius J J. 2010. Arnold Lehrbuch der chemie (Vol 3). Nabu Press.

Bergmark E, Calleman C J, He F, Costa L G. 1993. Toxicol Appl Pharmacol, 120: 45-54.

Brown D W, Floyd A J, Kinsman R G, et al. 1982. Dehydration reactions of fructose in non-aqueous media. Journal of Chemical Technology and Biotechnology, 32 (7-12): 920-924.

Burcham P C, Pan D. 1994. Analysis of polycyclic aromatic hydrocarbons in cooking oil fumes. Arch Environ Health, 49: 119-122.

Cai W, He J C, Zhu L, et al. 2004. High levels of dietary advanced glycation end products transform low-density lipoprotein into a potent redox-sensitive mitogen-activated protein kinase stimulant in diabetic patients. Circulation, (110): 285-291.

Capuano E, Ferrigno A, Acampa I, et al. 2008. Characterization of Maillard reaction in bread crisps. European Food Research and Technology, 228 (2): 311-319.

Capuano E, Ferrigno A, Acampa I, et al. 2009. Effect of flour type on Maillard reaction and acrylamide formation during toasting of bread crisp model systems and mitigation strategies. Food Research International, 42 (9): 1295-1302.

Charles G D, Bartels M J, Zacharewski T R, Gollapudi B B, Freshour N L, Carney E W. 2000. Activity of Benzo [a] pyrene and its hydroxylated metabolites in an estrogen receptor-αreceptor gene assay. Toxicological Sciences, (55): 320-326.

Chih-Yu Lo, Shiming Li, Yu Wang, et al. 2008. Reactive dicarbonyl compounds and5-(hydroxymethyl)-2-furfural in carbonated beverages containing high fructose corn Syrup. Food Chemistry, 107 (3): 1099-1105.

Clifford Leslie Walters. 1979. The Possible Role of Lipid Pseudonitrosites in Nitrosamine Formation in Fried Bacon. Z Lebensm Unters Forsch, 168: 177-180..

Commoner B, Vithayathil A J, Dolara P, et al. 1978. Formation of mutagens in beef and beef extract during cooking. Science, 201: 913-916.

Contreras C L, Novakofski K C. 2010. Dietary Advanced Glycation End Products and Aging. Nutrients, 2: 1247-1265.

Christie W W, Dobson G. 2000. Formation of cyclic fatty acids duringthe frying process. Eur J Lipid Sci Technol, 102 (5): 515-520.

Destaillats F, Angers P. 2005. On the mechanisms of cyclic and bicyclicfatty acid monomer formation in heate dedible oils. Eur Lipid Sci Technol, 107 (10): 767-772.

Dobarganes M C, Perez-Camino M C. 1987. Non-polar dimerformation during thermoxidation of edible fats. Fat Science and Technology, 89: 216-220.

Erickson M D. 2007. Deep frying: chemistry, nutrition and practical applications. 2nd ed. USA:

Champaign, IL: AOCS Press: 87-110.

Erlund I, Kosonen T, Alfthan G, et al. 2000. Pharmacokinetics of quercetin from quercetin aglycone and rutin in healthy volunteers. European Journal of Clinical Pharmacology, 56 (8): 545-553.

Esterbauer H, Schaur R J, Zollner H. 1991. Chemistry and biochemistry of 4-hydroxynonenal, malonaldehyde and related aldehydes. Free Radic Biol Med, 11 (1): 81-128.

Esterbauer H, Zollner H, Scholz N. 1975. Reaction of glutathione with conjugated carbonyls. Journal of Biosciences, 30 (7-8): 466-473.

Felton J S, Knize M G. 1990. Heterocyclic aminemutagenslcarcinogens in foods // Copper C S, Grover P L. Handbook of Experimental Pharmacology. Berlin: Springer-Ver lag: 471-502.

Ferguson L R. 2002. Natural and human-made mutagens and carcinogens in the human diet. Toxicology, 181: 79-82.

Feridoun Salak Asghari and Hiroyuki Yoshida. 2007. Kinetics of the decomposition of fructose catalyzed by hydrochloric acid in subcritical water: formation of 5-hydroxymethyl fiirfural, levulinic and formic acids. Industrial and Engeering Chemistry Research, 46 (23): 7703-7710.

Ferreri C, Kratzsch S, Brede O, et al. 2005. Trans lipid formation induced by thiols in human monocytic leukemia cells. Free Radical Biology and Medicine, 38 (9): 1180-1187.

Feldmaneb, Krisetherton P, et al. 1996. Positionpaper on trans fatty acids. ASCN / AIN Task Force on Trans Fatty Acids American Society for Clinical Nutrition and American Institute of Nutrition. American Journal of Clinical Nutrition, 63 (5): 663-670.

Feron V J, Til H P, De V F, et al. 1991. Aldehydes occurrence, carcmogenic potential, mechanism of action and risk assessment. Mutat Res, 259 (3-4): 363-385.

Frankel E N. 1993. In search of better methods to evaluate naturalantioxidants and oxidative stability in food lipids. Trends Food Sci Tech, 4 (7): 220-225.

Fullana A, Carbonell-Barrachma A A, Sidhu S. 2004. Comparison of volatile aldehydes present in the cooking fumes of extra virgin olive, olive, and canola oils. J Agric Food Chem, 52 (16): 5207-5214.

Gao Y T, Blot W J, Zheng W, et al. 1987. Lung cancer among Chinese women. Int J Canee, 40 (5): 604-609.

Gentry T S, Roberts J S. 2004. Formation kinetics and application of 5-hydroxymethyl furfural as a time-temperature indicator of lethality forcontinuous pasteurization of apple cider. Innovative Food Science and Emerging Technologies, 5 (3): 327-333.

Ghilarducci D P, Tjeerdema R S. 1995. Fate and effects of acrolein. Rev Environ Contam T, 144: 95-146.

Go Kmen V, Enyuva H Z. 2006. Improved method for the determination of hydroxymethyl furfural in baby foods using liquid chromate graphymass spectrometry. Journal of Agricultural and Food Chemistry, 54 (8): 2845-2849.

Go Kmen V, Aaro C, Serpen A, et al. 2008. Effects of leavening agents and sugars on the formation of hydroxymehylfurfural in cookies during baking. European Food Research and Technology, 226 (5): 1031-1037.

Graf M, Amrein T M, Graf S, et al. 2006. Reducing the acrylamide content of a semifinished biscuit on indusrial scale. Food Science and Technology, 39 (7): 724-728.

Henle T. 2005. Protein-bound advanced glycation endproducts (AGEs) and bioactive amino acid derivatives in foods. Amino Acids, 29 (4): 313-322.

Ito N, Hasegawa S M, et al. 1991. A new colon and mammary carcinogen in cooked food, 2-amino-l-methyl-6-phenylimidazo [4,5-b] pyridine (PhIP). Carcinogenesis, 12: 1503-1506.

Jogen Brustuguna, Hanne H, Tonesen, et al. 2005. Formation and reactivity of free radicalsin 5-hydroxymethyl-2-furaldehyde the effect on isoprenaline photo stability. Journal of Photochemistry and Photobiology B: Biology, 79 (2): 109-119.

Kalo P J, Kemppinen A. 2012. Regiospecific analysis of TAGs using chromatography, MS, and chromatography-MS. Eur J Lipid Sci Technol, 114 (4): 399-411.

Kamal Eldin A. 2003. Lipid oxidation pathways. USA: Champaign, IL: AOCS Press: 1-69.

Kamal Eldin A, Pokorný J. 2005. Analysis of lipid oxidation. USA: Champaign, IL: AOCS Press: 40-69.

Kaminskas L M, Pyke S M, Burcham P C. 2004. Reactivity of hydrazinophthala-zine drugs with the lipid peroxidation products acrolein and crotonalde-hyde. Org Biomol Chem, 2 (18): 2578-2584.

Kato T, Ohgaki H, HAsegaawa H, et al. 1988. Carcinogenicity in rats of a mutagenic compound, 2-amino-3,8-dimethylimidazo [4,5-f] quinoxaline. Carcinogenesis, 9: 71-73.

Kuilman M, Wilms L. 2007. Safety of the enzyme asparaginase, a means of reduction of acrylamide in food. Toxicology Letters, 172 (1): S196-S197.

Lederer M O, Bühler H P. 1999. Cross-linking of proteins by Maillard processes characterization and detection of a lysine-arginine cross-link derived from glucose. Bioorg Med Chem, (7): 1081-1088.

Locas C P, Yaylayan V A. 2008. Isotope labeling studies on the formation of 5- (hydroxymethyl) -2-furaldehyde (HMF) fromsucrose by pyrolysis- GC/MS. Journal of Agricultural and Food Chemistry, 56 (15): 6717-6723.

Lynch A M, Knize M G, Boobis A R, et al. 1992. Interindividual variability in systemic exposure in humans to 2-amino-3,8-dimethylimidazo [4,5-f] quinoxaline and 2-amino-1-methyl-6-phenyl imidazo [4,5-b] pyridine carcinogens present in cooked beefy. Cancer Research, 52: 6216-6223.

Manini P, d'Ischia M, Prota G, et al. 2001. An unusual decarboxylative Maillard reaction between L-DOPA and D-glucose under biomimetic conditions: Factors governing competition with PictetSpengler condensation. J Org Chem, 66: 5048-5053.

Martin Polvillo M, Marquez Ruiz G. 2004. Oxidative stability of sunflower oils differing in unsaturationdegree during long-term storage at room temperature. JAOCS, 81 (6): 577-583.

Mestdagh F, De Meulenaer B, Van Peteghem C, et al. 2007. Influence of oil degradation on the amounts of acrylamide generated in a model system and in French fries. Food Chemistry, 100 (3): 1153-1159.

Mestdagh F, De Wilde T, Fraselle S, et al. 2008. Optimization of the blanching process to reduce acrylamide in fried potatoes. Food Science and Technology, 41 (9): 1648-1654.

Miller R E, Cantor S M. 1952. 2-Hydroxyacetylfuran from sugars. Journal of the American Chemical Society, 74 (20): 5236-5237.

Mirvish S S. 1995. Role of N-nitroso compounds (NOC) and N-nitrosation in etiology of gastric. Esophageal nasopharyngeal and bladder cancer and contribution to cancer of known exposures to NOC. Cancer Lett, 93: 17-48.

Min D B, Smouse T H. 1985. Flavor chemistry of fats and oils. USA: Champaign, IL: AOCS Press: 39-60.

Mirvish S S. 1975. Formation of N-nitroso compounds: chemistry, kinetics and in vivo occurrence. Toxicol Appl Pharmacol, 31: 325-351.

Mnuro I C, Kennepohl E, Erickson R E, et al. 1993. Safety assessment of ingested heterocyclic amines: initial report. Regulatory Toxicology and Pharmacology, 17: S1-S109.

Moreau C, Durand R, Razigade S, et al. 1996. Dehydration of fructose to 5- hydroxymethyl furfural over Hmordenites. Applied Catalysis A: General, 145 (1-2): 211-224.

Moretto N, Pastore F, et al. 2012. Acrolein effects ui pulmonary cell: srelevance to chronic obstructive pulmonary disease. Ann NY Acad Sci, 1259 (1): 39-46.

Mottram D S, Wedzicha B L, Dodson A T. 2002. Food chemistry: Acrylamide is formed in the Maillard reaction. Nature, 419 (6906): 448-449.

Mottram D S, Wedzicha B L, Dodson A T, et al. 2002. Acrylamide is formed in the maillard reaction. Nature, 419: 448-449.

Munn R J, Keeney M. 1978. Dietary fat and cancer trends acritique. Fed Proc, 37: 2215-2220.

Murkovic M. 2004. Acrylamide in Austrain foods. J Biochem Biophys Methods, 61: 161-167.

Nass N, Bartling B, Navarrete S A, et al. 2007. Advanced glycation end products, diabetes and ageing. Zeitschrift Fur Gerontologie und Geriatrie, (40): 349-356.

Ohgaki H, Kusama K, Matsukura N, et al. 1984. Carcinogenicity in mice of a mutagenic compound, 2-amino-3-methylimidazo [4,5-f] quinoline from broiled sardine, cooked beef and beef extract. Carcinogenesis, 5: 921-924.

Ohgaki H, Takayama S, Sugimura T. 1991. Carcinogenicities of heterocyclic amines in cooked food. Mutation Research, 259: 399-410.

Okamoto T, Shudo K, HAshimoto Y, et al. 1981. Identificaaion of a reactive metabolite of the mutagen, 2-amino-3-methylimidazo [4,5-f] quinoline. Chem pharm Bull, 29: 590-593.

Patterson A M, Chipman J K. 1987. Activation of 2-amino-3-methyIimidazo-[4,5-f] quinolone in rat and human hepatocyte/Salmonella mutagenicity assays: the contribution of hepatic conjugation. Mutagenesis, 2: 137-140.

Pedreschi F, Kaack K, Granby K, et al. 2004. Reduction of acrylamide formation in potato slices during frying. Lebensm Wiss U Technol, 37: 679-685.

Peng X, Ma J, Cheng K W, et al. 2010. The effects of grape seed extract fortification on the antioxidant activity and quality attributes of bread. Food Chemistry, 119 (1): 49-53.

Peppa M, Uribarri J, Vlassara H. 2004. The role of advanced glycosylation end products in the development of atherosclerosis. Curr Diab Rep, 4 (1): 31-60.

Pereira V, Albuquerque F M, Ferreira A C, et al. 2011. Evolution of 5-hydroxymethyl furfural (HMF) and furfural (F) in fortified wines submitted to overheating conditions. Food Research International, 44 (1): 71-76.

Qi Xinhua, Watanabe M, Aida T M, et al. 2008. Catalytic dehydration of fructose into 5- hydroxymethyl furfural by ion-exchange resin in mixedaqueous system by microwave heating. Green Chemistry, 10 (7): 799-805.

Rice-Evans C A, Miller N J, Paganga G. 1996. Structure-antioxidant activity relationships of flavonoids and phenolic acids. Free Radical Biology and Medicine, 20 (7): 933-956.

Réblová Z. 2006. The effect of temperature on the antioxidant activity of Tocopherols. European Journal of Lipid Science and Technology, 108 (10): 858-863.

Rodgman A, Dodson A T. 2003. Green CR Toxic chemicals in cigarette mainstream smokehazard and hoopla. Beitr Tabakfor Int, 20 (8): 481-545.

Sahin S, Sumnu G. 2008. Deep fat Frying of foods. USA: Taylorand Francis: 33-56.

Salmeron J, et al. 2001. Dietary fat intake and risk of type 2 diabetes in women. Am J Clin Nutr, 73: 1019-1026.

Santodonato J. 1997. Review of the estrogenic and antiestrogenic activity of polycyclic aromatic hydrocarbons: relationship to carcinogenicity. Chemosphere, 34 (4): 835-848.

Sebedio J L, Grandgirard A. 1989. Cyclic fatty acids: natural sources, formation during heat treatment, synthesis and biological properties. Prog Lipid Res, 28 (4): 303-336.

Sinha R, Rothman N, Brown E D, et al. 1994. Pan-fi-ied meat containing high levels of heterocyclic aromatic amines but low levels of polycyclic aromatic hydrocarbons induces cytochrome P4501A2 activity in humans. Cancer Research, 54: 6154-6159.

Shields P G, Xu G X, Blot W J, et al. 1995. Mutagens from heated Chinese and U. S. cooking oils. Natl Cancer Inst, 87 (11): 836-841.

Spiteller P, Kern W, Reiner J, et al. 2001. Aldehydic lipid peroxidation products derived from linoleic acid. Bba-Mol Cell Biol L, 1531 (3): 188-208.

Stadler R, Blank H, Varga I, Robert N, et al. 2002. Acrylamide from Maillard reaction products. Nature, 419: 449-450.

Stevens J F, Maier C S. 2008. Acrolein: Sources, metabolism, and biomolecular interactions relevant to human health and disease. Mol Nutr Food Res, 52 (1): 7-25.

Sugimura T, Nagao M, Kawachi T, et al. 1977. Mutagens carcinogens in food, with special reference to highly mutagenic pyrolytic products in broiled foods// Hiatt H H, Watson J D, Winsten J A. Origins of Human Cancer. New York: Cold Spring Harbour Laboratory: 1561-1577.

Thompson L H, Tucker J D, Steward S A, et al. 1987. Genotoxicity of compounds from cooked beef in repair-deficient CHO cells versus Salmonella mutagenicity. Mutagenesis, 2: 483-487.

Tricker A. 1991. R Preussmann R Carcino. genic N-nitrosamines in the diet: occurrence, formation, mechanism and carcino genic potential. Mutat Res, (259): 277-289.

Tyrlik S K, Szerszen D, Olejnik M, et al. 1999. Selective dehydration of glucose to hydroxymethylfurfural and a one-pot synthesis of a 4-acetylbutyrolactone from glucose and trioxane in solutions of aluminium salts. Carbohydrate Research, 315 (3-4): 268-272.

Tsuzuki W, Nagata R. 2008. *cis/trans*-Isomerisation of triolein, trilinolein and trilinolenin induced by heat treatment. Food Chemistry, 108 (1): 75-80.

Tsuzuki W. 2010. *Cis/trans* isomerization of carbon double onds in monounsaturated triacylglycerols via-generation of free fadicals. Chemistry and physics of lipids, 163: 741-745.

Uesugi N, Sakata N, Horiuchi S, et al. 2001. Glycoxidation modified macrophages and lipid peroxidation products are associated with the progression of human diabetic nephropathy. American Journal of Kidney Diseases, 38 (5): 1016-1025.

UK Food Standards Agency. 2002. Background Information & Research Findings. United Kingdom Food Standards Agency, May 17. http://www.Food.Gov.UK.

Vasan S, Zhang X, Zhang X N, et al. 1996. An agent cleaving glucose-derived protean crosslinks in vitro and in vivo. Nature, 382 (6585): 275-278.

Vaimotalo S, Matvemen K. 1993. Cooking fumes as a hygienic problem in the food and catering mdustnes. Am Ind Hyg Assoc J, 54 (7).

Vattem D, Shetty K, et al. 2003. Acrylamide in food: a model for mechanism of formation and its reduction. Innovative Food Science and Emerging Technologies, (4): 331-338.

Verzijl N, DeGroot J, Zaken C B, et al. 2002. Crosslinking by advanced glycation endproducts increases the stiffness of the collagen network in human articular cartilage a possible mechanism through which age is a risk factor for osteoarthritis. Arthritis and Rheumatism, 6 (1): 114-123.

Vlassara H. 1997. Recent progress in advanced glycosylation end products and diabetic complications. Diabetes, 46 (Suppl 2): 19-25.

Wakabayashi K, Nagao M, Esumi H, et al. 1992. Food-derived mutagens and carcinogens. Cancer Research (Suppl.), 52: 2092-2098.

Wang X, Desai K, Clausen J T, et al. 2004. Increased methylglyoxal and advanced glycation end products in kidney from spontaneously hypertensive rats. Kidney Int, 66 (6): 2315-2319.

WHO. 1991. Acrylamide: Health and Safety Guide No. 45. Geneva: World Health Organization. http://www.Inchem.Org/documents/hsg/hsg/hsg045.Htm.

Widmark EMP. 1939. Presence of cancer-producing substances in roasted food. Nature, 143: 984.

Williams J S E. 2005. Influence of variety and processing condition on acrylamide levels in fried potato crisps. Food Chemistry, 90: 875-881.

Xinhua Qi, Masaru Watanabe, Taku M, et al. 2008. Selective conversion of D-fructose to 5-hydroxymethyl furfural by ion-exchange resin in acetone/dimethyl sulfoxide solvent mixtures. Industrial and Engeering Chemistry Research, 47 (23): 9234-9239.

Yang N C, Castro A J, Lewis M, Wong T W. 1961. Polynuclear aromatic hydrocarbons, steoids and carcinogenesis. Science, (134): 386-387.

Yasuhara A, Tanaka Y, Hengel M, et al. 2003. Gas chromatographic investigation of acrylamide formation in browning model system. Journal of Agriculture and Food Chemistry, 51: 3999-4003.

Yaylayan V A. 2000. Ongin of carbohydrate degradation products in L-Alanine/D-[(13)C] glucose model systems. J Agric Food Chem, 48: 2415-2419.

Yaylayan V A, Wnorowski A, Perez Locas C, et al. 2003. Why asparagines needs carbohydrates to generateacrylamide. Journal of Agricultureand Food Chemistry, 51: 1753-1757.

Yuan Y, Chen F, Zhao G H, et al. 2007. A comparative study of acrylamide formation induced by microwave and conventional heating met hods. Journal of Food Science, 72 (4) : C212-C216.

Zeitsch K J. 2000. Fortuitous radical reactions in furfural and charcoal reactors. Chemicak Innovation, 30 (3): 35-38.

Zheng R H, Wang C G, Zhao Y, Zuo Z H, Chen Y X. 2005. Effect of tributyltin, benzo [a] pyrene and their mixture exposure on the sex hormone levels in gonads of cuvier (Sebastiscus marmoratus). Environmental Toxicology and Pharmacology, (20): 361-367.

Zyzak D V, Sanders R A, Stojanovic M, et al. 2003. Acrylamide formation mechanism in heated foods. Journal of Agriculture and Food Chemistry, 51: 4782-4787.

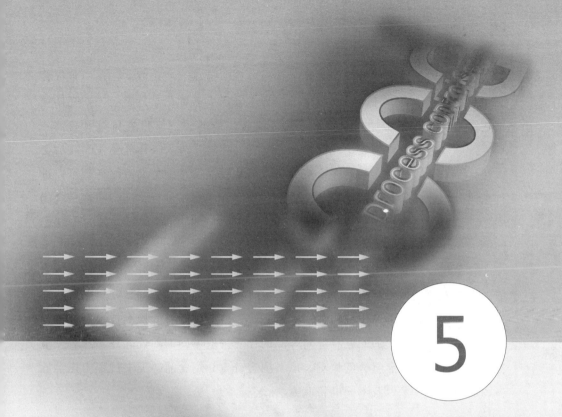

5

食品热加工过程中化学危害物的检测技术

在食品组分检验的过程中，除了选择准确、可靠的测定方法，还应重视食品样品前处理的合理性。食品热加工过程中会产生多种化学危害物，如晚期糖基化终末产物、N-亚硝基化合物、丙烯酰胺、杂环胺、苯并芘和羟甲基糠醛等。这些危害物的产生直接或间接地影响食品质量，进入人体经消化吸收后会威胁生命安全。那么，如何在检测分析之前从食品体系中分离浓缩得到可以进行色谱分析的样品？如何选用一种合适的检测方法对其进行检测，使其在食物中的含量符合国家规定标准？这两个问题就成为食品检测分析中最为关键的问题。

食品是一个多种组分混合存在的体系，那么在进行检测分析之前，如何用前处理技术把热加工过程中产生的化学危害物与其他组分分开，并将采集的样品转化为适合于各种测定分析方法的形态，如何运用现有的检测技术对其进行检测都是我们要解决的问题。针对样品的性质采取不同的前处理技术和后续检测方法，以实现食品组分的检测。以下内容着重介绍食品热加工过程中化学危害物的前处理技术以及不同的检测方法。

5.1　食品热加工过程中化学危害物前处理技术

对食品热加工过程中产生的化学危害物进行检测，首先要明白一个完整的检测分析过程，通常包括样品采集、样品处理、分析测定、数据处理和报告结果五大步骤。食品热加工过程中产生的化学危害物的分析检测通常需要经过复杂的样品前处理过程，而且它是整个分析检测过程的关键，同时样品前处理过程是整个检测分析过程中最耗时、对分析方法准确度和精密度影响最大的关键步骤。

样品的前处理是指待测组分的制备过程。待测组分的制备通常是对样品采用合适的分解或溶解方法对待测组分进行提取、净化和浓缩的过程，使被测组分转变成可以测定的形态，从而进行定性和定量分析。由于食品体系的特殊性，待测组分通常与其他组分共存并相互影响，受其共存组分的干扰和待测组分状态的要求，绝大多数食品样品进行化学分析检测时要求事先对试样进行有效合理的前处理，将待测组分从样品中提取出来，排除其他组分对待测组分的干扰。同时还要将待测组分转变成分析测定所要求的状态，使待测组分的存在形式及量符合所选分析方法的要求，保证测定顺利进行和分析测定结果的准确性。

实验室中样品前处理对于实验本身非常重要，样品前处理的目的是消除基体干扰，提高方法的准确度、精密度、选择性和灵敏度。现代分析方法中样品前处理技术的发展趋势是样品前处理速度快、批量大、自动化程度高、成本低、劳动强度低、试剂消耗少、环境污染小、方法准确和可靠等，这是评价一个样品前处理方法的准则，也是实验人员努力要达到的要求。

样品前处理技术的分类有不同的标准，在食品体系中一般按照样品形态进行分类，可以将其分为固体、液体和气体样品的前处理技术。随着各种技术的应用与发展，一些新的前处理方法开始在食品体系中得到较为广泛的应用。针对液体样品主要采用固相萃取、固相微萃取、凝胶渗透色谱和膜萃取技术；针对固体样品主要采用加压溶剂萃取、微波辅助提取和超临界流体萃取等。

5.1.1 固相萃取

固相萃取（solid phase extraction，SPE）是20世纪70年代后期发展起来的样品前处理技术，它主要是基于液相色谱的原理分离样品组分，利用固体吸附剂吸附目标化合物，使之与样品的基体及干扰物质分离，然后用洗脱液洗脱或通过加热解脱，从而达到分离和富集目标化合物的目的，是一种物理方式的前处理技术。

固相萃取的操作方法是将吸附剂填入玻璃小柱中，溶剂自然流出。该方法具有回收率高、富集倍数高、有机溶剂消耗量低、操作简便快速和费用低等优点，易于实现自动化并可与其他分析仪器联用。因此，在很多情况下，固相萃取作为制备液体样品优先考虑的方法。

5.1.1.1 固相萃取的原理

固相萃取实质上是一种液相色谱，根据吸附剂与洗脱液的极性大小可以分为正相、反相和离子交换固相萃取。正相为吸附剂极性大于洗脱液极性，反相则与之相反。

正相萃取所用的吸附剂都是极性的，基于目标化合物的极性官能团与吸附剂表面的极性官能团之间相互作用，主要有氢键、π-π键相互作用、偶极-偶极相互作用、偶极-诱导偶极相互作用和其他的极性-极性相互作用,可以从非极性溶剂样品中萃取极性物质。

反相固相萃取的吸附剂通常都是极性较弱或没有极性的,所萃取的目标化合物是非极性到中等极性的。目标化合物与吸附剂之间的作用为疏水性相互作用。

离子交换固相萃取所用的吸附剂是带有电荷的离子交换树脂,所萃取的目标化合物是带有电荷的目标化合物。目标化合物与吸附剂之间的相互作用是静电吸引力。

5.1.1.2 固相萃取吸附剂的选择

固相萃取中吸附剂的选择主要是根据目标化合物的性质和样品的溶剂性质。目标化合物的极性和吸附剂的极性非常相似时,可以得到目标化合物的最佳保留。当目标化合物为极性,采取正相固相萃取,因为正相萃取的吸附剂为极性。当目标化合物为非极性时,采取反相固相萃取,因为反相萃取的吸附剂为弱极性或者非极性。当目标化合物极性适中时,两者都可采用。吸附剂的选择受到样品溶剂强度(洗脱强度)的制约,同时样品溶剂强度也会影响目标化合物在吸附剂上的保留。

综合考虑,固相萃取选择吸附剂和淋洗液时要考虑以下几点:目标化合物在洗脱液中的溶解度;目标化合物是否可以与吸附剂形成共价键;目标化合物是否能够离子化以及其他组分与目标化合物之间的竞争程度。

固相萃取中最常用的吸附剂主要有以下几类:吸附型硅镁吸附剂、活性炭、氧化铝和硅胶等;键合型固相萃取剂,键合的基团包括 C_8、C_{18} 等非极性基团,或弱极性基团如—NH_2、—CN、—OH 等,以及—COOH、—SO_3H 等离子基团;非极性和离子交换大网络树脂和高聚物等。

固定相吸附剂要根据目标化合物所在食品基体的性质进行选择。如非脂肪性样品,选用固体小柱 CBA、SAX;低糖、非脂肪性样品,选用 SAX、SAX/Amino-Propyl。

固相萃取主要用于复杂样品中微量或痕量目标化合物的分离和富集。如食品中的有效成分或有害成分的分析等都可以使用固相萃取将目标化合物分离出来,并加以富集。如利用固相萃取前处理酱腌菜食品以获得其中的两种杂环胺：N-亚硝基二甲胺和 N-亚硝基二乙胺，之后利用高效液相色谱法测定其含量（张秋菊等，2009）；或使用专用的固相萃取柱对方便面中的苯并芘进行净化并利用高效液相色谱-荧光检测苯并芘的含量（史海良等，2005）。

5.1.1.3 固相萃取的模式及注意事项

最简单的固相萃取装置就是一根直径为数毫米的小柱，小柱可以是玻璃的也可以是塑料的，还可以是不锈钢的。在萃取样品之前一般要使用适当的溶剂淋洗固相萃取小柱，使吸附剂保持湿润，活化吸附剂，从而吸附目标化合物。

不同模式固相萃取小柱活化所需的淋洗剂不同。反相固相萃取所用的弱极性或非极性吸附剂，通常用水溶性有机溶剂淋洗。正相固相萃取所用的极性吸附剂通常用目标化合物所在的有机溶剂淋洗，离子交换固相萃取所用的吸附剂在用于非极性有机溶剂中的样品时，可用样品溶剂来淋洗；在用于极性溶剂的样品时，可用水溶性有机溶剂淋洗后，再用适当 pH 并含有一定有机溶剂和盐的水溶液进行淋洗。为了使固相萃取小柱中的吸附剂在活化后到样品加入前能保持湿润，应在活化处理后在吸附剂上面保持大约 1mL 活化处理用的溶剂。

5.1.2 固相微萃取

固相微萃取技术（solid phase micro extraction，SPME）是 20 世纪 90 年代初提出的在固相萃取基础上发展起来的用于吸附并浓缩待测物中目标物质的样品制备方法。它几乎克服了以前一些传统样品处理方法的所有缺点，无需有机溶剂、简单方便、测试快、费用低，集采样、萃取、浓缩、进样于一体，能够与气相或液相色谱仪联用，有手动或自动两种操作方式，使得样品处理技术及分析操作简单省时。

Garcia-Esteban 等（2004）以固相微萃取的方式前处理干发酵火腿，对比了二乙烯基苯/碳分子筛/聚二甲基硅氧烷（DVB/CAR/PDMS）、PDMS、CAR/PDMS 和 PDMS/DVB4 种萃取头，结果表明 CAR/PDMS 和 DVB/CAR/PDMS 萃取出的物质超过 100 种，且大多数成分均具有较高的峰面积。

固相微萃取技术是固相萃取技术的一种，SPME 与 SPE 的萃取原理相似。SPME 技术是根据有机物与溶剂之间的"相似相溶"原理，利用石英纤维表面的色谱固定相或吸附剂对目标组分的吸附作用，将目标组分从中萃取出来并逐渐富集。主要步骤可以归纳为三步：萃取、转移、解吸。

萃取：用 SPME 的吸着层萃取，吸着层接触液态或者气态的样品，使其通过涂层管，达到平衡且需要一定的时间。由于吸着层上存在气体空间，引起溶质在液面空间和进入 SPME 吸着层之间分配的竞争，导致 SPME 吸着层溶质质量的减少。因此萃取的溶质质量取决于液体和空间体积。

转移：采样之后的下一步是转移被吸附的溶质，进入色谱流动相解析。

解吸：一旦转至色谱仪 SPME 层必须处于 100% 解析效率的条件，同时时间长短要与色谱条件相匹配。

在固相微萃取操作过程中，样品中待测物的浓度或与涂布在熔融石英纤维上的聚合物中吸附的待测物浓度间建立了平衡，在进行萃取时，萃取平衡状态下和萃取前待分析物的量应保持不变。涂层吸附的待测物质的量与样品中该物质的初始浓度呈线性关系，即待测物质在样品中原始浓度越高，达到吸附平衡时涂层中被吸附的量越大。

SPME 中使用的涂层物质对于大多数有机化合物都具有较强的亲和力，SPME 具有的浓缩作用越高，对待测物质检测的灵敏度越高。涂层萃取的待测物质的量与样品的体积无关，而与样品中待测物质的初始浓度成正比。

SPME 的主要优点是可以排除基质对采样的影响，技术简易、便于使用以及减少溶剂消耗或无溶剂消耗。

5.1.3 凝胶渗透色谱

凝胶渗透色谱（gel permeation chromatography，GPC），也称体积排斥色谱（size exclusion chromatography），一种表征高聚物分子量和分子量分布等特征的物理化学方法，是近年来发展迅速的一种样品前处理方法和净化手段，其操作简便，使用材料较少，是食品样品分析中最常用的净化技术，特别是用于有机污染物的痕量分析。凝胶渗透色谱技术在富含脂肪、色素等大分子的样品分离净化方面，具有明显的净化效果。随着科学的进步，凝胶渗透色谱已发展成从进样到收集全自动化的净化系统，在国际上已成为常规的样品净化手段。GPC 的分离机理至今还处于百家争鸣之中，尚无定论，主要有"空间排斥"或"排阻"理论、"限制扩散"理论、"流动分离"理论和热力学理论。

GPC 适用于各种食品样品萃取液的净化，对含脂肪高的样品净化特别突出，过柱后的萃取液颜色明显减少。马君刚等（2012）以 GPC 的方式净化油脂，除去油脂中甘油三酯的干扰，得到纯净的苯并芘样品，从而为之后的高效液相色谱分析提供样品。该方法常用来去除样品中大分子物质的干扰，近年来被广泛应用于复杂样品的分离和净化，特别适合净化含脂肪、蛋白质等物质的样品。与吸附柱色谱等净化技术相比，可重复使用，适用范围广，已成为食品中痕量分析的常规净化手段。

5.1.3.1 凝胶渗透色谱的基本原理

凝胶渗透色谱实际上是液相色谱的一种。关于凝胶渗透色谱的分离机理主要有以下几种理论：立体排斥理论、有限扩散理论和流动分离理论。由于立体排斥理论解释凝胶渗透色谱中的各种分离现象与事实比较一致，所以被人们普遍接受。这一理论的分离基础主要根据溶液中分子体积的大小进行分离。凝胶渗透色谱的分离过程是在装有凝胶的色谱中进行的。凝胶是一类多孔性高聚物，每个颗粒的结构如一个筛子，在适宜溶剂中浸泡，其充分吸液膨胀，然后装柱。加入样品后，再以同一溶剂洗脱。在洗脱过程中，这些小孔对于溶剂分子来说是很大的，它们可以自由地扩散和出入。大分子不能进入凝胶内部，被排阻于颗粒之外，小分子几乎可以扩散到填料的所有孔洞中，向孔内扩散较深，在色谱柱中保留的时间长。因此，大分子被较快地洗脱出，小分子则相对较慢，经过一段时间，大分子与小分子可以完全分离。

5.1.3.2 凝胶和溶剂的选择

用于凝胶渗透色谱中的凝胶必须至少具备两个条件：可使用有机溶剂洗脱和凝胶孔径较小。选择凝胶规格主要根据目标物和欲分离的杂质分子大小来决定。目标化合物分子较小，则使用孔径小的凝胶。凝胶的净化效果取决于目标物和干扰物的分离程度。

凝胶渗透色谱中所选用的溶剂应该对目标化合物有良好的溶解度，并对凝胶有一定的膨胀力，溶剂的入选取决于试验结果和凝胶的性质。

5.1.3.3 凝胶渗透色谱注意事项

为了使色谱柱能容纳一定量的杂质并与目标物分开，其内径在 $1.5\sim2.5cm$，柱内凝胶高度不低于 $20cm$。通常采用玻璃柱。

凝胶经过所选用的洗脱剂浸泡适当时间后进行湿法装柱,柱中的凝胶应始终保持在溶剂中。如果需要更换柱内溶剂,同样必须先让新溶剂浸泡凝胶,浸泡数小时方可使用。

柱的标定是指确定分离物质的洗脱体积,在净化上则指确定杂质和目标物的洗脱体积。由于试验中各种条件不尽相同,柱子在使用前进行标定是必要的。一根柱子只要保持凝胶、溶剂条件不变,一般只需标定一次。凝胶柱能反复使用,而且目标物和杂质的洗脱体积能保持相对恒定。

5.1.4 膜萃取

膜萃取(membrane extraction),又称固定膜界面萃取,是基于非孔膜技术发展起来的一种样品前处理方法,是膜技术和液液萃取过程相结合的新的分离技术,是膜分离过程中的重要组成部分。它是一类应用于许多萃取问题的技术,这些技术只需要很少的溶剂但能得到显著的净化效力。它能避免传统手性液膜拆分存在的"返混"和"液泛"以及手性载体耗量大的缺陷,易于实现工业化和同级萃取拆分。

膜萃取的研究始于1984年,在膜萃取过程中,萃取剂和料液不直接接触,萃取相和料液相分别在膜两侧流动,其传质过程分为简单的溶解-扩散过程和化学位差推动传质,即通过化学反应给流动载体不断提供能量,使其可能从低浓度区向高浓度区输送溶质。膜萃取能使界面化学反应与扩散两类不同过程同时发生。原料中被迁移物质浓度即使很低,只要有供能溶质的存在,仍然有很大的推动力,可以减少萃取剂在物料相中的夹带损失,不受"液泛"的限制,过程受"返混"的影响减少,同级萃取的反萃过程易于实现,可得到较高的单位体积传质速率。逆流提取和中空纤维膜的运用分别解决了膜萃取中的饱和平衡和效率问题。目前,缺乏高效萃取拆分剂、不能能动控制和强化萃取拆分过程三方面制约着膜萃取技术进程。

5.1.5 加速溶剂萃取

5.1.5.1 概述

加速溶剂萃取法(accelerated solvent extraction,ASE)产生于20世纪

90年代中期，是一种在提高温度和压力的条件下，用有机溶剂萃取的自动化方法。与其他方法相比，其突出的优点是有机溶剂用量少、快速、回收率高，克服了超临界流体萃取选择性差和回收率低等问题。该法已被美国环境保护署（EPA）的标准方法所采用。薄海波等（2013）采用加速溶剂萃取的前处理方式处理中药材地黄获得可以适用于气相色谱-三重四极杆串联质谱技术的样品，测定苯并芘在其中的残留量。

5.1.5.2　加速溶剂萃取的基本原理

加速溶剂萃取是在较高的温度（50～200℃）和压力（10.3～20.6MPa）下，用有机溶剂萃取固体或半固体的自动化方法。提高温度能极大地减弱目标化合物分子和样品基质之间的相互作用力，主要为范德华力、氢键和偶极-偶极相互作用力。提高温度还能降低溶剂的黏度，加速溶质分子的扩散过程，减少溶剂分子进入样品基体的阻力，从而增加溶剂进入样品基体的扩散。

增加压力可以在较高的温度下使溶剂保持在液体状态，因为液体的沸点一般随压力的升高而提高。液体溶剂对溶质的溶解能力远大于气体对溶质的溶解能力，从而保持加压萃取的高效率。另在加压下可将溶剂迅速加到萃取池和收集瓶。

由于加速溶剂萃取是在高温下进行，因此，高温下的热降解是一个令人关注的问题。加速溶剂萃取的操作过程是先加入溶剂，即样品在溶剂包围之下，再加温，而且在加温的同时加压，高温的时间一般少于10min，因此，热降解不甚明显。

5.1.5.3　加速溶剂萃取的优点

与索氏提取、超声、微波、超临界和经典的分液漏斗振摇等公认的成熟方法相比，加速溶剂萃取的突出优点如下：有机溶剂用量少，10g样品一般仅需15mL溶剂；快速，完成一次萃取全过程的时间一般仅需15min；基体影响小，对不同基体可用相同的萃取条件；萃取效率高，选择性好，现已成熟的用溶剂萃取的方法都可用加速溶剂萃取法，且使用方便、安全性好、自动化程度高。

5.1.6　微波辅助萃取

5.1.6.1　概述

微波辅助萃取（microwave-assisted extraction，MAE）始于20世纪80

年代，利用微波能量，在密闭的容器中进行微波萃取。萃取溶剂迅速达到常时的沸点温度，从而缩短萃取时间，使溶剂消耗大为减少。搅拌促进与溶剂的作用，有助于从基质中释放目标物。极性分子可迅速吸收微波能量来加热，非极性物质不能吸收微波热量，所以 MAE 中不能使用非极性溶剂做萃取剂。MAE 是一种非常具有发展潜力的新的萃取技术，即用微波能加热与样品相接触的溶剂，将所需化合物从样品基体中分离出来并进入溶剂，是在传统萃取工艺的基础上强化传热传质的一个过程。通过微波强化，其萃取速度、萃取效率及萃取质量均比常规工艺好得多，因此在萃取和分离天然产物的应用中发展迅速。

5.1.6.2 微波辅助萃取的原理和优点

传统热萃取是以热传导、热辐射等方式由外向里进行，即能量首先无规则地传递给萃取剂，再由萃取剂扩散进基体物质，然后从基体中溶解或夹带出多种成分出来，即遵循加热渗透进基体溶解或夹带渗透出来的模式，因此萃取的选择性较差。而微波萃取是通过离子迁移和偶极子转动两种方式里外同时加热，能对体系中的不同组分进行选择性加热，使目标组分直接从基体中分离的萃取过程。

与传统提取方法相比，微波萃取有无可比拟的优势。主要体现在以下几点：选择性高，可以提高收率及提取物质纯度，快速高效、节能、节省溶剂、污染小、质量稳定、有利于萃取对热不稳定的物质，可以避免长时间的高温引起样品的分解；特别适合于处理热敏性组分或从天然物质中提取有效成分；同时可实行多份试样同时处理，也特别适合于处理大批量样品。蓝长波（2014）以微波辅助萃取的方法前处理样品，可获得液-质联用技术使用的样品，测定样品中所含苯并芘的含量，表明微波辅助萃取可以作为液质联用方法的前处理技术。

5.1.7 超临界流体萃取

5.1.7.1 概述

在食品工业中超临界流体作为溶剂萃取咖啡因已有多年历史。然而，直至 20 世纪 80 年代后期，在超临界流体色谱出现之后，超临界流体萃取（supercritical fluid extraction，SFE）才应用于样品制备。超临界流体是流体界于临界温度和压力时的一种状态，此时流体介于气体和液体之间，密度、扩散系数、溶剂化能力等性质随温度和压力变化十分敏感，兼有气体和液体的性质和优点，如黏度小、扩散性能好、溶解性强和易于控制等。这些特性使得超临界流体具有极好的萃取效力和速度。与传统萃取技术相比，超临界流体萃取已成为食品分析前处理新兴的技术，已用于多氯联苯、二噁英、多环芳烃等的分析中。虽有上述优点，但由于常用的超临界流体 CO_2 的极性太小，因而只适用于非极性化合物。

5.1.7.2　超临界流体萃取的基本原理

超临界流体萃取技术的分离原理是利用超临界流体的溶解能力与其密度的关系，即利用压力和温度对超临界流体溶解能力的影响而进行萃取的。因而不论改变温度或压力都可使超临界流体的密度发生变化。溶质的溶解度和超临界流体的密度有关，因而通过改变萃取压力和萃取温度就很容易改变流体密度，从而实现对特定目标物质的萃取。又由于超临界流体的高蒸气压，可以容易地得到高度浓缩的萃取物。

5.1.7.3　超临界流体萃取的优点

超临界流体萃取技术克服了传统的索式提取技术费时、费力、回收率低、重现性差、污染严重等弊端，使样品的提取过程更加快速、简便，同时还大大降低了有机溶剂对人体和环境的危害，并可与多种分析检测仪器联用。

5.1.8　化学衍生化技术

5.1.8.1　概述

衍生化是一种利用化学反应把样品中分析物与衍生化试剂相互作用生成衍生物，使其适合于特定物质检测的分析方法。用于不同的目的，所选择的衍生化试剂也是不同的，但是目的都是为了满足分析检测要求。样品衍生化的作用主要是把难于分析的物质转化为与其化学结构相似但易于分析的物质，便于量化和分离。当检测物质不容易被检测时，可以将其进行处理，生成可被检测的物质。化学衍生化技术在仪器分析中被广泛应用。

5.1.8.2 衍生化反应及应用

气相色谱中应用化学衍生反应是为了增加样品的挥发度或提高检测灵敏度，而在液相色谱的分析过程中，有的样品不能或难以直接分离和检测。如液相色谱仪的检测器是紫外-可见检测器，而样品的待测组分在紫外-可见区没有吸收，或者吸收很弱，这时应采用衍生化技术使衍生化试剂与待测样品进行化学反应，将特殊的官能团引入到样品中，使样品转变成相应的衍生物，然后再进行分离和检测。通过衍生化反应可以改善样品的色谱特性，改善色谱分离效果，提高检测的选择性和灵敏度，有利于样品的定性和定量分析。有时通过衍生化也可以对那些在分离过程中不稳定的化合物起到保护作用。

杨斯超等（2011）选择 ^{13}C-丙烯酰胺作为内标物，通过超纯水提取食品中的丙烯酰胺，经正己烷脱脂两次后，在酸性条件下选用溴化钾/溴酸钾为衍生剂进行衍生化反应，再采用乙酸乙酯进行液液萃取两次，最后用三乙胺将丙烯酰胺转化为更稳定的产物 2-溴丙烯酰胺，利用质谱检测器在选择离子扫描模式下测定 2-溴丙烯酰胺。

进行化学衍生反应应该满足如下要求：对反应条件要求不苛刻，且能迅速、定量地进行；对样品中的某个组分只生成一种衍生物，反应副产物及过量的衍生试剂不干扰被测样品的分离和检测；化学衍生试剂方便易得，通用性好。

按衍生化反应的方式可分为色谱柱柱前衍生和柱后衍生两种。柱前衍生是待测组分先通过衍生化反应，转化成衍生化产物，然后经过色谱柱进行分离，最后测定。柱前衍生法的优点是：相对自由地选择反应条件；不存在反应动力学的限制；衍生化的副产物可进行预处理以降低或消除其干扰；允许多步反应的进行；有较多的衍生化试剂可选择；不需要复杂的仪器设备。缺点是：形成的副产物可能对色谱分离造成较大困难；在衍生化过程中，容易引入杂质或干扰峰，或使样品损失。柱后衍生是针对柱前衍生的某些缺点，加以改进的衍生法，即把多组分样品先注入色谱柱进行分离，当各个组分从色谱柱流出后，分别与衍生化试剂进行反应，生成带有显色官能团的衍生化产物，再进入检测器。这种方法的优点是：形成副产物不重要，反应不需要完全，产物也不需要高的稳定性，只需要有好的重复性即可；被分析物可以在其原有的形式下进行分离，容易选用已有的分析方法。缺点是：对于一定的溶剂和有限的反应时间来说，目前只有有限的反应可供选择；需要额外的设备，反应器可造成峰展宽，降低分辨率。

5.1.8.3 衍生化试剂

衍生化试剂能够将不能分析的样品通过衍生化反应转化为可分析的化合物。衍生化试剂主要有硅烷化试剂和酰化试剂类等。虽然已有许多的衍生化试剂被使用，但是目前开发新的衍生化试剂仍然是一个活跃的研究领域，其主要目的是不断提高灵敏度和选择性以及扩大应用范围。

衍生化试剂有一定的要求：衍生化试剂必须过量且稳定；衍生物、衍生产物和衍生副产物至少是容易分离的；衍生反应快速完全。

硅烷化作用是指将硅烷基引入，一般是取代活性氢。活性氢被硅烷基取代后降低了化合物的极性，减少了氢键束缚，因此所形成的硅烷化衍生物更容易挥发。同时，由于含活性氢的反应位点数目减少，化合物的稳定性也得以加强。硅烷化化合物极性减弱，被测能力增强，热稳定性提高。硅烷化在 GC 分析中用途最大。许多被认为是不挥发性的或是在 200~300℃ 热不稳定的羟基化合物经过硅烷化后成功地进行色谱分析。

硅烷化作用同时受到溶剂系统和添加的催化剂的影响。催化剂的使用（如三甲基氯硅烷、吡啶）可加快硅烷化作用的反应速度。确定好硅烷化反应的时间和温度至关重要。必须知道衍生化的转化速率，以实现对未知样品的定量分析。硅烷化试剂一般都对潮气敏感，应密封保存以防止其吸潮失效。硅烷化试剂适用范围较广，但如果使用过多，则可能对火焰离子化检测器造成影响。三甲基硅烷是 GC 分析最常用的通用硅烷化基团，引入此基团可改善色谱分离，并使得特殊检测技术的应用成为可能。

酰化作用作为硅烷化的代替方法，可通过羧酸或共衍生物的作用将含有活泼氢化合物（如—OH、—SH、—NH_2）转化为酯、硫酯或酰胺。含有卤离子的羰基基团可增强电子捕获检测器。

酰化作用具有很多优点：保护不稳定基团，增加化合物的稳定性；提高糖类、氨基酸等物质的挥发性。酰化试剂常带有大量的极性官能团，加热时易分解，有助于混合物的分离，使用 ECD 检测，分析物检测下限可降低很多。一般是—NH_2、—OH 极性基团才进行衍生化，改善色谱行为。

5.2 食品热加工过程中化学危害物常用检测技术

食品热加工过程中化学危害物常用的检测技术主要有色谱法、质谱法、酶联免疫法以及其他先进的检测技术。色谱技术是由经典液相色谱法发展起来的一门新兴技术，是分离混合物组分的一种方法，基于混合物中各组分在互不相溶的两种物质间进行吸附或分配，以达到分离的目的。

色谱分析法最初是由植物学家哈伊尔-茨维特提出的，他将植物叶子提取物以石油醚为载体通过载有碳酸钙粉末的玻璃柱实现混合组分的分离，结果在碳酸钙玻璃柱上形成了几种植物色素的色谱带，从而这种分离分析的方法被称为色谱分析法。茨维特因此被认为是色谱分析的奠基人，但是这一方法在较长时期内并没有被人们所重视。直至 1931 年以后，人们在应用色谱分析方法分离类胡萝卜素等工作中，提出了色谱分析的原理及其实用价值的报告，于是才逐步完善了这一技术方法，促进了色谱分析的发展。

随着色谱分析方法的不断发展，出现了多种类型的色谱技术方法，按照《中华人民共和国药典》的分类，将色谱法分为纸色谱法、薄层色谱法、柱色谱法、气相色谱法、高效液相色谱法及电泳法等。从不同的角度进行分类，色谱法可有以下几种分类方法。按分离原理分类：吸附色谱法、分配色谱法、离子交换色谱法与分子排阻色谱法等。按操作形式分类：平面色谱法、柱色谱法及电泳法。按两相物态分类：根据流动相分子的聚集状态分为气相色谱法和液相色谱法。

虽然出现了多种多样的色谱技术方法，但是最常用的还是两相物态的分类方法。任何一种色谱分析方法，其被分离的组分都是在两相间进行分离。其中一相是一种含有很大表面积的静止物质，称为"固定相"；而另外一相是通过或者沿着静相的表面流动的物质，称为"流动相"。固定相可以是固体，也可以是液体；流动相可以是液体，也可以是气体。根据两相在色谱分离中所处的状态，可将色谱法分为四种基本类型，即气固色谱、气液色谱、液固色谱、液液色谱。

由于色谱分析中所用固定相的不同，于是产生了另外两种色谱分析方法：离子交换色谱和凝胶渗透色谱。离子交换色谱是以离子交换树脂为色谱分析中的固定相，利用交换树脂中的极性化学键，使被分离物质在两相之间形成可逆的反应。凝胶渗透色谱是以分子筛为固定相，用以分离分子大小不同的化合物。但这一分类方法无法表示色谱分离的性质，因而有人提出按色谱分离过程的物理和化学性质分类的方法。

① 吸附色谱：固定相为固体吸附剂，包括气固吸附色谱及液固吸附色谱。利用固体吸附剂对混合物中各组分吸附性能的不同，达到分离的目的。

② 分配色谱：固定相为附着在单体上的液体，包括气液分配色谱及液液分配色谱。利用混合物中各组分在两相中的溶解度不同而有着不同的分配系数，从而进行分离。

③ 离子交换色谱：固定相为离子交换树脂。利用交换树脂中的极性化学键，使被分离的物质在两相间形成可逆的反应，达到分离混合物的目的。

④ 凝胶渗透色谱：固定相为分子筛。利用混合物中各组分的分子大小的差异，使通过分子筛固定相进行分离。

对于复杂有机物混合试样，色谱法具有极高的分离效率，这也是其不同于其他分析方法最显著的特点。色谱法具有三高、一快、一广的优点，分别是高选择性、高效能、高灵敏度、分析速度快、应用范围广。缺点是对未知物的定性分析差，需要与其他技术联用。色谱法对食品科学的发展起到了巨大的推动作用，如食品中各种化合物的分离、分析和结构测定，食品热加工过程中化学危害物的检测等。

5.2.1 薄层色谱检测技术

5.2.1.1 概述

薄层色谱法（thin layer chromatography，TLC）是 20 世纪 60 年代从经典柱色谱法及纸色谱的基础上发展起来的一种色谱技术，后来得到改进之后，有了较快的发展。TLC 是以薄层吸附剂为固定相，溶剂为流动相的分离技术，具体操作方法是将固定相涂布于玻璃等载板上成均匀的薄层，将被分离的物质点在薄层的一端，置于展开室中，流动相借助毛细管作用从薄层点样的一端展开到另一端，在此过程中不同的物质得到分离，分离的原理因固定相的不同而不同。

薄层色谱法具有简单、迅速、灵敏高度、分离效能好等优点，已发展成为高精度、重现性良好的分析方法，因此已广泛应用于化学分析的多种领域，与气相色谱法、高效液相色谱法并列为三种最常用的色谱分析方法。目前在食品卫生化学分析中，也多采用薄层色谱技术，特别是对食品中的微量有机毒物的分离和分析，更显出薄层色谱的优越性，已成为食品卫生化学分析中的一项重要技术。

根据薄层色谱所使用的固定相物质的性质，可将薄层色谱分为以下几类：吸附薄层色谱、分配薄层色谱、离子交换薄层色谱和凝胶过滤薄层色谱。目前由于薄层色谱不断地发展，这一微量分离技术已显示出比纸色谱法更具有应用价值。薄层色谱具有以下特点。

① 混合物展开分离迅速。一般展开一次在 15～60min，而纸色谱多在几小时至十几小时，因此薄层色谱法更适于快速鉴定。

② 分离效能比纸色谱好。由于展开距离比较短，因此斑点比较致密。

③ 样品溶液需要量少。通常为一微升至几十微升。

④ 操作简便。不需要特殊昂贵而又复杂的仪器，便于普及。

⑤ 灵敏度高。与纸色谱比较，其灵敏度高 10～100 倍。

⑥ 受温度变化影响不大。因展开时间较短，不像纸色谱难于控制温度。

⑦ 可以使用强腐蚀性的显色剂。因固定相多为惰性无机化合物，所以可以使用浓硫酸、浓硝酸、氢氧化钠等强腐蚀性显色试剂。这是纸色谱法所不及的。

⑧ 薄层色谱的分离容量与纸色谱相比较大，因此可以用作微量物质分离的制备色谱。

⑨ 可以作为一种纯化手段，与气相色谱、红外分光光度等方法联用。

薄层色谱虽然有以上优点，并在色谱分析领域内构成了独特的一个分支，但也有不足之处。首先，限于操作条件，标准化不易严格控制，因此薄层色谱重现性不够理想；由于薄层板的脆弱性，色谱不易保存；挥发性物质及高分子量化合物的应用上还存在着一定的问题等。因此，必须全面、正确地评估这一技术方法。

薄层色谱是柱色谱的改良，即开放式的柱色谱，而同时又类似纸色谱的操作技术。因此色谱法的一般原理对于薄层色谱也是适用的。在色谱分析中，主要是流动相溶剂带动混合物组分流经固定相（即色谱柱、薄层板、滤纸等）的过程。根据固定相的性质，使被分离的组分基于以下的一种或几种因素，在固定相与流动相间进行分配，从而达到分离的目的。分离模式主要有：在固定相的表面或内部所持有的液体中进行溶解分配；在固定相的表面或孔隙中进行吸附分配；与固定相的离子组分形成极性键。

5.2.1.2 薄层色谱系统及操作步骤

薄层色谱系统主要由光源、单色器、试样台、检测器和记录仪等构成。其光学系统有单光束、双光束和双波长三种。一般都可直接测量薄层板上斑点的吸光度和荧光强度。测量荧光强度不仅选择性好，而且灵敏度高。

薄层色谱操作步骤主要为薄层板的制备、点样、展开、显色、定性和定量分析等步骤。薄层色谱法因其设备简单，操作方便，一般实验室只要有以下基本材料及设备，也可以展开薄层色谱工作。薄层色谱系统包括滤纸和薄层板、涂布器、点样器、展开室、显色器和薄层扫描仪。

（1）薄层板的制备　薄层板一般采用厚 2～3mm、厚度均匀、边角垂直平滑的支持物作为载板，在其上涂有吸附剂。涂布薄层板的制备方法主要有使用涂布器、倾倒涂层、浸涂和喷涂。薄层板分为软板和硬板两种。软板制作过程简单但分离效果较差而应用较少。硬板包括荧光薄层板和配位薄层板等。常规薄层色谱使用的吸附剂有硅胶、氧化铝、硅藻土、纤维素和聚酰胺等。分离亲水性化合物常选择纤维素、硅藻土和聚酰胺等。

为了使薄层牢固地附着在支持物上，因此需要在吸附剂里加入适当的黏合剂。理想的黏合剂要求亲水性好、黏着力强且具有化学惰性。常用的黏合剂有羧甲基纤维素钠（CMC-Na）、淀粉、聚乙烯醇和聚丙烯酰胺等。如可在制备薄层时加入荧光指示剂，带有荧光指示剂的薄层在紫外灯下整个薄层呈现荧光，目标化合物斑点处荧光猝灭而呈暗色。

（2）点样　把样液点在板一端的适当位置叫做点样。在薄层色谱法中，点样是造成误差的主要因素，也是能否达到良好分离的关键。不同的点样器会造成不同的结果，样液的配制、点样体积和净化条件都会对结果造成影响。在使用薄层色谱之前，必须将样品配制成一定浓度的溶液以便点到板上。配制样品时应选用合适的溶剂，不同溶剂对样品的洗脱能力不同。目前最常用的溶剂为甲醇和乙醇。点样后，必须将溶剂全部除去再进行展开，要避免高温加热，以免改变待测成分的性质。

（3）展开　将点样后的薄层板置于密闭的展开槽中，使薄层板下端浸入展开剂，借助板上吸附的毛细管作用使混合组分分离。分离后各斑点在薄层上的位置用比移值表示。常用的展开方法主要有线性展开、环形展开、向心展开和多次展开几种方式。不同的展开方式有不同的要求，但是对于展开剂的选择要求却是一定的。

薄层色谱中展开剂的选择直接关系到能否获得满意的分离效果。展开剂要能够很好地溶解待测组分且不与其发生反应；展开后的组分斑点圆而集中，无拖尾现象；待测组分的比移值在 0.4~0.5 之间；流动相的选择遵循相似相溶原则，即强极性试样宜选用强极性展开剂，反之。进行薄层色谱分析，一般先用单一的低极性溶剂展开，然后再更换极性较大的溶剂。常用的单一溶剂由小到大的极性顺序为己烷、二硫化碳、苯、四氯化碳、二氯甲烷、乙醚、乙酸乙酯、丙酮、丙醇、甲醇和水。

（4）显色　当溶剂前沿到达预定位置时，取出薄层板，其斑点在可见或紫外灯光下并未出现。这时要根据目标化合物的理化性质选择合适的显色剂进行显色。

常用的显色方法主要有喷雾显色、浸渍显色、超压衍生化和展层显色法等。通用的显色剂主要有碘蒸气、硫酸-乙醇、高锰酸钾-硫酸和高氯酸等。薄层色谱显色也有一些专属的显色剂，如溴甲酚绿-甲醇：脂肪族羧酸在绿色背景上显示黄色斑点；磷钼酸-乙醇：还原性物质显蓝色斑点，再以氨气熏，背景变为无色；二硝基苯肼-乙醇：酮在黄橙色背景上显红色或橙色斑点；茚三酮：氨基酸及脂肪族伯胺类化合物在白色背景上显粉红色到紫色斑点；三氯化铁-铁氰化钾：用来检测酚类、芳香族类及甾类化合物。

（5）定位　定位包括两个步骤，即定性和定量。定性是指对比试样组分和纯品的比移值，从而鉴定物质属性。比移值受多重因素的影响，如吸附剂、薄层板的厚度、展开剂的极性等，很难控制待测组分的实验条件与规定的实验条件完全一致，因此一般情况都需要进行校正。

定量分析可分为洗脱法和直接法两种。洗脱法是用适当的方法把斑点部位的吸附剂全部取下，洗脱必须充分，结果才准确。直接法为薄层扫描定量法。

薄层扫描定量法可分为吸收测定法和荧光测定法。吸收测定法分为透射法和反射法。透射法灵敏度高，但薄层的不均匀度对测定有影响，基线噪声大，故信噪比小。反射法受薄层表面不均匀度影响较大，但对薄层厚度要求不高，基线比较稳定，因此信噪比较大，重现性好。

5.2.2 气相色谱检测技术

气相色谱技术（gas chromatography，GC）是以气体为流动相的色谱方法，由于其独特、高效、快速的分离特性，目前已经成为食品分析领域不可缺少的一种分离分析方法。分析的样品限于气体和沸点较低的具有挥发性的化合物。

5.2.2.1 气相色谱技术的原理

色谱法是一种物理分离技术。它的分离原理是使混合物中各组分在流动相与固定相间进行，当流动相中所含的混合物经过固定相时，就会与固定相发生相互作用，由于各组分在性质与结构上的不同，相互作用的大小强弱也有差异，因此在同一推动力作用下，不同组分在固定相中的滞留时间有长有短，从而按先后顺序从固定相中流出。这种借在两相分配原理而使混合物中各组分获得分离的技术，称为色谱分离技术或色谱法。当用液体作为流动相时，称为液相色谱；当用气体作为流动相时，称为气相色谱。气相色谱的分离原理是利用不同物质在两相间具有不同的分配系数，当两相做相对运动时，试样的各组分就在两相中经反复多次地分配，使得原来分配系数只有微小差别的各组分产生很大的分离效果，从而将各组分分离开来，然后再进入检测器对各组分进行鉴定。

5.2.2.2 气相色谱的基本理论

气相色谱常用术语有基线、峰高、峰宽、保留值、相对保留值、分配系数和容量因子、分离度等。

基线是指当色谱柱后没有组分通过检测器时，仪器记录到的信号。稳定的基线是一条直线。峰高是指色谱峰最高点与基线之间的距离。峰宽一般是指从峰两边拐点做切线，切线与基线交点间的距离。

保留值为试样中各组分在色谱柱中滞留时间的数值，有保留时间和保留体积两种表示方式。保留时间为从进样到组分出现最大浓度的时间。不被固定相吸附的组分的保留时间称为死时间。扣除死时间后的保留时间为调整保留时间。保留体积是指从进样到组分出现最大浓度时所通过的载体体积。死体积是指色谱柱管内固定相颗粒间所剩的空间、色谱仪中管路连接头的空间及检测器的空间的总和。死体积反映柱和仪器系统的几何特性,它与被测组分的性质无关。调整保留体积是指扣除死体积后的保留体积,反映了被测组分的保留特性。相对保留值是指某一组分的调整保留值与标准物调整保留值的比值,可作为色谱定性分析的参数。

分配系数是指组分在固定相和流动相之间发生的分配过程。色谱分离是基于组分在两相中分配情况的不同,可用分配系数来描述。分配系数是在一定的温度和压力下,组分在固定相和流动相平衡浓度的比值。在气相色谱中分配系数取决于组分及固定相的热力学性质,分配系数小的组分,因每次分配后在气相中的浓度较大,因而较早流出色谱柱。容量因子是指在一定的温度和压力下,两相平衡时目标组分所占的质量比。

分离度为相邻两组分保留时间之差与两组分基线宽度之和的一半的比值。欲将两组分分开,要求两组分的保留时间相差较大且色谱峰要尽可能窄。

试样在色谱柱中的分离过程主要考虑两个方面:各组分在两相间的分配情况和各组分在色谱柱中的运动情况。气相色谱分离的基本理论主要有塔板理论和速率理论。塔板理论是设想色谱柱为精馏塔,在每个塔板上组分达到平衡。经过多次平衡后,由于分配系数不同,各组分得到分离。分配系数小的组分先流出精馏塔。速率理论能够很好地解释组分在色谱柱的分配平衡和分离过程,能够说明色谱峰展宽、柱效能下降的原因。

改善色谱柱柱效的方法主要有选择颗粒较小的均匀填料,选择较低的柱温,选用合适的载气和载气流速。

5.2.2.3 气相色谱系统的组成和基本原理

气相色谱系统有载气系统、进样系统、色谱分离系统、检测系统、温度控制系统和记录系统。载气系统一般采用高压气瓶,常用有 H_2、N_2、He、空气等气体钢瓶;也可采用气体发生器,如氢气发生器、氮气发生器、无油空气泵等。进样系统根据不同的分析要求和不同的进样器内衬确定。对于气体样品，最好采用六通阀进样，可获得良好的进样重复性；液体样品采用微量注射器进样；固体样品采用裂解炉与脉冲炉配合使用。色谱分离系统主要是指色谱柱，它是解决样品组分分离的关键，色谱柱分为填充柱和毛细管柱两大类。检测系统是将样品中的化学组分转化为电信号，实现非电量转移的检测装置，其灵敏度和稳定性关系到整个仪器的性能。温度控制器有恒温控制和程序升温控制两种方式，它是保证进样器、色谱柱、检测器能在正常温度条件下工作的基本元件。记录系统包括记录仪和数据处理机两大类，后者有专用机和 PC 机发展出来的色谱工作站。

欲将色谱柱中两组分分开，固定相的选择是至关重要的。对于气相色谱来说，根据固定相的不同主要有气液色谱和气固色谱。气液色谱的固定相由具有化学惰性、多孔性的载体和固定液组成。气固色谱是吸附色谱，固定相的选择一般都是较大比表面的多孔物质。

5.2.2.4 气相色谱系统的检测器

检测器是将各组分的浓度信号转换为电信号的系统，对于气相色谱分析系统是至关重要的。无论色谱分离的效果多么好，若没有好的检测器就会"看"不出分离效果。因此高灵敏度、高选择性的检测器一直是色谱仪发展的关键技术。

目前 GC 所使用的检测器有多种，其中常用的检测器主要有氢火焰离子化检测器（FID）、火焰热离子检测器（FTD）、火焰光度检测器（FPD）、热导检测器（TCD）和电子捕获检测器（ECD）等。

FID 是通用型检测器，但有些物质在检测器上的响应值很小或无响应，这些物质包括永久气体、卤代硅烷、H_2O、NH_3、CO、CO_2、CS_2、CCl_4 等，所以检测这些物质时不应使用 FID。FID 的灵敏度与氢气、空气、氮气的比例有直接关系，因此要注意优化，一般三者的比例应接近或等于 1:10:1。FID 是用氢气在空气燃烧所产生的火焰使被测物质离子化，从而进行检测，故应注意安全问题。在未接上色谱柱时，不要打开氢气阀门，以免氢气进入柱箱。测定流量时，一定不能让氢气和空气混合，即测氢气时，要关闭空气，反之亦然。无论什么原因导致火焰熄灭时，应尽量关闭氢气阀门，直到排除了故障重新点火时，再打开氢气阀门。为防止检测器被污染，检测器温度设置不应低于色谱柱实际工作的最高温度。检测器被污染的影响轻则灵敏度明显下降或噪声增大，重则点不着火。

5.2.2.5　进样技术

在气相色谱分析中，一般采用注射器或六通阀门进样，通常采用注射器进样。进样量与汽化温度、柱容量和仪器的线性响应范围等因素有关，即进样量应控制在能瞬间汽化达到规定分离要求和线性响应的允许范围之内。

填充柱冲洗法的瞬间进样量为液体、固体样品溶液 $0.01\sim10\mu L$，气体样品 $0.1\sim10mL$。操作过程一定要保证进样量的准确度。

5.2.2.6　气相色谱技术在食品分析领域的应用

周宇（2007）等将从市场上购得的油炸及烘烤食品，经萃取、溴化及蒸发浓缩等前处理步骤后获得48个样品，以气相色谱法对样品中丙烯酰胺的含量进行检测，采用电子捕获检测器分析结果。试验结果表明，降低温度可以使食品中的丙烯酰胺含量降低，但是在油炸前加入抗氧化剂并不会对丙烯酰胺的量产生影响。吴迪等（2009）应用毛细管气相色谱法检测面粉中过氧化苯甲酰和山梨酸添加剂，采用丙酮提取样品中的过氧化苯甲酰和山梨酸，在10min内便能完成两种组分的测定。孔祥虹等（2007）采用毛细管气相色谱法测定辣椒中7种有机磷农药残留，用乙酸乙酯提取样品，旋转浓缩后用丙酮定容直接进样，以HP-1701毛细管色谱柱分离，火焰光度检测器测定，10min内完成7种有机磷农药有效分离，回收率为 $80.8\%\sim108.8\%$，7种农药检出限为 $1.7\sim7.0\mu g/kg$。

5.2.3　高效液相色谱检测技术

经典液相色谱法是用大直径的玻璃管柱在室温和常压下用液位差输送流动相，但是该方法柱效低、时间长。高效液相色谱法（high performance liquid chromatography，HPLC）是20世纪60年代后期在经典液相色谱法的基础上引入气相色谱理论而迅速发展起来的一种检测方法。它与经典液相色谱法的区别是使用粒径更细、更均匀的固定相填充色谱柱。小而均匀的颗粒可以提高色谱柱的塔板数，但会引起高阻力，需用高压输送流动相。HPLC适用于高沸点、大分子、强极性和热稳定性差的化合物的分析。

5.2.3.1 高效液相色谱的分离模式

HPLC 按分离机制的不同可以分为：液固吸附色谱法、液液分配色谱法、离子交换色谱法、体积排阻色谱法和亲和色谱法。

液固吸附色谱法使用的固定相为固体吸附剂，根据固定相对不同组分吸附力大小的不同进行分离。液液分配色谱法是将固定液涂布于具有化学惰性的载体上，根据各组分在固定相和流动相中溶解度的不同而分离。液液色谱法可以分为正相和反相两种。正相色谱是采用极性固定相，流动相为相对非极性的疏水性溶剂。反相色谱是采用弱极性或非极性的固定相，流动相为水或缓冲液。离子交换色谱是采用离子交换树脂作为固定相，被分离组分与树脂上可电离的离子和流动相中具有相同电荷的离子进行可逆交换，根据各离子不同的电荷吸引力进行分离。体积排阻色谱法是采用具有一定孔径大小的多孔性填料作为固定相，流动相是可以溶解样品组分的溶剂，利用分子筛对分子量不同的各组分排阻能力的差异进行分离。亲和色谱法是将不同基体上键合的不同特性的配位体作为固定相，以不同 pH 的缓冲溶液作为流动相，依据生物大分子与配位体之间的特异性亲和能力的差别进行分离。

5.2.3.2 高效液相色谱系统的组成

高效液相色谱系统的基本组成部分主要有高压输液系统、进样系统、色谱分离系统与数据处理系统。

高压输液系统包括储液槽和高压输液泵。储液槽体积一般为 1L，应耐腐蚀，具有化学惰性，不与洗脱液发生反应。储液槽中的溶剂即流动相必须预先脱气，否则容易在系统内逸出气泡，影响泵的工作。气泡还会影响柱的分离效率，影响检测器的灵敏度、基线稳定性，甚至使待测组分无法检测。此外，溶解在流动相中的氧还可能与样品、流动相甚至固定相反应。溶解气体还会引起溶剂 pH 的变化，从而对分离或分析结果带来误差。所以储液槽需要抽真空或吹入惰性气体。常用的脱气方法有：超声脱气法、抽真空脱气法和吹氮脱气法。其中吹氮脱气法是最有效的脱气方法，但是需要消耗高纯氮气，成本较高。高压输液泵的作用是输送流动相，可分为恒流泵和恒压泵。恒流泵是输送恒定流量的流动相，保留值重复性好，基线稳定能满足分析检测要求。恒压泵使惰性气体直接作用于流动相，流速不如恒流泵精确稳定。

进样系统包括进样口、注射器、六通阀和定量管等。分离系统的好坏是色谱分析的关键。HPLC 中广泛应用且有效的进样装置是六通阀，六通阀的进样方式能够确保良好的重现性，即使在高温下也不会干扰流动相的流量。

色谱分离系统主要有色谱柱、恒温装置、保护柱和联结阀等。分离系统的好坏是色谱分析的关键。色谱柱要求耐高压，最常用的柱材料为不锈钢，另外色谱柱要注意保养。恒温装置是在操作过程中维持较高恒定温度，以便待测组分进行分析。

检测系统是把各组分的浓度信号转换为电信号。检测器主要有紫外-可见光检测器、荧光检测器、示差折光检测器和蒸发光散射检测器等。HPLC 的检测要求为灵敏度高、噪声低、线性范围宽、重复性好和适用范围广。

数据记录处理系统与气相色谱系统相同，都是由记录仪和数据处理 PC 机组成。PC 机中有专用的色谱工作站。色谱工作站可以识别色谱峰、对重叠峰和畸形峰进行解析、计算峰的各项基本参数和定量计算各组分的含量等。

5.2.3.3 高效液相色谱在食品分析中的应用

林奇龄等（2005）对淀粉类食品利用活性炭固相萃取技术进行前处理，用高效液相色谱分析其丙烯酰胺的含量。

蔡智鸣等（2006）采用紫外吸收光谱确定检测波长，利用 HPLC 检测技术，结合振荡溶剂提取、萃取脱脂和低温浓缩等前处理方法成功检测出家庭及自制油炸食品中丙烯酰胺的含量。结果表明，22 种以烧烤的方式加工富含淀粉、蛋白质的油炸烧烤食品中均检测到丙烯酰胺且非常容易产生丙烯酰胺，长期使用此种食品将会对人体产生危害。

刘振锋等（2010）以庚胺为内标试剂，苯甲酰氯为样品衍生试剂，高氯酸溶液为样品提取溶剂，采用 Inertsil ODS-3 色谱柱，乙腈和乙酸铵溶液为流动相，采用梯度洗脱，紫外检测器于波长 254nm 处测定发酵豆腐制品中 10 种生物胺含量，成功建立了同时检测中国传统发酵豆制品中 10 种生物胺的高效液相色谱法，并测定一些发酵豆腐制品中的生物胺含量，在 20min 内各种生物胺得到很好的分离。经方法学验证，线性关系良好，回收率在 94.7%～109.8%之间，精密度、重复性 RSD 均小于 10%。

5.2.4 色谱-质谱检测技术

质谱分析是一种测量离子质荷比的分析方法,其基本原理是试样中各组分在离子源中发生电离生成不同质荷比的带正电荷的离子,经加速电场的作用形成离子束进入质量分析器,在质量分析器中利用电场和磁场作用将它们分别聚焦而得到质谱图,从而确定其质量。随着质谱技术的发展,质谱技术在食品领域的应用越来越广泛。

质谱方法的一个重要特点就是它对各种物理状态的样品都具有非常高的灵敏度,而且在一定程度上与待测物分子量的大小无关。质谱能够分析高极性、难挥发和热不稳定的样品,具有迅速、灵敏、准确的优点。质谱法可提供丰富的结构信息,将色谱法与质谱法相结合是分离科学方法中的一项突破性进展。如用质谱法作为气相色谱的检测器已成为一项标准化气相色谱技术方法被广泛使用。由于 GC-MS 不能分离不稳定和无挥发性的物质,所以发展了液相色谱法与质谱法的联用技术。LC-MS 可以同时检测分离组分的位置并且提供结构信息。

5.2.4.1 气相色谱-质谱联用技术(GC-MS)

气相色谱是一种具有高分离能力、高灵敏度和高分析速度的分离技术,但是它仅利用保留时间作为主要依据使其应用受到很大的限制。质谱技术是一种具有很强鉴定能力的定性分析技术,利用气相色谱对混合物的高效分离能力和质谱对纯物质的准确鉴定能力可以实现物质的高精度检测。这种联用技术称为气相色谱-质谱联用技术。气相色谱-质谱联用系统的灵敏度高,适用于低分子化合物(相对分子质量小于 1000)的分析,特别适合挥发性成分的分析。

(1) 气相色谱-质谱联用系统的工作原理 气相色谱-质谱联用系统一般由气相色谱仪、质谱仪、中间的连接装置和计算机四个部分组成。GC-MS 中气相色谱是质谱的样品预处理装置,起着样品制备的作用,质谱则是气相色谱的检测器。GC-MS 相比于 GC 法,其定性能力高,分离尚未分离开来的色谱峰,还可以省略其他色谱检测器。GC-MS 中气相色谱的色谱柱要与接口要求的流量相匹配,载气应具有化学惰性、不干扰质谱图和纯度高等特点,一般使用氢气、氦气和氮气。最理想的载气为氦气。

试样中的组分经过气相色谱柱分离，进入质谱仪。在质谱仪中，目标组分受到真空环境下电子流的轰击，形成各种质荷比的碎片，进入质量分析器被分离和收集，从而得到各组分的质谱图。在质谱图中，横坐标表示质荷比，纵坐标表示离子丰度。根据质谱图进行谱库检索获得目标组分质量和结构方面的信息。

（2）气相色谱-质谱联用系统的操作要点　在使用气相色谱-质谱联用仪时，首先按照流量匹配原则选择合适的色谱柱，设定混合物分离的气相色谱条件及各区的温度，防止出现冷点。注意进样量以能检出和可鉴定为度，尽量减少进样量，防止污染质谱仪。

（3）气相色谱-质谱联用技术在食品领域的应用　林晓珊等（2012）在酱油、酸水解植物蛋白调味液、烤鳗调味汁三种调味品中测定羟甲基糠醛的含量。样品经乙酸乙酯萃取后优化GC-MS的测试条件，以多反应监测模式进行测定。羟甲基糠醛在一定范围内均呈现良好的线性关系，加标回收率为86%～95%。该方法简便、快速、溶剂用量少，可消除调味品中复杂基质的干扰，结果准确可靠、灵敏度高，适用于调味品中羟甲基糠醛的测定。

胡浩军等（2014）在食品样品中测定苯并[a]芘的含量。将样品经同位素内标稀释，加氢氧化钾溶液皂化，用正己烷提取后加水除杂，再经SLH固相萃取小柱富集净化，氮吹浓缩后用气相色谱-质谱联用技术进行测定，内标法进行定量。苯并[a]芘在0.5～50ng/mL范围内线性关系良好，方法最低检出限为0.5ng/mL，加标回收率能达到85%～98%，该方法操作方便、灵敏准确，能满足植物油中苯并[a]芘分析的要求，成功建立了植物油中苯并[a]芘液液萃取-固相萃取-气相色谱质谱检测方法，为植物油的食品安全检测提供参考。

5.2.4.2　高效液相色谱-质谱联用技术

色谱与质谱的联用集高效分离、多组分定性定量为一体，是分析混合物最为有效的工具，但由于分离物质的高极性、热不稳定性、高相对分子质量和低挥发性等原因，不能使用气相色谱-质谱联用技术，那么高效液相色谱-质谱联用技术成功地解决了这些难题。

高效液相分离的化合物多是极性高、挥发性低、易热分解或相对分子质量大的化合物。与液相色谱相比，质谱作为检测器的同时，可以提供待检物质的相对分子质量和大量碎片的信息。它在提供保留时间以外，还能提供每个保留时间下所对应的质谱图，增加了定性能力。LC-MS可以利用选择离子等方法将相同保留时间但具有不同质荷比的色谱峰分离，增强了液相色谱的分离能力。质谱是一种通用型检测器，有很高的灵敏度，可以在小于10^{-12}g水平下进行检测，从相对分子质量几十的小分子到相对分子质量几十万的蛋白质大分子，从弱极性到强极性，只要能够成为离子都可以进行检测。

（1）高效液相色谱-质谱联用技术的基本原理　液-质联用系统主要包括液相色谱、接口、质量分析器、检测器和数据处理系统等。分析样品经液相色谱分离后，进入离子源离子化，经质量分析器分离，检测器检测。液-质联用一般采用直接进样、流动注射和液相色谱三种进样方式。液-质联用技术的接口主要有移动带接口、热喷雾接口和粒子束接口。质量分析器与液相色谱较多应用的是串联质谱。因为液-质联用技术中最常采用软电离技术，主要给出目标组分的相对分子质量，碎片较少，缺乏结构信息，因此需要多级质谱和碰撞诱导接力技术。同时在定量方面，采用串联质谱的多重反应监测，可极大地降低检测限。在食品分析中，较常用的有四级串联质谱、四级质谱和飞行时间质谱串联等。

（2）高效液相色谱-质谱联用系统的操作要点　HPLC-MS在食品分析中应用的主要目的是定性和定量测定某种物质。所有测试条件的优化都是根据目标物的定性定量展开的。HPLC-MS的优化技术主要有对分离条件的优化和对离子化条件的优化。主要涉及质谱仪中离子源的选择、正负离子模式选择、液相色谱中流动相的选择、温度的设定和质谱扫描方式的选择等。

HPLC-MS中最常用的离子源是ESI和APCI源。ESI源适合中等极性到强极性的大分子物质，APCI源适合非极性到中等极性的小分子化合物。正离子模式比较适合于碱性化合物如碱性氨基酸；负离子模式更适合酸性化合物，如被测试样中含有氯、溴等元素时，可以考虑使用负离子模式。根据化合物的组成选择流动相，最常用的流动相为甲醇-水、乙腈-水和甲醇-乙腈-水。一般正离子模式采用甲醇作为流动相，负离子模式采用乙腈。流动相中加入甲酸和乙酸可以提高正离子化效率，但并不是绝对的。流动相的速度对HPLC-MS是至关重要的，一定要在很小的流量下进行分析检测以获得较高的离子化效率，便于后续的质谱分析，定性定量测定目标物质。质谱的扫描方式主要有全扫描、选择离子扫描和多级反应监测。全扫描方式能够给出较为全面的信息，主要用于定性方面；选择离子扫描主要用于检测目标化合物，具有较高的灵敏度，主要用于目标化合物的定量；多级反应监测用于检测目标化合物，具有高灵敏度和高选择性。一般食品分析中多采用多级反应监测的质谱扫描方式。

（3）高效液相色谱-质谱联用技术在食品中的应用　中长链脂肪酸甘油三酯作为一种新资源食品，广泛存在于各种植物油中。由于甘油三酯（TAG）的结构随脂肪酸种类及其与甘油分子结合位点的不同而呈多样性，这使得TAG类化合物成为一类极具复杂性的化合物。杨芹等（2012）采用氯仿-甲醇溶剂体系对TAG类化合物进行提取，脂质提取物经银离子液相色谱柱分离，采用大气压化学电离源正离子模式电离，质谱增强型全扫描、增强型子离子扫描和中性丢失扫描模式检测。根据银离子色谱对双键的保留规律以及质谱所给出的碎片离子信息，对TAG类化合物进行了结构鉴定，建立了银离子高效液相色谱-质谱法分析复杂甘油三酯类化合物的方法。结果表明，该方法简单，重现性好，可通用于植物油等食品样品中TAG类化合物的检测。

类固醇激素的长期使用或摄入会干扰人体正常的激素平衡，造成人体伤害，所以动物源性食品中激素残留的分析检测，对于保障食品安全、维护消费者的健康具有重要意义。石先哲等（2013）通过优化动物组织中提取类固醇激素的预处理方法，构建了在线微柱富集纳升液相色谱分析系统，结合纳喷离子源-串联质谱法实现高灵敏检测动物组织中类固醇激素。该方法的精密度、定量曲线、回收率等分析特性较好，皮质醇最低检测限可达 0.06ng/g。与常规尺寸液相色谱-质谱系统相比，该方法的灵敏度显著提高了数百倍。因此该方法具有灵敏度高、样品需要量少和溶剂消耗小等优势，可用于动物源性食品中激素残留的高灵敏测定。

Barcelo Barrachina 等（2006）采用超高效液相色谱-电喷雾串联二级质谱（UPLC-ESI-MS-MS）技术分析复杂食品体系中的杂环胺含量，仅在 2min 内就完成了 16 种杂环胺的分离和分析。刘红河等（2006）以甲基丙烯酰胺作为内标物，用 HPLC-MS 法测定食品中的丙烯酰胺。均质后的食品样品加入正己烷，经液液分配除去脂肪后用蒸馏水提取丙烯酰胺，用特定试剂净化提取样品，净化液经离心后过微孔滤膜，采用 ESI 离子源，正离子多反应监测模式进行检测，外标法定量。

5.2.5 酶联免疫吸附检测技术

免疫分析是以抗原抗体的特异性结合为基础的分析技术。抗原是一类能刺激机体免疫系统产生特异性免疫应答的物质。抗原具有免疫原性和反应原性。抗体是在机体免疫应答过程中所产生的特异性免疫球蛋白。抗原抗体的高度特异性是由于抗原的抗原决定簇与抗体的抗原识别位点特异性结合造成的。两者在空间结构上互补，所以抗原抗体具有特异性。互补程度越高，结合力越强。

简单的小分子物质只有反应原性而没有免疫原性，但是一些大分子物质如蛋白质有免疫原性，小分子物质与蛋白质结合后具有免疫原性，从而实现了小分子物质的免疫学监测分析。免疫分析已经成为测定食品加工过程中病原微生物、痕量蛋白质和小分子物质的检测方法。

酶联免疫吸附检测技术（ELISA）是将抗原抗体反应的高度特异性和酶反应的高效性相结合的一种检测技术。ELISA可用于测定抗原，也可用于测定抗体。

5.2.5.1 酶联免疫吸附检测技术的基本原理

ELISA 的基本原理是：抗原或抗体结合到某种固相载体表面，并保持其免疫活性；抗原或抗体与某种酶形成酶标抗原或抗体，这种酶标抗原或抗体既保留其免疫活性，又保留酶的活性。试样中的抗原或抗体和酶标抗原或抗体与固相载体表面的抗原或抗体不同步地发生反应。洗脱后仅抗原抗体复合物附着在固相载体上，且固相载体上的酶量与试样中的抗原或抗体的量呈比例关系。加入酶所需的底物后，底物被酶催化变为有色产物，产物的量与标本中受检抗原或者抗体的量直接相关，因此可以根据颜色反应的深浅进行定性、定量分析。

5.2.5.2 酶联免疫吸附检测技术的主要检测模式

ELISA 中必须用到的三种试剂：固相的抗原或抗体、酶标记的抗原或抗体和酶作用的底物。根据试剂的来源和性状以及检测具备的条件，ELISA 有三种主要的检测方法：双抗体夹心法、间接法和直接竞争法。

双抗体夹心法是将特异性抗体与固相载体连接，形成固相抗体，洗涤除去未结合的抗体及杂质。加入受检试样使之与固相抗体接触反应一段时间，让试样中含有的抗原与固相载体上的抗体结合，形成固相抗原抗体复合物，洗涤除去其他未结合的物质。加入酶标抗体，使固相载体上的免疫复合物的抗原与酶标抗体结合。彻底洗涤未结合的酶标抗体。此时固相载体上的酶量与试样中受检抗原的量正相关。加入底物后，夹心式复合物中的酶催化底物产生有色产物。根据颜色反应的程度进行该抗原的定性和定量。根据同样原理，将大分子抗原分别制备固相抗原和酶标抗原结合物，即可用双抗原夹心法测定试样中的抗体。

间接法是检测抗体最常用的方法，其原理为利用酶标记的抗抗体检测已与固相载体结合的受检抗体。首先将特异性抗原与固相载体结合形成固相抗原，洗涤除去未结合的抗原及杂质。加入受检试样，其中的特异性抗体与抗原结合形成固相抗原抗体复合物。经洗涤后，固相载体上只留下特异性结合的抗原抗体复合物。加入酶标抗抗体与固相抗原抗体复合物中的抗体结合，从而使该抗体间接地标记上酶。洗涤后固相载体上的酶量就代表特异性抗体的量。加入酶反应的底物显色，颜色深度代表试样中受检抗体的量。本方法只要更换不同的固相抗原，可以用一种酶标抗抗体检测各种与抗原相对应的抗体。

竞争法可用于测定抗原，也可用于测定抗体。以测定抗原为例，受检抗原和酶标抗原竞争性地与固相抗体结合，因此结合于固相载体上的酶标抗原量与受检抗原的量呈反比。首先将特异性抗体与固相载体连接形成固相抗体，洗涤除去杂质和多余的抗体。加入试样和酶标抗原的混合溶液使之与固相抗体反应。若试样中无抗原，则酶标抗原能顺利地与固相抗体结合。若试样中含有抗原，则和酶标抗原竞争性地与固相抗体结合，使酶标抗原与固相抗体的结合量减少。空白对照为只加入等量的酶标抗原溶液，酶标抗原与固相抗体的结合可达最充分的量。洗涤后，加底物显色。由于结合的酶标抗原最多，故颜色最深。空白对照管中颜色深度与受检试样的颜色深度之差代表受检试样中抗原的含量。

5.2.5.3 ELISA 在食品检测中的应用

基于丙烯酰胺分子量小、结构简单的特点，制备其特异性抗体难以实现，吴璟等（2014）将丙烯酰胺与对巯基苯乙酸衍生合成半抗原，偶联载体蛋白并免疫动物制备针对丙烯酰胺衍生物的特异性抗体，并进行辣根过氧化物酶标记，进而建立通过检测丙烯酰胺衍生物实现对丙烯酰胺定量分析的直接竞争酶联免疫分析方法。本方法对丙烯酰胺的检出限为 3.0μg/L，线性范围为 9.2～195μg/L，对饼干、薯片及咖啡样品中丙烯酰胺的平均添加回收率为 83.6%～112.7%，结果与标准检测方法 HPLC-MS/MS 符合。

李月明等（2012）以抗双酚 A（BPA）的腹水单抗建立了 BPA 的间接竞争酶联免疫检测（icELISA）法，利用该法对市面上聚碳酸酯（PC）制包装材料中 BPA 向食物的迁移量进行检测，并与高效液相色谱法检测结果相比较。BPA 的 icELISA 法检测范围为 $2.817 \sim 1.212 \times 10^6$ ng/mL，IC_{50} 为 1847.9ng/mL，检测限为 0.324ng/mL，该法测定罐装鱼肉和蔬菜中 BPA 分别为 1015.25ng/mL 和 207.22ng/mL。

5.2.6 其他先进检测技术

在食品危害物的分析检测中还有许多方法，如高效毛细管电泳法、紫外-可见分光光度法、红外吸收光谱分析法、原子吸收分光光度法、聚合酶链反应法和生物芯片检测法等。

高效毛细管电泳法是结合经典电泳和微柱分离技术形成的一种高效、快速的分离技术，具有高灵敏度、高分离效能、高分析速度的优点，而且测定过程中样品用量少，分析成本低和应用范围广。高效毛细管电泳法可以分离小分子、离子、生物大分子甚至各种颗粒性物质。

紫外-可见分光光度法是一种集比色分析与分光光度为一体的新方法，是以与标准溶液颜色对比，利用分光光度计进行比色分析。被测定的物质在紫外-可见光光区有特定的吸收，因此可以对其进行定性定量测定。近紫外区的波长范围是 200～400nm，可见光区的波长范围是 400～760nm。紫外-可见分光光度法操作简便快速，灵敏度高，可达到 $10^{-6} \sim 10^{-5}$ mol/L，准确度较高，相对误差为 2%～5%。

杨生玉等（2005）选择（198±1）nm 作为定量峰，在中性 pH 条件下测定丙烯酰胺的含量。丙烯酰胺在 0.25～8.00mg/L 的范围内，吸收值与样品浓度的线性关系良好，与气相色谱法分析检测丙烯酰胺的结果一致，成功建立了检测丙烯酰胺的简单、灵敏度和准确度良好的紫外-可见分光光度法。

红外吸收光谱法是利用物质分子对红外光谱的吸收，得到与分子结构相对应的红外光谱图，从而鉴定待检物质分子结构的方法。红外光谱是由于分子中的振动能级和转动能级的跃迁引起的。红外区可分为三个区域：近红外区、中红外区和远红外区。通常所说的红外光谱为中红外区，$4000\sim400cm^{-1}$。红外光谱图多用波数表示横坐标，为 1cm 长度中所含有的波的数目，即波长的倒数；用百分透光率（$T\%$）表示纵坐标，因此，其吸收峰峰顶向下。

原子吸收分光光度法是基于蒸气相中被测元素的基态原子对其原子共振辐射的吸收强度来测定试样中的被测元素的含量。原子吸收分光光度法作为一种测量痕量和超痕量元素的方法，得到了广泛应用。原子吸收分光光度法具有灵敏度高、检出限低、选择性好、抗干扰能力强、分析速度快和精密度高等特点。

聚合酶链反应（PCR）法是检测食品体系中微生物最常用的一种方法。PCR 具有特异性强、灵敏度高、简便快速、对标本的纯度要求低等特点。PCR 主要有两种模式：定性 PCR 和定量 PCR。PCR 的反应过程一般由变性、退火、延伸三个基本反应步骤组成。变性过程主要是核酸分子的解链过程，由双链解为单链。退火过程是使单链 DNA 与引物互补结合。引物的延伸是指 DNA 模板-引物结合物在 Taq DNA 聚合酶的作用下，以 dNTP 为反应原料，靶序列为模板，按照碱基配对和半保留复制原理合成一条新的与模板 DNA 链互补的半保留复制链。

生物芯片法是指在固相基质上集成各种可以作为受体的生物信息，将大量生物大分子利用受体与连接物间的反应进行生物学检验的方法。生物芯片技术主要包括四个基本过程：芯片制备、样品制备、生物分子间的反应和芯片信号检测。

5.3 食品热加工过程中典型化学危害物检测技术

5.3.1 晚期糖基化终末产物检测技术

晚期糖基化终末产物（advanced glycation end products，AGEs）是指在

生物或食品体系中，由美拉德反应形成的高度氧化的复杂混合物。现有医学研究表明，糖尿病、肾衰竭患者体内 AGEs 含量高于健康人体，患者体内 AGEs 的形成和累积会加速疾病的进程。食源性糖氧化产物的摄入和吸收会使高血糖、糖尿病、动脉粥样硬化等疾病恶化。

我国食品制作工艺多以热加工为主要方式，美拉德反应及非酶褐变对其色、香、味的形成具有重要作用，而热加工过程中温度的升高、时间的延长都会使 AGEs 含量增加，长期食用此类食品对人体健康将有一定危害。因此，准确检测各类食品中 AGEs 的含量，对减少食源性 AGEs 的摄入有导向性作用。由于 AGEs 为复杂混合物，目前仍缺少统一标准的检测方法。目前食品中 AGEs 的检测方法主要有以下几种。

5.3.1.1 荧光检测技术

AGEs 大多具有荧光交联特性，受激发光照射激发后将发出比激发光波长长的发射光，可通过荧光技术对其进行检测。AGEs 是由不同化合物组成的复杂混合物，在荧光检测时具有较广的激发光谱及发射光谱范围，分别为 300~420nm、420~600nm。当激发波长为 370nm、发射波长为 440nm 时，荧光性 AGEs 有最大吸收，但是荧光法在测定以不同种类蛋白质为底物产生的 AGEs 时，其最大激发、发射波长均有差异。

现有荧光检测技术主要包括：FAST（fluorescence of advanced Maillard products and soluble tryptophan）技术、三维荧光扫描技术（front-face fluorescence）、HPLC-荧光检测器联用技术。

5.3.1.1.1 FAST 技术

FAST 技术即同时检测样品中蛋白质变性及荧光性美拉德产物形成程度的检测技术。最大激发、发射波长分别为 290nm、340nm 时所测得的荧光值为蛋白质变性指标（Trp fluorescence），最大激发、发射波长分别为 330nm、420nm 时所测得的荧光值为美拉德产物形成程度指标（AMP fluorescence）。

$$FAST 指数 = (AMP\ fluorescence)/(Trp\ fluorescence) \times 100$$

Leclere（2001）等实验证明在牛奶及类牛奶体系中，荧光性 AMP 可以准确地评价赖氨酸在加热过程中的损失，即 FAST 技术与传统使用呋喃素为检测指标的技术精确度相当，且 FAST 技术更为灵敏。

5.3.1.1.2 三维荧光扫描技术

三维荧光扫描技术能够更加敏感地检测出样品在加工或贮藏中所发生的细微变化，适用于在线连续检测。Birlouez（2005）等在实验中直接采用三维模式的荧光分析法对奶粉及牛奶进行检测，作为评价婴幼儿配方奶粉中美拉德反应情况的指标。

5.3.1.1.3 HPLC-荧光检测器联用技术

HPLC-荧光检测器联用技术即采用高压输送系统将液体流动相及样品泵入色谱柱，在色谱柱内进行成分分离后再由荧光检测器进行检测，即先分离再检测，适用于单一AGEs的检测。

戊糖素是由戊糖衍生而来的一种荧光性AGEs，是目前广泛研究的AGEs之一。Chao（2009）等在实验中采用HPLC-荧光检测器联用技术对戊糖素进行检测，样品经C_{18}柱分离后，流出物用荧光检测器检测，实验用最大激发波长为335nm，最大发射波长为385nm。

荧光检测技术具有快速、简便、成本适宜等优点，在食品AGEs的检测中使用较为广泛。因AGEs本身含有CML、Pyrraline等非荧光性物质，在以测定荧光性AGEs含量表示样品总AGEs含量时，将会影响测定结果的可靠性。另食品体系自身可能存在一些荧光性物质或者可以引起荧光猝灭的物质，从而对荧光性AGEs的检测产生影响。

5.3.1.2 色谱分析技术

色谱分析技术即利用样品中不同分子在固定相和流动相之间的平衡分配使不同组分分离，利用串联检测器进行定性、定量分析。每种AGEs都有特定的电荷和分子量，因而可利用它们在两相中的分配系数、吸附能力不同等进行分离。食品中AGEs检测时使用的色谱分析技术可以分为：气相色谱分析技术和液相色谱分析技术。

5.3.1.2.1 气相色谱分析技术

食品中AGEs检测时最常使用的气相色谱分析技术为气相色谱-质谱联用技术（GC-MS），待检样品经气相色谱分离后按顺序进入质谱，再利用质谱对待检样品组分进行定性、定量分析。

应用GC-MS技术时，待测样品一般需经预处理。Charisson等（2007）

在食源性 CML 检测研究中，将牛奶样品进行脱脂、HCl 水解，对水解产物分别使用甲醇、三氟乙酸酐衍生化处理后，再进行 GC-MS 定量分析，与 ELISA 技术测定结果比较，结果显示，在粉末状样品检测时两种技术检测结果有良好的相关性，在液体状样品检测时两种技术检测结果相关性较差。Petrovic 等（2005）在内源性 CML 检测研究中，也分别对尿液样品进行乙腈脱蛋白、乙烷基氯甲酸酯衍生化处理后，再进行 GC-MS 分析。为防止样品在酸水解时产生新的 CML，可在水解前向样品中加入硼氢化钠，将果糖基赖氨酸转化成非 CML 前体物己糖醇赖氨酸。

5.3.1.2.2 液相色谱分析技术

食品内 AGEs 检测时应用最为广泛的液相色谱分析技术为液相色谱-质谱联用技术（LC-MS），其原理与 GC-MS 相似。此外，还有反相高效液相色谱（RP-HPLC）、超高效液相色谱-质谱联用技术（UPLC-MS）、流动注射分析法（FIA）。

应用 LC-MS 技术时，待测样品也需要经过一定处理。Delatour 等（2009）在 AGEs 检测的研究中，将乳制品进行酸水解、酶消化、固相萃取柱净化处理后，再进行 LC-MS 分析。Ahmed 等（2005）在对所选饮料及食品中 AGEs 检测时使用了 LC-MS 技术，实验结果表明可乐中含有较少的 CML、CEL，经巴氏消毒杀菌的牛奶含有较多的 CML、CEL。

反相高效液相色谱（RP-HPLC）是由非极性固定相和极性流动相所组成的液相色谱体系，与高效液相色谱组成相反。Drusch 等（1999）将待测样品经水解、邻苯二醛衍生化处理后，再用 RP-HPLC 进行分析，结果表明，乳清干酪中 CML 含量为 1016mg CML/kg 蛋白质、炼乳中 CML 含量为 1691mg CML/kg 蛋白质、咖啡奶油中 CML 含量为 613mg CML/kg 蛋白质、椰子汁中 CML 含量为 413mg CML/kg 蛋白质。Jose 等（2004）将 RP-HPLC 技术应用于不同加热、贮藏条件下肠衣制食品中吡咯素含量的检测，以此来表示加热或贮藏对肠衣制食品的损害。

超高效液相色谱（UPLC）较高效液相色谱增加了分析的通量、灵敏度及色谱峰容量，使检测结果更加可靠。对食品样品的前处理方法进行优化，确定适合的色谱和质谱条件，建立一种快速、灵敏度高的超高效液相色谱串联质谱的检测方法。

流动注射分析系统是利用高效液相色谱的高压泵、进样器与串联的荧光或紫外检测器构建起的流动系统。江国荣等（2007）在 FIA 检测 AGEs 的模型建立中指出，预处理后的样品经高效液相色谱自动进样器注入，由高压泵驱动，随流动相进入二级阵列管检测器或荧光检测器进行检测，荧光检测的激发波长和发射波长分别为 370nm、440nm，实验结果表明 FIA 用于 AGEs 水平检测较可靠。

色谱分析技术一般用于单一 AGEs 的定性、定量分析，其样品前处理繁琐、成本较高，但特异性好、测定结果可靠性高。

5.3.1.3 酶联免疫吸附检测技术

酶联免疫吸附检测技术是一种快速、价廉、可靠、操作简便的检测 AGEs 的方法，最先关于 ELISA 技术检测 AGEs 的报道多集中于医学临床检测领域，目前在食品内 AGEs 的检测中也得到逐步应用。酶联免疫吸附检测技术可以分为竞争性酶联免疫吸附检测与非竞争性酶联免疫吸附检测，在 AGEs 的检测中竞争性酶联免疫吸附检测应用较为广泛。

Joachim 等（2002）在对肾衰竭Ⅰ型糖尿病患病儿童血清中 CML 检测时采用了竞争性酶联免疫吸附检测技术，其采用葡萄糖糖化培养 3 周后的牛血清蛋白与经辣根过氧化物酶标记的 CML 小鼠单克隆抗体混合，以过硼酸钠与 ABTs 的混合液作为指示酶的基质，通过待测样品中 CML 修饰蛋白对抗体的竞争性结合来检测，结果表明，该方法的检出限为 5ng CML/mL，批内与批间检测精度分别为＜5％、＜7％。Schmitt 等（2005）在研究中指出使用 CML-ELISA 试剂盒检测样品中 CML 含量的方法实用、可靠。

近年来酶联免疫吸附检测技术在食品内 AGEs 的检测中得到了逐步应用。Tauer 等（1999）将竞争性酶联免疫吸附检测技术应用于加热牛奶中 CML 的检测，研究发现，当 CML 卵白蛋白的覆盖量为 $10\mu g/mL$，抗血清稀释倍数为 1/25000 时，该法有最高的敏感度，检测范围为 10～100ng/mL，其在实验中证明牛奶及奶粉样品无需进行净化处理可直接使用酶联免疫吸附检测技术检测。

酶联免疫吸附检测技术具有快速、价廉等优点，但其检测准确性却遭到一些学者的质疑。当使用 ELISA 技术对复杂体系（比如：液体或水解后的婴幼儿配方食品）进行检测时，其检出值比真实值高；在一些高脂食品（如肉制品、油炸食品等）中，使用 GC-MS 或 HPLC 技术检测显示没有或者较低含量的 CML，而使用 ELISA 技术检测时则显示出较高的 CML 含量。

5.3.1.4 其他分析技术

除以上介绍的各种常用食品中 AGEs 检测方法外，利用十二烷基硫酸钠-聚丙烯酰胺凝胶电泳（SDS-PAGE）免疫印迹技术进行 CML 的检测，牛奶样品被 SDS-PAGE 分离，然后使用 CML 抗血清染色进行检测，该技术可用于不溶性蛋白质中 CML 含量的测定（Tauer，1999）。对使用基质辅助激光解吸电离飞行时间质谱（MALDI-TOF-MSC）技术检测糖化鸡蛋溶菌酶中的 CML、咪唑啉酮 A 进行了报道，并指出该技术是检测食品加工中美拉德反应的有效方法（Kislinger，2003）。

5.3.2 N-亚硝基化合物检测技术

N-亚硝基化合物的检测方法，随着现代仪器分析检测方法的发展，检测方法的适用性和灵敏度都得到很大的发展，目前已经有许多完善的方法可供选择。

5.3.2.1 紫外分光光度法

分光光度法是通过测定被测物质在特定波长处或一定波长范围内的吸光度或发光强度，对该物质进行定性和定量分析的方法。

沈彬等（1998）利用分光光度法建立了一种间接测定 N-亚硝基化合物的方法，基于 N-亚硝基化合物的化学去亚硝基反应，亚硝胺 N—N 键断裂产生 NO 自由基并被氧化成 NO_2，经磺胺-盐酸萘乙二胺还原为 NO_2^- 并显色，通过 $NaNO_2$ 浓度-吸光度标准曲线换算得到亚硝胺的含量。

5.3.2.2 气相色谱-质谱联用法

国家标准 5009.26—2003 规定检测 N-亚硝胺的方法为气相色谱法，检出量为 0.1ng。样品经过 GC 分离并进入 TEA 热解室，在一定温度下 N—NO 键发生裂解产生 NO，NO 与 O_3 反应生成激发态的 NO_2^*，由于其衰减至基态会发射出近红外区的光线，从而可以检测 N-亚硝胺。此法中 TEA 价格较贵，适用范围较窄。

张秋菊等（2009）采用顶空固相微萃取-气相色谱-质谱法（HS-SPME-GC-MS）联用测定 N-亚硝基化合物，优化纤维涂覆种类、溶液离子强度、pH 萃取时间和萃取温度以提高固相微萃取效率，建立了一种快速、方便、对环境无污染的检测方法。杨英华等（1988）利用 GC-MS 法测定了白菜、玉米中的挥发性 N-亚硝基化合物的含量，经过萃取、浓缩后用 GC-MS 检测，通过标准使用液峰高与样品峰高比较可得出样品中 N-亚硝基化合物含量。胡丽芳等（2009）利用气质联用分析方法检测咸鱼中 N-二甲基亚硝胺的含量，样品用丙酮：二氯甲烷＝1：2 提取并采用离子法（SIM）定性定量，线性范围为 $0\sim500\mu g/mL$，检出限为 $0.6ng/g$。

5.3.2.3　液相色谱-质谱联用法

张秋菊等（2011）采用固相萃取-高效液相色谱法（SPE-HPLC）测定酱腌菜中 N-亚硝基二甲胺（NDMA）和 N-亚硝基二乙胺（NDEA），以 Envi-Carb 柱和 Lichrolut EN 柱净化吸附浓缩，以甲醇：水＝2：8 作流动相，以 CapceIIPAK C_{18} 色谱柱分离并于 228nm 处检测，得到 NDMA 的检出限是 $2.5ng/mL$，NDEA 的检出限为 $5.0ng/mL$。此法灵敏、准确、快速。

梁闯等（2009）采用液相色谱-质谱-质谱法优化对水中 NDMA 进行痕量检测的条件，即采用 ESI 源检测，最低检测浓度达到 $1\mu g/L$，检出限为 $2ng/L$。此法精度高、操作方便、检测浓度低，可满足水中痕量 NDMA 的要求。

罗茜等（2011）利用超高效液相色谱串联质谱测定饮用水中 9 种 N-亚硝胺的含量，其中 NDMA 的定性和定量检出限分别是 $0.1ng/L$ 和 $1.0ng/L$，亚硝基二丙胺则为 $2.5ng/L$ 和 $10ng/L$，其他 7 种定性和定量检出限均为 $0.5ng/L$ 和 $2.0ng/L$。

5.3.3　杂环胺检测技术

杂环胺是富含蛋白质的食品在热加工过程中产生的一类多环芳香族化合物，具有致癌和致突变性。为了检测致突变性杂环胺，发展一种简便的分析方法，能够直接快速、高选择性和高灵敏度分析杂环胺，是至关重要的。

高效液相色谱-紫外法无疑是定性定量分析食品中杂环胺的常规方法。通过比较样品与标样的二极管阵列检测器产生的特征紫外吸收光谱可对样品中的杂环胺类物质进行定性，对于可以产生荧光信号的杂环胺类化合物的检测通常同时使用荧光检测器与紫外检测器进行定量。然而，由于肉制品经预处理后仍有大量共提物，而被测物杂环胺的浓度非常低，色谱峰干扰较大，同时一些干扰物的紫外吸收光谱图与被测物比较接近，因此HPLC-UV法通常难以进行准确的定性定量分析。

近年来迅速发展的串联质谱技术，主要包括气相色谱串联质谱、高效液相色谱串联质谱，应用于复杂肉制品中杂环胺的检测，具有其他方法不可比拟的优势。LC-MS很好地结合了色谱良好的分离能力和质谱的高灵敏度和高选择性，并且通过LC-MS-MS可以达到更佳的选择性。LC-MS和LC-MS-MS是目前检测肉制品中杂环胺的最佳方法。GC和GC-MS也可用于杂环胺的检测，但是由于大部分杂环胺极性较大且难挥发，只有少数杂环胺经衍生化后可采用GC或GC-MS检测，但应用并不广泛。

随着UPLC的发展，UPLC-MS-MS也被应用于杂环胺的检测。UPLC借助于传统的HPLC的理论和方法，通过采用1～2μm的细粒径填料和细内径色谱柱而获得很高的柱效。UPLC可以大幅度改善色谱分离度，同时还大大缩减了色谱分析时间。

目前杂环胺的检测方法主要有高效液相色谱法、气相色谱法、气相色谱-质谱法、液相色谱-质谱法、毛细管电泳法、ELISA方法和高效薄层色谱法等。

5.3.3.1 高效液相色谱法

HPLC是最常用的杂环胺分析方法。由于高效液相色谱-紫外检测操作相对简便，不需要衍生化处理，因此成为近十年来检测杂环胺的常规方法。对于有些产生荧光信号的杂环胺，通过荧光检测器检测。一般情况下，荧光检测器作为紫外检测器或二极管阵列检测器的补充来排出杂质峰的干扰和更好地定量。杂环胺具有较低的氧化能力，因此电化学检测器可以选择性地检测氧化杂环胺。

万可慧等（2012）以固相萃取-高效液相色谱分析牛肉干制品中10种杂环胺含量。样品经二氯甲烷萃取，丙基磺酸柱和C_{18}固相萃取小柱净化后，以甲醇-氨水定容，经 TSK-gel ODS-80 TM 色谱柱分析，采用乙腈和醋酸-醋酸铵缓冲液作为流动相进行梯度洗脱，紫外-荧光检测器的串联方式检测杂环胺含量。结果表明，10 种杂环胺在一定范围内线性关系良好，检出限为 $0.02\sim 2.46\text{ng/g}$。杂环胺的加标回收率为 $61.69\%\sim 101.81\%$，相对标准偏差为 $0.28\%\sim 7.81\%$。该方法线性范围广、灵敏度高、净化效果好，可满足实际样品分析的需求。以固相萃取方式处理羊肉制品，样品经 NaOH 超声提取、二氯甲烷液液萃取，利用 MCX 柱净化和富集后进行 HPLC 分析。采用反相 C_{18} 色谱柱，以乙腈和磷酸溶液为流动相对杂环胺进行梯度洗脱，使用二极管阵列检测器在 228nm 处进行检测。实验结果表明，9 种杂环胺分离效果良好，回收率为 $50.27\%\sim 94.77\%$，相对标准偏差为 $0.08\%\sim 4.42\%$。通过全波长扫描，确定检出限为 $1.6\sim 41.0\mu\text{g/L}$。

5.3.3.2 液相色谱串联质谱法（LC-MS）

LC-MS 很好地结合了色谱良好的分离能力和质谱的高灵敏度和高选择性，并且通过高效液相色谱串联二级质谱可以达到更佳的选择性。近些年来，超高效液相色谱技术迅速发展，超高效液相色谱串联二级质谱广泛应用于杂环胺含量测定，具有分离度高、分析快速的优点。吕美等（2011）使用超高效液相色谱-电喷雾串联二级质谱检测添加香辛料的牛肉中三种杂环胺的含量变化，采用乙酸铵和乙腈作为流动相，具有较好的定量效果。E. Barceló-Barrachina 等（2006）同时使用 UPLC-ESI-MS-MS 对冻干肉制品中的杂环胺进行快速检测，可以在 2min 内完成对 16 种杂环胺的检测分析。

采用 UPLC 串联三重四极杆质谱方法建立了同步测定 17 种杂环胺的方法。首先，对 17 种杂环胺物质基于分离效率的色谱条件进行了优化。比较了不同 UPLC 柱、流动相等因素对杂环胺的色谱保留行为的影响，最终确定了采用 Acquity BEH C_{18} 柱作为分离柱，同时确定采用乙腈和 10mmol/L 乙酸铵作为流动相进行梯度洗脱。其次，优化了 17 种杂环胺的质谱检测方法，采用 $[M+H]^+$ 作为分子离子，应用仪器自动优化方法，确定质谱定量离子、碰撞电压和锥孔电压等质谱参数，最终确定杂环胺定量质谱条件。基于回收率和检测效率等方面考虑，对传统的杂环胺检测前处理方法进行优化，建立了新的前处理方法。针对现有杂环胺前处理方法回收率低、步骤繁琐等问题，设计并考察了新的前处理方法。实验结果证明，与传统方法相比，新的前处理方法显著提高了极性类杂环胺的回收率（$p<0.05$），并且具有操作步骤简单、有机试剂使用量减少、无污染等优势。杂环胺检测新方法可应用于多种市售肉制品中极性类杂环胺的检测，所得回收率均在50%～110%以内。

5.3.3.3　气相色谱法

大多数的杂环胺是极性的，不易挥发。由于其对色谱柱的强吸附性易造成峰的拖尾，在较低浓度时杂环胺不易被检出。因此，气相色谱检测之前通常要进行衍生化处理。杂环胺经衍生化处理后，不仅极性降低，而且挥发性、灵敏度、分离度也有较大提高。常用的衍生化法有硅烷化衍生法和酰化衍生化法。由于杂环胺结构中含有氮原子，因此它对氮磷检测器有良好的响应。气相色谱技术虽然具有较高的分离性能，但只能检测几种经衍生化处理的杂环胺，且当样品中杂环胺浓度太低时，也存在着定量不准确的缺陷，因此气相色谱技术在杂环胺检测领域应用较少。

5.3.3.4　气相色谱-质谱联用法（GC-MS）

GC-MS是最佳的在线分析系统之一，它连接了高分离效能的毛细管柱GC和高灵敏度检测器MS，结合了气相色谱和质谱的优点，弥补了各自的缺陷，因而具有灵敏度高、分析速度快、鉴别能力强等特点。大多数杂环胺包含极性和低挥发性化合物，这些化合物会导致峰宽和拖尾，衍生化可以减少极性和增加挥发性，酰基化、硅烷化是目前主要应用的衍生化程序，但处于发展阶段，因此限制了该法的推广。

王翊如等（2013）设计并制作了耐压多样品微量衍生反应装置，在该装置中采用N-(叔丁基二甲基硅烷基)-N-甲基三氟乙酰胺的硅烷化试剂高温衍生极性杂环胺，衍生产物可以直接在气相色谱-质谱联用仪上分析。使用该装置既可以在比试剂沸点高的温度下实现衍生反应，也可以实现多个微量样品的同时衍生。着重考察了衍生化过程中反应瓶的顶空体积、试剂蒸发面积、温度、时间等实验条件的影响。结果表明，在90℃衍生时，与普通衍生装置相比，使用耐压衍生装置可以有效地减小挥发损失，显著增大衍生产量；在150℃衍生时，由于试剂挥发损失严重导致普通衍生装置无法使用，而采用耐压衍生装置却可以实现定量衍生，但通过加温加压方式来加快衍生反应速率的效果并不十分明显。

5.3.4 丙烯酰胺检测技术

自 2002 年瑞典国家食品局和斯德哥尔摩大学的科学家首次公布，油炸薯条、土豆片、面包等含碳水化合物的食物经 120℃以上高温长时间油炸，检测出有致癌可能性的丙烯酰胺以后，引起了世界各国政府和相关国际组织的广泛关注。世界卫生组织（WHO）和联合国粮农组织（FAO）联合召开多次会议，就食品中的丙烯酰胺问题展开讨论，并对食品中的丙烯酰胺进行了系统的危险性评估。FDA 也开始研发能提供可靠数据的食品中丙烯酰胺含量的分析方法。

由于食品的组成成分复杂，而且丙烯酰胺的含量很低，因此世界各国都在集中科研技术力量进行丙烯酰胺分析方法的研究。目前，国外普遍采用的食品中丙烯酰胺的分析方法主要有液相色谱-质谱法、气相色谱-质谱法和液相色谱-串联质谱法，特别是液相色谱-质谱法，准确性和灵敏度均相应提高，是很有发展前景的检测方法。

食品中丙烯酰胺的检测方法都是通过 LC 或 GC 与 MS 联用进行检测，以 $^{13}C_3$-丙烯酰胺为内标。GC-MS 检测丙烯酰胺常采用溴化衍生的方法改变目标化合物的极性和挥发性，提高 GC 的灵敏度，检测限 5~10μg/kg。虽然采用 GC-MS 方法灵敏度高，专一性好，但溴化衍生所需时间较长，反应条件也较为苛刻，相对 LC 而言，分离、提取、净化的方法较为复杂。

5.3.4.1 液相色谱-质谱联用法

液相色谱-质谱联用法很好地结合了色谱良好的分离能力和质谱的高灵敏度和高选择性，对于食品体系中丙烯酰胺的检测具有很高的灵敏度。

柳其芳等（2005）用水提取食品中的丙烯酰胺，以 C_{18} 固相萃取小柱对样品液进行纯化，用高效液相色谱分离后以二极管阵列检测器测定其含量。高效液相色谱串联二极管阵列检测器法满足痕量分析要求，并具有操作简单、快速、准确可靠的特点。

程江华等（2011）利用 LC-MS/MS 法检测鲜切油炸马铃薯片中丙烯酰胺的含量，首先将马铃薯热烫、表面干燥、油炸、脱油、前处理等过程，在相同的油炸条件下采用液相质谱联用技术检测 11 种马铃薯片中丙烯酰胺的含量。采用石油醚脱脂、NaCl 溶液提取、乙酸乙酯萃取和固相萃取柱纯化的前处理方法,建立了一种液相色谱-电喷雾同位素稀释串联质谱方法,并对焙烤和油炸食品中的丙烯酰胺进行定量分析。该方法能够成功测得焙烤和油炸食品中丙烯酰胺的含量,同样适用于其他类食品中丙烯酰胺的测定,由于其灵敏度高、重现性好,因此同样适合于痕量分析。

5.3.4.2 气相色谱-质谱联用法

蒋俊树等(2006)将样品中的丙烯酰胺经水、醇类等极性溶剂提取,高速冷冻离心过滤和固相萃取柱净化,溴化衍生后生成 2,3-二溴丙烯酰胺(2,3-DBPA),气相色谱-质谱(GC-MS)特征离子定性,建立了食品中丙烯酰胺的气相色谱-质谱定量测定方法。同样将样品经水提取、高速离心、石墨化炭黑柱净化、溴衍生化后,以 GC-MS 选择性离子进行定性,同位素稀释技术定量,建立油炸淀粉类食品中丙烯酰胺的溴衍生化 GC-MS 测定方法。

5.3.5 苯并[a]芘检测技术

苯并[a]芘是至今所知最强致癌物之一,根据 GB 2716—2005《食用植物油卫生标准》,食用油中苯并[a]芘含量的最高上限为 10μg/kg。食品中苯并[a]芘的来源受环境污染之外,也可因不适当的烹调产生。尤其是烟熏烤制食品,既有煤烟污染因素,又有高温使其产生苯并[a]芘的作用。国标中苯并[a]芘的检测方法较复杂,有机溶剂使用量大,对操作者有较大危害。目前,国内外关于苯并[a]芘的检测方法多种多样,但主要采用荧光分析法、高效液相色谱法、联用技术及免疫学检测法等。

5.3.5.1 荧光分析法

该方法具有检测限低、灵敏度高、选择性好等优点,常用于痕量分析,是目前国际上公认的比较准确的方法。GB/T 5750.8—2006 规定用纸色谱-荧光分光光度法测定生活饮用水及其水源水中苯并[a]芘,先将样品用有机溶液或皂化提取,再液液分配或色谱净化,然后在乙酰化滤纸上分离苯并[a]芘,由于其在紫外灯照射下呈现紫色荧光,将分离后有苯并[a]芘的滤纸剪下，使用溶剂浸泡，最后用荧光分光光度计测荧光强度与标准比较定量。该法的最低检测质量为0.07ng，若取500mL水样测定，该法最低检测质量浓度为1.4ng/L。有研究利用二阶导数-同步荧光法检测高脂肪食品中的苯并[a]芘，当回收率为85%～95%时，该方法的检出限为0.05μg/kg。相比国标规定的方法，同步荧光技术能克服散射光干扰、改善光谱重叠，对图谱进行导数处理也能很好地消除背景干扰和组分间峰的重叠，这些技术使荧光分析法得到了更好的应用。

5.3.5.2 高效液相色谱法

高效液相色谱法是目前应用范围最广的色谱分析法，首先选取合适的液体作为流动相，采用高压输液系统，将流动相泵入装有固定相的色谱柱，在柱内各成分被分离，再进入检测器进行检测，从而实现对试样的分析。

杨琳等（2012）采用高效液相色谱法测定植物油中的苯并[a]芘，用乙腈饱和正己烷除去植物油中大部分油脂，再用正己烷饱和乙腈数次提取苯并[a]芘，采用Agilent C_{18} 色谱柱，流动相为乙腈：水，流速为1.0mL/min，柱温为35℃，进样量为10μL，激发波长为384nm，发射波长为406nm，用外标法峰面积定量，在4.0～80.0ng/mL浓度范围内峰面积与浓度线性关系良好，当回收率为92.7%～98.2%时，最低检测限为2μg/kg。目前，我国检测动植物油中苯并[a]芘主要采用GB/T 22509—2008(3)中规定的反相高效液相色谱法，但该法存在操作繁琐、回收率不稳定、对试剂和人员要求较高等问题。而本法主要通过对样品前处理进行研究和比较，确立前处理条件，运用高效液相色谱分离，利用荧光检测器进行检测，是一种便捷、准确地检测植物油中苯并[a]芘含量的方法。

5.3.5.3 气相色谱-质谱联用法

气相色谱具有极强的分离能力，而质谱具有极高的灵敏性，对未知物有独特的定性能力，将GC和MS通过接口连接起来，彼此扬长避短，GC将混合物分离成单组分后再进入MS进行分析检测，从而能够快速简便地实现对复杂化合物的分离和检测。

赵乐等（2011）用气质联用法测定卷烟侧流烟气中苯并[a]芘，该法使用配有鱼尾罩的侧流吸烟机抽吸卷烟，以甲醇洗脱附着的苯并[a]芘，再在

N₂ 保护下加热洗脱液至 80℃挥发净其中的甲醇，然后加入捕集了侧流烟气总粒相物的玻璃纤维滤片，采用环己烷超声萃取苯并 [a] 芘，萃取液苯并 [a] 芘浓度采用气质联用仪测定，当回收率为 96.58%~103.32%时，精确度为 2.97%，相比 GB/T 21130—2007 规定采用气质联用仪定量测定卷烟烟气总粒相物中苯并 [a] 芘的含量，该法简化了样品的前处理，省略了净化、浓缩等步骤，同时保证了较高的精确度和灵敏度，缩短了实验时间。

5.3.5.4 酶联免疫吸附检测法

ELISA 法是免疫学检测的重要方法，其原理是将抗原或抗体吸附在固相载体的表面，再将其与酶标记的二抗结合，根据加入底物的颜色反应来判定实验结果。

邓安平等（2006）通过对苯并 [a] 芘的 6、7 和 10 位进行五种不同的化学修饰，使其末端带有活性基团羧基，再分别与牛血清白蛋白偶联，偶合物作为免疫原对 BALB/c 小鼠进行免疫，将接受免疫的小鼠的脾细胞与肿瘤细胞融合，融合细胞在培养液中培养，用间接 ELISA 对培养液中的抗体进行筛选和质量鉴定，共筛选出 14 种与苯并 [a] 芘有特异性反应的单克隆抗体，再经单克隆抗体的筛选和实验条件的优化，建立了灵敏度高和选择性好的测定苯并 [a] 芘的 ELISA 分析法，实现了对苯并 [a] 芘的快速检测。

5.3.6 羟甲基糠醛检测技术

羟甲基糠醛是碳水化合物含量丰富的食品在油炸及焙烤热加工过程中产生的一种副产物。虽然至今为止，羟甲基糠醛的安全性还处于争论中，但是其含量作为食品热加工时间长短的重要指标，研究食品中羟甲基糠醛含量的检测方法具有重大意义。

5-HMF 广泛存在于热加工食品如咖啡、牛奶、大麦、饼干、面包、蜂蜜、啤酒、红酒、果汁、果酱、干果、白醋、香醋、谷类食品中。目前关于羟甲基糠醛的检测国内外主要集中在蜂蜜、咖啡和软饮料中。目前检测 5-羟甲基糠醛的常用方法主要有紫外分光光度法、衍生化分光光度法、高效液相色谱法、液相色谱-质谱法、气相色谱法、气相色谱-质谱法等。

5.3.6.1 紫外分光光度法

紫外分光光度法是检测 5-羟甲基糠醛的传统方法。它是根据 5-羟甲基糠醛在 284nm 的紫外波长下具有紫外吸收的特性，配制一系列浓度的 5-羟甲基糠醛的标准溶液，在紫外波长下测其吸光度值后，绘制吸光度与对应浓度之间的标准曲线，然后样品经过前处理后用紫外分光光度计测定其在 284nm 处的吸光度值，对应吸光度与 5-羟甲基糠醛浓度之间的标准曲线，从而得到样品中所含 5-羟甲基糠醛的含量。

《中华人民共和国药典》中规定的测定葡萄糖注射液中 5-羟甲基糠醛的含量就是运用该方法。此外分别用紫外分光光度法检测果汁、糖浆等样品中的 5-羟甲基糠醛。紫外检测的优点是方便快捷、操作简便。但是由于样品中往往含有一些其他物质在 284nm 的紫外波长下也有紫外吸收，从而造成对 5-羟甲基糠醛检测的干扰，形成假阳性，对检测结果造成一定的影响。

5.3.6.2 衍生化分光光度法

为了避免紫外检测时样品中其他物质对 5-羟甲基糠醛造成的干扰，以甲基苯胺和巴比妥酸与 5-羟甲基糠醛作用，利用反应生成的一种红色化合物与 5-羟甲基糠醛的含量呈正比的关系，在波长 550nm 处用分光光度计测量其吸光度，从而根据绘制的标准曲线得出 5-羟甲基糠醛的含量。同时也可以用硫代巴比妥酸作为衍生试剂并利用一阶导数分光光度法测定纤维素水解液中 5-羟甲基糠醛的含量。

衍生化分光光度法的优点是：操作简便快速，精密度和准确度都很好，干扰因素少且易消除，并且对仪器设备的要求比较简单。但是，对甲基苯胺和硫代巴比妥酸对人体都有一定的刺激作用和毒性，所以实际使用这些试剂时存在一定的危险性，而且检测碳水化合物含量高的食品中美拉德反应产生的 5-羟甲基糠醛的含量时，美拉德反应的其他羰基化合物也会与硫代巴比妥酸发生反应，从而对反应造成一定的影响。

5.3.6.3 高效液相色谱法

高效液相色谱法广泛应用于食品体系的检测，具有灵敏度高、特异性强、样品用量少等诸多优点。将样品经固相萃取柱净化，液相色谱柱分离，选择离子监测模式进行质谱定量测定，成功建立了饮料中 5-羟甲基糠醛的液相色谱-

质谱联用的检测方法。试验结果中 5-羟甲基糠醛在一定范围内线性关系良好，该方法平均回收率和检测限均能达到分析检测要求且具有很高的灵敏度、准确度和精密度。

张燕等（2010）以离子交换固相萃取柱代替传统的 C_{18} 固相萃取柱进行前处理，同时与高效液相色谱联用，提高了方法的回收率和精密度。在 0.01～12mg/L 质量浓度范围内，5-羟甲基糠醛质量浓度和色谱峰面积线性关系好，方法检出限为 3.42μg/L，且 5-羟甲基糠醛的添加回收率为 85%～103%。采用该方法对 13 种样品进行测定，结果表明该方法能够用于食品中 5-羟甲基糠醛含量测定。

杨洋等（2009）采用 C_{18} 色谱柱，并将乙醇、乙腈和冰醋酸按比例混合作为流动相，在 284nm 的紫外波长下检测盐酸丁丙诺啡注射液中的 5-羟甲基糠醛含量，建立了可以灵敏地检测盐酸丁丙诺啡注射液中的 5-羟甲基糠醛含量的方法。根据 5-羟甲基糠醛的结构式可以看出其与各种加合物皆有较好的紫外吸收，采用紫外检测器可以对这些目标物质进行检测；而氨基酸和葡萄糖的紫外吸收较弱。在测定波长下，一般这些杂质不会产生干扰，因而紫外检测器可定量定性地检测 5-羟甲基糠醛及各种加合物。

刘学芝等（2012）以浓缩石榴汁为对象，样品用水溶解后，用固相萃取柱净化，色谱柱分离，乙腈-水为流动相，在 285nm 处外标法定量检测 5-羟甲基糠醛，建立了检测 5-羟甲基糠醛的超高效液相色谱检测方法。5-羟甲基糠醛的检出限为 0.02mg/L，在 0.1～10.0mg/L 浓度范围内标准溶液的浓度与峰面积线性关系良好，在 10mg/kg、20mg/kg、50mg/kg 三个添加水平下，回收率为 80.8%～110.8%，相对标准偏差低于 8.1%。该方法简便、快速、准确，可用于浓缩石榴汁中 5-羟甲基糠醛的检测。

5.3.6.4 液相色谱-质谱联用法

液相色谱-质谱联用目前是发展较快且应用范围广的一种分析技术。它可以将液相的高效分离技术与质谱的优良定性作用合理地结合起来。将氨基葡萄糖水溶液经过 100℃加热 2h 后的降解产物乙酰化，然后采用 GC-MS、LC-GS、紫外在线检测和核磁共振等技术分离氨基葡萄糖溶液的降解产物，并对其进行定性分析，检测出成分中含有 5-羟甲基糠醛等物质。

5.3.6.5 气相色谱法

气相色谱法具有操作简单、灵敏度好、分离效能高和应用范围广等优点。林晓珊等（2012）建立了同时测定调味品中 5-羟甲基糠醛、5-甲基糠醛和糠醛气相色谱-串联质谱法（GC-MS/MS）。对样品的前处理方法及 GC-MS/MS 分析条件进行优化，样品经乙酸乙酯萃取，GC-MS/MS 多反应监测模式（MRM）进行测定。3 种糠醛类物质在 0.001～20mg/L 范围内均呈良好的线性关系，该法简便、快速、溶剂用量少，可消除调味品中复杂基质的干扰，结果准确可靠、灵敏度高，适用于调味品中 3 种糠醛类物质的同时测定。由于气相色谱法技术含量高，需要特定的实验条件和专门的技术人员，因此一般不适用于现场检测。

5.3.6.6 气相色谱-质谱联用法

气相色谱-质谱联用技术是将气相色谱仪和质谱仪串联起来使用的分析技术。它可以同时达到定性和定量的目的。林智平等（2003）采用气相色谱-质谱联用法结合多变量分析技术（GC-MS/MVA）分析加速老化啤酒中成分的含量变化，通过优化色谱条件降低了分离时间。该方法不仅能够快速检测出啤酒老化的程度，也可以确定出与啤酒老化相关的特异性成分的含量。一般可以应用于气相色谱检测的物质都可以用气相色谱-质谱技术来检测。

5.4 小结

食品是人类赖以生存和发展的物质基础。食品热加工过程中产生的危害物是由于食品的某些成分在特定条件下生成的。目前全球食品安全形势不容乐观。防止食品中可能存在的威胁人体健康的有害因素是食品卫生工作者的任务，安全卫生的检验方法则是执行任务的必要工具。

食品样品是一个复杂的体系，如何从食品样品中检测到有害物是一个研究性的课题。在食品样品前处理和测定的过程中，主要采用各种色谱技术。作为样品前处理技术，各种柱色谱是传统的净化技术，仍是最普遍应用的手段；基于液相色谱原理发展起来的固相萃取系列，已广泛应用于食品检测领域。此外还有适合脂质食品样品净化的凝胶渗透色谱等。测定方法向多种类、多组分分析方法发展,其核心技术仍为色谱法。

色谱技术是食品样品复杂基质中微量、痕量目标物分离、富集和测定的有力工具。随着科技的发展,人们对食品安全的认识与要求与日俱增。由于目标物含量极低,以一种分析仪器解决复杂对象的分析已不可能了。在食品安全领域,色谱与其他仪器联用的技术已成为现代食品化学分析的主要方向,分离、分析技术始终向着灵敏、准确、快速、简便的方向发展。

参 考 文 献

薄海波. 2013. 加速溶剂萃取-气相色谱-三重四极杆串联质谱法测定地黄中苯并[a]芘. 药物分析杂志, 33(12): 2119-2122.

蔡智鸣, 王振, 史馨等. 2006. 油炸及烧烤食品中丙烯酰胺的 HPLC 测定. 同济大学学报: 医学版, 27(5): 10-12.

陈泽林. 1994. 酱油中 N-亚硝基二甲胺和 N-亚硝基二乙胺的薄层色谱法测定研究. 中国调味品, 11: 27-30.

陈葆新. 1981. 食品中 N-亚硝基化合物的形成与分析. 食品工业科技, 2: 37-42.

程江华, 王薇, 廖华俊等. 2011. LC-MS/MS 法测定 11 种鲜切油炸马铃薯片中丙烯酰胺的含量. 中国食品学报, 11(7): 176-179.

邓安平. 2006. 酶联免疫吸附分析法测定苯并[a]芘和多氯联苯. 环境化学, 25(3): 340-343.

方杰, 计敏, 孙淼等. 2011. 亚硝胺化学发光检测系统的研制. 28(4): 1585-1587.

胡丽芳, 尹德凤, 周瑶敏等. 2009. 气质联用法测定咸鱼中 N-二甲基亚硝胺含量. 江西农业科学, 21(9): 135-136.

胡浩军, 侯逸众, 黄方取. 2014. 固相萃取-气相色谱-质谱法测定植物油中苯并[a]芘和苯并[e]芘. 中国卫生检验杂志, 24(11): 1570-1572.

林昆, 于世江, 吴永宁等. 2007. 市售腊肠中总亚硝基化合物检测. 卫生研究, 36(3): 381-383.

蒋俊树, 程静, 卢业举等. 2006. 气相色谱-质谱(GC-MS)法测定食品中丙烯酰胺研究. 食品科学, 27(11): 430-433.

侯芳玉, 郭焱. 1999. 晚期糖基化终末产物的检测和临床意义. 国外医学: 临床生物化学与检验学分册, 20(6): 256-258.

江国荣. 2000. FIA 检测 AGEs 和 CAM 整体模型试验方法的建立及其防治糖尿病血管并发症中药筛选. 南京: 南京中医药大学.

江国荣, 朱荃, 张露蓉等. 2007. HPLC-FIA 法检测糖基化终末产物方法的建立. 抗感染药学, 4(2): 66-68.

孔祥虹, 叶宏, 李建华等. 2007. 毛细管气相色谱法快速测定辣椒中 7 种有机磷农药残留. 化学分析计量, 16 (6): 25-27.

蓝长波. 2014. 微波辅助萃取 液相-质谱法测定食品中苯并 [a] 芘含量. 粮油食品科技, 22 (4): 54-57.

梁海燕, 古德祥, 木苗直秀等. 2002. 类黄酮化合物对糖基化反应终产物 AGEs 的抑制作用. 天然产物研究与开发, 14 (2): 14-18.

梁闯, 徐斌, 夏圣骥等. 2009. SPE/LC/MS/MS 检测水中痕量二甲基亚硝胺. 中国给水排水, 25 (14): 82-85.

李巨秀, 房红娟, 胡徽祥等. 2011. 食品中晚期糖基化末端产物的研究进展. 食品科学, 32 (21): 293-296.

李月明, 张磊, 周丽华等. 2012. 酶联免疫法检测食品中的双酚 A 残留. 食品研究与开发, 33 (6): 131-134.

林奇龄, 欧仕益, 欧云付. 2005. 活性炭固相萃取-高效液相色谱联用分析食品中的丙烯酰胺. 分析检测, 26 (6): 172-173.

林晓珊, 黄晓兰, 吴惠勤等. 2012. 气相色谱-串联质谱法快速测定调味品中 3 种糠醛类物质. 分析测试学报, 31 (11): 1345-1351.

林智平, 邢宝和, 蒋爱英. 2003. 通过测定啤酒中 5-羟甲基糠醛评价啤酒老化程度. 酿酒, 30 (6): 46-48.

刘志强, 侯凡凡, 王力等. 2000. ELISA 法检测人血清晚期糖基化终产物及在血液透析病人的应用. 解放军医学杂志, 25 (6): 391-393.

柳其芳, 吕玉琼, 黎雪慧等. 2005. 二极管阵列检测高效液相色谱法测定食品中丙烯酰胺的研究. 中国热带医学, 5 (6): 1186-1188.

刘红河, 陈春晓, 柳其芳等. 2006. 高效液相色谱-串联质谱联用测定富含淀粉食品中丙烯酰胺. 分析化学研究简报, 34: s235-s238.

刘振峰, 魏云潇, 张进杰等. 2010. 高效液相色谱法检测中国传统发酵豆腐制品中的生物胺. 中国食品学报, 10 (4): 253-259.

刘学芝, 何强, 孔学虹等. 2013. 固相萃取-超高效液相色谱法测定浓缩石榴汁中羟甲基糠醛含量. 食品工业科技, 34 (10): 62-66.

罗茜, 王东红, 王炳一等. 2011. 超高效液相色谱串联质谱快速测定饮用水中 9 种 N-亚硝胺的新方法. 中国科学化学, 41 (1): 83-90.

吕美. 2011. 香辛料的抗氧化性及其对煎烤牛肉饼中杂环胺形成的影响. 无锡: 江南大学.

吴晓敏, 吴永宁, 王绪卿. 1996. 总 N-亚硝基化合物的检测方法. 国外医学: 卫生学分册, 23 (6): 348-350.

马君刚, 张煌涛, 于洪等. 2012. GPC-HPLC-FLD 法测定动植物油脂中的苯并 [a] 芘. 食品科学, 33 (10): 278-281.

沈彬, 朱建华, 须沁华. 1998. 测定 N-亚硝基化合物的分光光度法. 分析化学, 26 (12): 1478-1480.

孙子林，刘乃丰，刘必成. 1999. 糖基化终产物的结构及其检测方法的研究进展. 中国糖尿病杂志，(7)：362-364.

孙圣婴，刘翠鲜. 2009. 晚期糖基化终产物与糖尿病血管病变. 徐州医学院学报, 29 (2)：128-130.

石先哲，蔡斌，黄思腾等. 2013. 在线微柱富集纳升液相色谱-串联质谱法测定大鼠脑组织中类固醇激素. 分析化学研究报告, 4 (14)：517-522.

万可慧，彭增起，邵斌等. 2012. 高效液相色谱法测定牛肉干制品中 10 种杂环胺. 色谱, 30 (3)：285-291.

王瑞，马俪珍，方长发等. 2007. 气相色谱法测定熟肉制品中挥发性 N-亚硝胺类化合物. 中国食品学报，7 (2)：124-127.

王翊如，陈方翔，施雅梅等. 2013. 耐压多样品微量衍生反应装置在气相色谱-质谱联用法分析极性杂环胺中的应用. 色谱, 31 (1)：4-9.

吴迪，高扬，苗慧娟等. 2009. 毛细管气相色谱法检测面粉中添加剂过氧化苯甲酰和山梨酸. 现代仪器, 15 (3)：14-15.

吴璟，罗林，肖治理等. 2014. 直接竞争酶联免疫法测定食品中的丙烯酰胺含量. 分析化学研究报告，42 (8)：1149-1154.

杨英华，丁家华，宋洁槐等. 1988. 色谱-质谱技术测定蔬菜、粮食中挥发性 N-亚硝基化合物含量. 分析测试通报, 7 (5)：37-39.

杨生玉，张澎湃，马武生等. 2005. 紫外分光光度法分析测定微量丙烯酰胺的研究. 食品科技, 1：81-83.

杨杨，刘永成，姜连阁等. 2009. HPLC 法测定盐酸丁丙诺啡注射液中 5-羟甲基糠醛. 黑龙江医学, 22 (3)：242-245.

杨斯超，杨慧，汪俊涵等. 2011. 柱前衍生化-气相色谱-质谱法定量测定食品中丙烯酰胺的含量. 色谱, 29 (5)：404-408.

杨三梅，余锋，王贻坤等. 2011. 晚期糖基化终末产物荧光光谱检测法在糖尿病筛查中的应用研究. 激光生物学报：116-119.

杨琳，陈青俊，欧菊芳等. 2012. 高效液相色谱法快速测定植物油中苯并[a]芘含量. 粮食与油脂，(7)：34-36.

杨芹，石先哲，单圆鸿等. 2012. 银离子高效液相色谱-质谱法分析血清中甘油三酯类化合物的组成. 色谱, 30 (9)：876-882.

张秋菊，郭祖鹏，李明珠等. 2009. 顶空固相微萃取-气相色谱-质谱法测定 7 种亚硝胺类化合物. 中国卫生检验杂志, 19 (06)：1234-1236.

张秋菊，崔世勇，曹林波等. 2011. 固相萃取-高效液相色谱法同时测定酱腌菜中 N-亚硝基二甲胺（NDMA）和 N-亚硝基二乙胺（NDEA）. 中国卫生检验杂志, 20 (11)：2687-2689.

张燕，郭天鑫，于姣等. 2010. 离子交换固相萃取高效液相色谱联用法检测食品中的 5-羟甲基糠醛. 食品科学, 31 (18)：212-215.

赵乐, 郭吉兆, 张天栋等. 2011. 气质联用法测定卷烟侧流烟气中苯并 [a] 芘. 中国烟草学报, 17 (4): 12-15.

周宇, 朱圣涛. 2007. 气相色谱法测定油炸、烘烤食品中丙烯酰胺——丙烯酰胺污染水平调查. PT CA (PART B: CHEM. ANAL.), 43 (11): 928-930.

GB/T 5750.8—2006 生活饮用水标准检验法.

GB/T 21130—2007 卷烟烟气总粒相物中苯并 [a] 芘的测定.

GB/T 22509—2008 (3) 动植物油脂 苯并 [a] 芘的测定 反相高效液相色谱法.

Alzheimer's disease. Medical Hypotheses, 2007, 69: 1358-1366.

Annett Schmitt, Johannes Schmitt, Gerald Münch, et al. 2005. Characterization of advanced glycation end products for biochemical studies: side chain modifications and fluorescence characteristics. Analytical Biochemistry, 338: 201-215.

Andreas Tauer, Katrin Hasenkopf, Thomas Kislinger, et al. 1999. Determination of N-carboxy methyl lysine in heated milk products by immunochemical methods. Eur Food Res Technol, 209: 72-76.

Amelie Charissou, Lamia Ait-Ameur, Ines Birlouez-Aragon. 2007. Evaluation of a gas chromatography/mass spectrometry method for the quantification of carboxy methyl lysine in food samples. Journal of Chromatography A, 1140: 189-194.

Barceló-Barrachina E, Moyano E, Galceran M T, et al. 2006. Ultra-performance liquid chromatography-tandem mass spectrometry for the analysis of heterocyclic amines in food. Chromatogram, 1125 (2): 195-203.

Contarini G, Povolvo M, Leardi R. 1997. Influence of heat treatment on the volatile compounds of milk. J Agric Food Chem, 45: 3171-3177.

Feng Zheng, Cijiang He, Weijing Cai, et al. 2002. Prevention of diabetic nephropathy in mice by a diet low in glycoxidation products. Diabetes Metab Res Rev, 18: 224-237.

Jaime Uribarri, Melpomeni Peppa, Weijing Cail, et al. 2003. Restriction of Dietary Glycotoxins Reduces Excessive Advanced Glycation End Products in Renal Failure Patients. J Am Soc Nephrol, 14: 728-731.

Garcia-Esteban M, Ansorena D, Astiasaran I, et al. 2004. Study of the effect of different fiber coatings and extraction conditions on dry cured ham volatile compounds extracted by solid-phase microextraction. Talanta, 60: 458-466.

Garcia Falcon M S. 2003. Analysis of benzo (a) pyrene in spiked fatty foods by second derivative synchronous apecrtofluorimetry after microwave-assisted treatment of samples. Food Additivesand Contaminants, 17 (12): 957-964.

Hegele Joerg, Parisod Veronique, Richoz Janique, et al. 2008. Evaluating the extent of protein damage in dairy products -Simultaneous determination of early and advanced glycation-induced lysine modifications. Maillard reaction: Reaction: recent advances in food and biomedical: 300-306.

Ines Birlouez-Aragon, Marina Nicolas, Arnaud Metais, et al. 1998. A Rapid Fluorimetric Method to Estimate the Heat Treatment of Liquid Milk. Int Dairy Journal, 8: 771-777.

Ines Birlouez-Aragon, Pascal Sabat, Nicolas Gouti. 2002. A new method for discriminating milk heat treatment. International Dairy Journal, 12: 59-67.

Ines Birlouez-Aragon, Locquet N, Destlouvent E, et al. 2005. Evaluation of the Maillard Reaction in Infant Formulas by Means of Front-Face Fluorescence. Ann N. Y. Acad Sci, 1043: 308-318.

Juliette Leclere, Ines Birlouez-Aragon. 2001. The Fluorescence of Advanced Maillard Products is a Good Indicator of Lysine Damage during the Maillard Reaction. J Agric Food Chem, 49: 4682-4687.

Jens Hartkopf, Helmut F, Erbersdobler. 1994. Modelluntersuchungen zu Bedingungen der Bildung von N-Carboxy methyl lysine in Lebensmitteln. Z Lebensm Unters Forsch, 198: 15-19.

Jose Angel Rufian-Henares, Eduardo Guerra-Hernandez, Belen Garcia-Villanova. 2004. Pyrraline content in enteral formula processing and storage and model systems. Eur Food Res Technol, 219: 42-47.

Joachim Misselwitz, Sybille Franke, Eberhard Kauf Ulrike John, et al. 2002. Advanced glycation end products in children with chronic renal failure and type 1 diabetes. Pediatr Nephrol, 17: 316-321.

Koschinsky T, He C J, Mitsuhashi T, et al. 1997. Orally absorbed reactive glycation products (glycotoxins): an environmental risk factor in diabetic nephropathy. Proceedings of the National Academy of Sciences, 94 (12): 6474-6479.

Hasenkopf K, Übel B, Bordiehn T, Pischetsrieder M. 2001. Determination of the Maillard product oxalic acidmonolysinylamide (OMA) in heated milk products by ELISA. Nahrung/Food, 45: 206-209.

Lourdes Bosch, Maria Luz Sanz, Antonia Montilla, et al. 2007. Simultaneous analysis of lysine, N-carboxymethyl lysine and lysinoalanine from proteins. Journal of Chromatography B, 860: 69-77.

Matschulat D, Prestel H, Haider F, et al. 2006. Immunization with soot from a non-combustion process provokes formation ofantibodies against polycyclic aromatic hydrocarbons. Journal of Immunological Methods, 310 (12): 159-170.

Naila Ahmed, Ognian K Argirov, Harjit S Minhas, et al. 2002. Assay of advanced glycation endproducts (AGEs): surveying AGEs by chromatographic assay with derivatization by 6-aminoquinolyl-Nhydroxysuccinimidyl-carbamate and application to N-carboxymethyl-lysineand N-(1-carboxyethyl) lysine-modified albumin. Biochemical Society, 364: 1-14.

Nass N, Bartling B, Navarrete Santos A, et al. 2007. Advanced glycation end products, diabetes and ageing. Z Gerontol Geriat, 40: 349-356.

Nicole Verzi, Jeroen DeGroot, Suzanne R Thorpe, et al. 2000. Effect of Collagen Turnover on the Accumulation of Advanced Glycation End Products. The journal of biological chemisry, 75: 9027-9031.

Naila Ahmed, Bahar Mirshekar-Syahkal, Lauren Kennish, et al. 2005. Assay of advanced glycation endproducts in selected beverages and food by liquid chromatography with tandem mass spectrometric detection. Mol Nutr Food Res, 49: 691-699.

Paul J Thornalley. 2005. Glycation free adduct accumulation in renal disease: the new AGEs. Pediatr Nephrol, 20: 1515-1522.

Pei-chun Chao, Cheng-chin Hsu, Mei-chin Yin. 2009. Analysis of glycative products in sauces and sauce-treated foods. Food Chemistry, 113: 262-266.

Robert Petrovic, Ján Futas, Ján Chandoga, et al. 2005. Rapid and simple method for determination of N-(carboxymethyl) lysine and N-(carboxyethyl) lysine in urine using gas chromatography/mass spectrometry. Biomed Chromatogra, 19: 649-654.

Shawn C Wilker, Paulraj Chellan, Benjamin M Arnold, et al. 2001. Chromatographic Quantification of Argpyrimidine, a Methylglyoxal-Derived Product in Tissue Proteins: Comparison with pentosidine. Analytical Biochemistry, 290: 353-358.

Thierry Delatour, Jorg Hegele, Véronique Parisod, et al. 2009. Analysis of advanced glycation endproducts in dairy products by isotope dilution liquid chromatography-electrospray tandem mass spectrometry. The particularcase of carboxymethyllysine. Journal of Chromatography A, 1216: 2371-2381.

Drusch S, Faist V, Erbersdobler H F. 1999. Determination of N-carboxy methyl lysine in milk products by a modified reversed-phase HPLC method. Food Chemistry, 65: 547-553.

Shima H Assar, Catherine Moloney, Maria Lima, et al. 2009. Determination of N- (carboxymethyl) lysine in food systems by ultra-performance liquid chromatography-mass spectrometry. Amino Acids, 36: 317-326.

Thomas Kislinger, Andreas Humeny, Carlo C Peich, et al. 2003. Relative Quantification of N^{ε}- (Carboxymethyl) lysine, Imidazolone A, and the Amadori Product in Glycated Lysozyme by MALDI-TOF Mass Spectrometry. J Agric Food Chem, 51 (1): 51-57.

Jira W, Ziegenhals K, Speer K. 2008. Gas chromatography mass spectrometry (GC-MS) method for the determination of 16 European priority polycyclic aromatic hydrocarbons in smoked meat products and edible oils. Food Additives and Contaminants, 25 (6): 704-713.

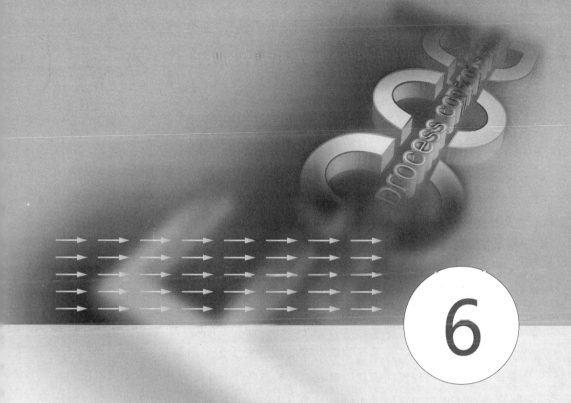

6

食品热加工过程安全控制

食品热加工中的安全控制不仅仅是技术问题，同样是一个关系到国家食品法律法规、食品检测体系的重大的综合性问题。本章主要从国家政策和法规的角度出发，参考了先进国家的经验和办法，简述解决食品热加工过程的安全控制问题的方法。

6.1 食品热加工过程安全控制的意义

6.1.1 食品热加工过程中的质量安全问题

食物的热加工有助于让食物中的蛋白质发生变性，提高蛋白质的消化吸收效率，并且能够杀灭食源性微生物，减少人类的疾病和促进人体的组织发育（王允圃等，2011）。但是，自从 2002 年首次有研究报道热加工食品中有较高含量的丙烯酰胺后，食品热加工过程导致的食品污染问题开始引起广泛关注。有研究证明，丙烯酰胺能导致哺乳动物的染色体发生变异，致使雄性小鼠和雌性小鼠的不同组织部位发生癌变。进一步的研究发现，丙烯酰胺是一种具有神经毒性的小分子化合物，在淀粉含量较高且经油炸的食品中含量较高。它主要是由游离的天冬酰胺在食品热加工过程中经美拉德反应形成。调查研究发现，在美国有 30% 的食物来源中含有丙烯酰胺，因而导致美国的乳腺癌发病率正逐年上升。与低摄入量相比，丙烯酰胺的大量摄入会导致相对癌变率增加。研究人员发现丙烯酰胺在薯片、薯条、咖啡、面包、饼干等高温油炸和烘烤食品中含量较高。

在食品热加工过程中也极易产生另一种常见污染物呋喃。南昌大学的谢明勇教授团队对食品热加工过程中呋喃的产生过程进行了研究，并阐述了呋喃的毒理学。研究表明，呋喃具有高度亲脂性，很容易被肠道吸收，引起肿瘤和癌变。在很多的热处理食品特别是罐装食品中检测出了致癌物呋喃，国内外许多学者对热加工过程中呋喃形成机理的研究表明，呋喃主要是由食品中含有的葡萄糖、果糖、乳糖等化合物降解形成的。研究表明，食品在加热超过 100℃ 时抗坏血酸容易被转化为呋喃。游离酸可以促进呋喃产生，含有钠盐则能抑制呋喃发生。研究也发现食物中的多不饱和脂肪酸经过加热能够产生呋喃，如亚油酸和亚麻酸，而且发现亚麻酸产生的呋喃是亚油酸的 4 倍。食品中的一些氨基酸不需要其他物质，只要经过加热就能形成呋喃，例如丝氨酸和半胱氨酸可以形成羟乙醛和乙醛，再通过醛醇缩合生成丁醛糖衍生物，并最终形成呋喃。研究表明，pH、磷酸盐、温度和加热时间对呋喃产生也有不同的影响，加热诱导还原糖、抗坏血酸和不饱和脂肪酸产生呋喃。在一般情况下，在糖类和抗坏血酸溶液中含有磷酸盐会增加产生呋喃的含量。在亚油酸溶液中，呋喃产生峰值的pH是4而不是3。在新鲜的苹果汁中主要含有还原糖和少量的脂肪酸、抗坏血酸和磷酸等，在90～120℃时加热10min会产生大量的呋喃，这说明在一般的巴氏消毒下产生的呋喃较少，但是在高温杀菌过程中会产生大量的呋喃，更重要的是，磷酸盐在食品热加工过程中对呋喃的产生起促进作用。

除了丙烯酰胺和呋喃外，近年来研究发现的几种新的在食品热加工过程中产生的危害物如氯丙醇、氯丙二醇（3-MCPD）和1,3-二氯丙醇（1,3-DCP）等都得到了全球食品安全界越来越多的关注。有人对中国香港的一些零售市场进行调查，发现有32%的食品中含有3-MCPD。在一些焙烤食品如面包、蛋糕、汉堡和蛋挞中也会产生一定量的3-MCPD。在油炸食品中发现会产生3-MCPD和1,3-DCP。而且，油炸大大提高了食品中的氯丙醇含量。而在烹饪牛肉、猪肉、鱼虾和螃蟹等高蛋白质食品中则易形成氯丙醇。

6.1.2 过程控制对食品热加工过程的质量安全的重要性

食品的安全卫生程度直接关系着人类健康，同时热加工过程中产生有害物质涉及多个环节，包括原料加工温度过低、时间过长、蛋白质烧煮过度、油温过高或烤制食品、使用香料调料、色素不当、烹调生产者带菌等（师俊玲，2012）。因此须对食品加工过程的多个环境进行过程控制才能对食品的质量安全提供有效保障。

首先，在热处理过程中，食品中含有的酶类对食品本身的酶类有一定影响，由于酶导致食品在加工与贮藏过程中的质量下降，主要反映在食品的感官与营养方面的质量降低，这些酶主要是氧化酶类和水解酶类，包括过氧化物酶、多酚氧化酶、脂肪氧合酶和抗坏血酸氧化酶等。不同食品中酶的种类不同，酶的活性和特性也可能不同。由于过氧化物酶的活力与果蔬产品的质量有关，而且过氧化物酶是最耐热的酶类，因此将其钝化作为热处理对酶破坏程度的指标。当食品中过氧化物酶在热处理中失活时，其他酶以活性形式存在的可能性很小。但最近的研究也提出，对于某些食品的热处理灭酶而言，非过氧化物酶则应引起更大的重视，如豆类中的脂肪氧合酶较过氧化物酶与豆类变味的关系更密切。

其次，热处理操作本身也影响了食品品质。热处理可以破坏食品中不需要的成分，如禽类蛋白中的抗生物素蛋白、豆科植物中的胰蛋白酶抑制素等。同时，热处理也可改善营养素的可利用率，如淀粉的糊化和蛋白质的变性可提高其在体内的可消化性。而且热处理还可改善食品的感官品质，如美化口味，改善组织状态，产生可爱的颜色等。但是，热处理也不可避免地存在以下几个缺点：第一，热处理能造成食品中热敏性营养成分的损失和感官品质的劣化，如热处理过程中蛋白质的变性使蛋白质易于和还原糖发生美拉德反应造成损失；第二，热处理造成营养素的损失研究最多的是维生素，脂溶性维生素一般比水溶性维生素对热较稳定。

此外，热处理过程中温度控制的不同，对食品品质也产生了不同的影响。据分析，一般认为高温、长时间加热对食物产生的有害物质主要来源于两个方面。一方面是来自加热的客体——原料（李文斌，2012）。长时间高温情况下，原料中的蛋白质和碳水化合物都极易转变产生有害物质。通常在 45～120℃ 温度范围内原料的蛋白质处于正常的热变性状态，45℃ 开始变性；55～60℃ 热变性进行加快并开始凝结；60～120℃ 逐渐变得完全凝结。蛋白质的这种适度变性，有利于人体的消化吸收，但随着加热温度的递增和时间的延长，蛋白质变性进一步深入，蛋白质分子逐步脱水，断裂或热降解，使蛋白质脱去氨基，并有可能与碳水化合物的羰基结合形成色素复合物，发生非酶褐变，使食品色泽加深。当原料表面温度继续上升到 200℃ 以上且继续加热时，原料中的氨基酸、蛋白质则完全分解并焦化成对人体有害的物质，特别是焦化蛋白质中色氨酸产生的氨甲基衍生物具有强烈的致癌作用。另一方面来自加热的主体——油脂。加热用油温度不宜太高，因油脂的温域范围广（一般在 0～240℃ 都可选作烹调加热用），加热中常用油脂为传热的媒介物，以形成加热制品的不同风味质感。在一般加热时，如加热油温不高且时间较短，油脂的色泽、透明度等都不会有太大的变化。但如果油温过高或反复加热使用，油脂的变化逐渐明显起来。通常，新鲜、精炼植物油初次加热使用时，随着油加热，油面由平静状态慢慢转入到微微冒泡状，泡沫大而数量少，稍后，泡沫消失，再转入微微冒泡烟状，油面始终呈透明状，清亮见底，用之加热过的原料，颜色亦透明，呈浅黄或金黄色。经高温反复多次用过的油则随所用次数的增多，颜色逐渐变暗、变浊，油的黏度也增大。加热时，油面很快产生大量的细密而浓厚的泡沫，并难以消散且迅速产生油烟，投入加热的原料表面颜色马上加深变暗，常称为油脂的热变性。

为防止油脂经高温加热带来的毒害，用油加热时应做到以下几点：①尽量避免持续高温煎炸食品，一般加热用油温度最好控制在200℃以下；②反复使用油脂时，应随时加入新油，并随时沥尽浮物杂质；③据原材料品种和成品的要求正确选用不同分解温度的油脂。如：松鼠鱼、菠萝鱼等要求230℃以上温度成型时，应选用分解温度较高的棉籽油和高级精炼油。食品中天然存在的N-亚硝基化合物含量极微，一般在10pg/kg以下，但腌制的鱼、肉制品、腌菜、发酵食品中含量较高。一些食品中含有合成N-亚硝基化合物的前体物质仲胺及亚硝酸盐，加热不当或在微生物作用下，可形成亚硝胺或亚硝酰胺。影响N-亚硝基化合物合成的因素，主要有pH值、反应物浓度、胺的种类及催化物的存在等。亚硝胺合成反应需要酸性条件，如仲胺亚硝基化的最适pH值为3.4。在中性及碱性条件下，如果增加反应物浓度、延长反应时间或有催化剂卤族离子及羧基化合物存在时，亦可形成亚硝胺。合成亚硝胺的反应物包括胺类和亚硝酸盐等。凡含有—N=结构的化合物均可参加合成反应，如胺类、酰胺类、氨基甲酸乙酯、氨基酸胍类等。胺类中伯胺、仲胺、叔胺均可亚硝基化，但仲胺速度快，仲胺比叔胺快大约200倍。

加热过程中，产生的有害化学物质中危害性最大的便是多环芳烃。多环芳烃是指由两个以上的苯环联合起来的一系列芳烃化合物及其衍生物。它们对人有致癌作用，特别是五个苯环稠合起来的苯并芘具有更强的致癌性。据研究得知，加热过程中，产生多环芳烃的途径主要通过两种方式：其一是上述已提到的油脂经高温聚合而产生多环芳烃——苯并芘；其二是主要源于烟熏和烘烤食品时所产生。人们在用煤、汽油、木炭、柴草等有机物进行高温烟熏烤制食品时，有机物的不完全燃烧将产生大量的多环芳烃类化合物。而被熏烤的食物原料往往直接与火、烟接触，直接受到所产生的多环芳烃的污染。随着熏烤时间的延长，多环芳烃由表及内，不断向原料内部渗透。尤其是含油脂和胆固醇较多的食品熏烤时，由于内部所含油脂的热聚作用亦能产生苯并芘，其所含苯并芘更多。为防止多环芳烃对食品的污染，可采用以下几个措施：①熏烤食品时不要离火太近，避免食物与炭火直接接触，温度不宜高于400℃；②不让熏制食品油脂滴入炉内，因为烟熏时流出的油含3,4-苯并芘多，致癌性强；③设法改进烟熏和烘烤的烹饪过程，改用电炉，改良食品烟熏剂或使用冷熏液等。

6.2 食品热加工过程安全控制的主要技术

6.2.1 食品热加工过程安全控制的现状

6.2.1.1 国内食品热加工过程安全控制现状

食品质量安全管理是一项综合性的多主体的复杂系统工程，在我国涉及的部门有十几个。经过多年的实践基本形成了以农业、质检、工商、卫生等部门为主的，分工协作的食品质量安全控制监管机制。经十届人大一次会议批准，2003年国务院对我国食品安全监管体制进行了重大改革：在原国家药品监督管理局的基础上组建国家食品药品监督管理局来承担食品、保健品和化妆品等产品的安全管理综合监督工作，组织协调和依法组织开展对重大事故查处的职责。2004年7月国务院第59次常务会议作出了新的部署，9月下发的《国务院关于进一步加强食品安全工作的决定》进一步提出：按照一个监管环节由一个部门监管的原则，采取分段监管为主、品种监管为辅的方式，进一步理顺食品安全监管职能。明确由农业部门负责初级农产品生产环节的监管，质检部门负责农产品生产加工环节的监管，将现由卫生部门承担的食品生产加工环节的卫生监管职责划归质检部门，工商部门负责食品流通环节的监管，卫生部门负责餐饮业和食堂等消费环节的监管，食品药品监管部门负责对食品的综合监督、组织协调和依法组织查处重大事故，按照责权一致的原则建立食品安全监管责任制和责任追究制；食品药品监督管理局通过与各食品安全具体监管部门的通力合作形成了我国独具特色的综合监管与具体监管相结合的食品安全监管体制。2009年初，《中华人民共和国食品安全法》正式发布，并于2009年6月1日实施。同年7月8日，国务院总理温家宝签署国务院令（第557号）公布《中华人民共和国食品安全法实施条例》并正式实施，无不体现我国在保障食品安全上所作出的努力和决心。目前，我国正在建立健全卫生监督体系，积极转变政府职能，实行政企分开，实施卫生监督综合执法。迄今为止，卫生部已制定了食品及食品原料、食品生产经营、食品包装材料与容器、食品卫生管理等近90多个部门规章，颁布了近600个食品卫生标准，参照其他发达国家的管理模式和国际食品法典的规定，对我国现有的食品法规和标准进行全面清理和修订，进一步完善我国食品法规及标准体系（范晓翔，2010）。

6.2.1.2 国外食品热加工过程安全控制现状

（1）美国　在美国，由联邦政府管理的与食品卫生有关的部门有：食品与药物管理局（FDA）、农业部（USDA）、商业部（USDC）和疾病管制中心（CDC）。有关法规的制定和修订是在公开透明的程序下进行的，不仅允许而且鼓励相关的行业、消费者和其他人员参与规章的制定和修订。美国关于食品安全的法规是以科学为依据的，而具体的做法就是以危害分析为基础。危害分析是出于这样的理念，即对从农场到餐桌的各个环节需要进行多次监管，才能在降低食品所携带的病原体以及由食品所造成的致病事故方面取得真正的进展，分述如下：①FDA主管法规，主要以《联邦食品药物化妆品法》（C301-302）、《公平包装标签法》（C451-1461）为依据。其主要任务有10项。FDA制定的法规又经过修订，称为"现行食品制造、加工、包装与储存的良好操作规范"。②USDA主管肉禽制品的强制性检验制度和农产品分级的自愿性检验制度。强制性肉禽检验制度由"食品安全检验处（FAIS）"执行，依据的是《联邦畜肉检验法》（Federal Meat Inspection Act. 21，U.S.C. 451 et seq）、《禽肉制品检验法》（71 et seq）和《蛋制品检验法》（1031 et seq）；自愿性农产品分级制度由"农产品销售处（AMS）"主管，依据《农产品交易法》（Agricultural Marketing Act），目前分级标准包括禽畜肉、蛋、乳、蔬菜、水果及其制品。③USDC的国家海洋及太空总督下的"国家海洋渔业处（NMFS）"对水产品也提供上述类似自愿性的交费分级检验服务。④CDC中心对食物中毒案件及流行病学资料进行收集与管理，每季度提出报告。

（2）加拿大　在加拿大，负责食品质量安全管理的部门主要有卫生部、农业部和食品检验局。加拿大卫生部（HPB）按照《食品和药物法》制定了《食品良好制造法规》（GMRF），规定了加拿大食品加工企业最低健康与安全标准。加拿大农业部于1993年着手建立农业环境指标体系，即衡量农业生产引起环境变化、环境风险的主要指标,目前有涉及农田环境管理、土壤质量、水质、温室效应气体排放、农业生态系统生物多样性和生产强度的六大类 14 个指标;农业部还建立了"食品安全促进计划(FSEP)",制定了《种子法》、《肥料法》、《饲料法》、《食品药物法》和与这些法律配套以保证它们实施的相关条例。加拿大食品检验局(CFIA)在境内 18 个地区开展 14 个与食品、动植物有关的检验项目,其目的是确保食品安全和营养品质标准以及为动物健康和植物保护制定的标准得以执行。CFIA 组织有关政府与企业的专家制定了至少 13 种食品的 HACCP 通用模式,如去骨牛肉、牛屠宰、猪肉、低酸罐头、冷冻蔬菜、机械分割鸡肉、比萨饼、牛肉干和低酸泡菜等。CFIA 根据《肉品检验法》的规定要求联邦注册的食品企业强制性制订 HACCP 计划,并运行有效。CFIA 规定所有联邦注册的水产品加工企业必须制订、实施其特定的质量管理计划(QMP)。各企业制订的 QMP 计划必须符合 CFIA 制定的 QMP 标准,QMP 应包括以下几部分:管理者情况和作用、加工产品情况、前提计划、管理计划和 HACCP 计划。

(3)澳大利亚　在澳大利亚,国内食品问题主要由卫生部、农业部与渔业部负责。2001 年成立的澳大利亚-新西兰食品标准局代替原来的澳大利亚-新西兰食品当局,负责制定其国内食品的标准。这些标准是依据科学技术数据并与国际 CAC 食品法典标准相一致。已被代替的澳新食品当局于 2000 年 8 月发布两个新的食品安全标准,即标准 3.2.3(食品加工厂厂房与设施设备标准)。这两个标准详细规定了标准定义和应用、一般要求、食品加工控制、卫生与健康要求、食品厂要求、清洁消毒与维护要求,以及厂房设计建造、厂房结构等方面的要求。在澳大利亚,负责食品质量标准管理的机构主要有农林渔业部、澳新食品管理局、国家注册局、检疫检测局和澳大利亚可持续农业委员会。食品标准的制定程序一般是:由政府部门牵头成立一个由政府官员、利益主体(加工商、农场主、行业协会)及专家组成的工作组或委员会,拟定食品的质量及安全要求,确定一系列可行的技术指标。强制类标准由政府部门组织制定,非强制类标准由各行业组织和协会,如小麦局、大麦局、谷物研发机构、谷物协会等组织制定。农林渔业部在食品标准的制定中发挥重要作用,这种作用主要一方面体现在澳大利亚实施的各项与食品标准有关的计划以及各独立部门成立的标准制定小组的人员构成上,另一方面也体现在这些独立的部门在制定农药、兽药、食品、检疫、生物安全等标准时需要与农林渔业部相关部门配合上。

(4) 欧盟　欧盟具有一个强大的食品安全法规体系，涵盖了从农田到餐桌的整个食物链，包括农业生产和工业加工的各个环节。由于在立法和执法方面欧盟和欧盟诸国政府之间的特殊关系，使得欧盟的食品安全法规标准体系错综复杂。欧盟食品安全法规体系以欧盟委员会1997年发布的《食品法律绿皮书》为基本框架，2000年1月12日欧盟又发表了《食品安全白皮书》，将食品安全作为欧盟食品法的主要目标，形成了一个新的食品安全体系框架。2002年1月28日建立欧盟食品安全管理局（EFSA），颁布了第178/2002号法令，这也是欧盟食品安全方面的主要举措。到目前为止欧盟已经制定了13类173个有关食品安全的法规标准，其中包括31个法令、128个指令和14个决定，其法律法规的数量和内容在不断增加和完善中。欧共体理事会、欧盟委员会发布了一系列食品生产、进口和投放市场的卫生规范和要求。从内容上分为六类：①对疾病实施控制的规定；②对农、兽药残留实施控制的规定；③对食品生产、投放市场的卫生规定；④对检验实施控制的规定；⑤对第三国食品准入的控制规定；⑥对出口国当局卫生证书的规定。

(5) 日本　在日本，食品安全卫生主要由厚生省和农林水产省两大部门管理。日本也设有日本农业标准委员会（JASC），但其主要职责是审议农业标准草案。厚生省主管食品卫生，依食品卫生法实施监督指导。1975年，厚生省参照美国食品GMP要点制定《食品卫生规范》，但在执行上仅起技术行政指导作用，在法律上不具约束力。农林水产省主管食品品质管理系统，依据《农林产品规格化与质量标示合理化》（简称JAS制度）进行管理。JAS制度包括JAS规格制度和质量标示基准制度两种，前者属于自愿性，后者具有强制性。日本食品卫生协会制定《卫生管理要点》，同样不具法律约束力。

通过对国外食品质量安全控制现状分析，可以发现各国虽然对食品质量安全控制方式和监管部门各有不同，但均存在以下共同点：①制定了食品质量安全监控的法律法规，上述各国均制定了严格的食品卫生标准，最大限度地降低食源性疫病发生的风险；在法律法规的制定上都有严格的程序，强调公开性和透明性，公众的广泛参与，以及法律法规要有科学的依据等。②建立了从农场到餐桌的食品质量安全监控体系，上述各发达国家都重视在生产加工过程中监控食品安全卫生，对从农场到餐桌的各个环节进行多次监控，以确保能减少食品所携带的病原体数量以及降低由受污染食品所造成的致病事故。③加强了对食品及食品用原料中农药和兽药残留、毒素及放射性污染的监控，对食品质量安全的监测离不开技术，而且技术手段越先进，食品质量安全的程度就越高。国外近年来在食品农药残留监测技术上不断研究新的检测方法，不仅使用效率高、准确性好，而且还使用先进的分析仪器，以保证农药残留检测结果的准确性。④强制性要求食品加工企业在食品生产过程建立实施 HACCP 管理体系，多数发达国家已经开始推动食品（包括水产品、畜产品）的 HACCP 体系，并陆续将其法律化。联合国粮农组织的食品法典委员会也把 HACCP 体系视为食品生产方面的世界性的指导纲要（范晓翔，2010）。

6.2.2　食品加工过程安全控制相关技术

6.2.2.1　危害分析与关键控制点

（1）HACCP 由来与发展　危害分析与关键控制点（hazard analysis and critical control point，HACCP）技术是一种控制食品安全危害的预防性体系。HACCP 始于 20 世纪 60 年代的美国，起初用于太空食品，在美国阿波罗宇宙开发计划中为了保障宇航员的太空食品安全性，当时的美国国家航空航天局、美国陆军 Natick 实验室及 Hbauman 博士与 Pillsbury 公司共同提出了一种不同于传统食品质量管理方式的食品卫生监督管理模式，这种模式就是 HACCP 的雏形（彭芳珍等，2004；金征宇，2014）。

自 20 世纪 70 年代开始，国外在食品卫生管理中就开始实施 GMP（良好生产操作规范）和 HACCP 两种管理方法，从对终产品的食品卫生质量监测转向对造成食品污染发生发展的各种因素进行分析和控制。1971 年，美国国家食品保护会议（NFPC）首次公布 HACCP 体系。1973 年，美国 FDA 将 HACCP 应用于低酸性罐头食品操作规范中，这是 HACCP 原理用于食品生产首次列入美国联邦法规中。1985 年，美国科学院食品微生物学基准分析委员会（NAS）针对 HACCP 的有效性进行了评价，并发布了行政当局采用公告。1989—1990 年，美国农业部食品安全和检验中心（USDA-FSIS）对 HACCP 的概念、原则、定义、应用研究概况及工业上所需的培训进行了阐述，并对其专门术语进行了汇总。1991年，国际法典委员会（CODEX）提出HACCP系统由7个基本原理组成。1993年6月，欧盟通过了关于食品生产运用HACCP体系的决议。1994年，USDA-FSIS公布了"冷冻食品HACCP一般模式"，标志着HACCP进入成熟阶段。1995年美国FDA公布了"加工和进出口水产品安全卫生程序"，要求所有在美国生产或出口到美国的水产品必须符合HACCP法规，并且该法规于1997年开始生效。1996年美国总统克林顿宣布实施《新食品卫生安全法》，公告畜禽肉制品屠宰加工厂于1998年起必须依规模大小先后实施HACCP管理制度，这标志着HACCP已进入法制化阶段。在此期间，欧盟、日本等发达国家也纷纷采用HACCP体系并将其法制化。欧美等发达国家的食品加工企业自从引入HACCP体系后，在提高食品的卫生质量和降低食物中毒发病率等方面取得了显著效果。

我国于20世纪80年代末开始引进HACCP系统，先后制定和颁布了16个卫生规范，基本形成了我国的GMP体系，成为我国食品生产和卫生监督工作法制化和规范化的重要依据之一。其中，国家检验检疫系统是国内最早研究和应用HACCP于食品安全控制的，在冻肉、速冻蔬菜、花生、水产品等出口食品方面取得了很多研究成果，部分企业获得了有关进口当局的HACCP认证，产生了明显的社会和经济效益。但与发达国家相比，目前仍然存在着很大的差距。

（2）HACCP基本原则　HACCP体系是由危害分析（HA）和关键控制点（CCP）两部分构成的，从食品的原料、加工过程、保存、流通到最终消费为止的各个阶段，对可能发生的生物的、化学的、物理的危害进行调查分析，为防止此危害在制造（加工）过程中发生，规定出特别需要进行管理的点，设定此处的管理基准（关键限值），并且连续地或以适当的频率，用适当的方法加以监视，确保食品的安全性。1991年CODEX发表的权威性论文提出HACCP由7个基本原理组成，此论文也是USDA-FSIS后来制定HACCP官方性文件的主要参考。HACCP的基本原理共有7个，分述如下。

① 进行危害分析（HA）。根据工艺流程图，列出生产中所有的危害，进行危害分析，评价其严重性和危害性并制定出预防措施。一般可能的危害分为3种：a. 生物性危害，包括寄生虫、病原菌及其他有害微生物等；b. 物理性危害，包括导致食品危险的异物、金属、玻璃等；c. 化学性危害，包括天然

毒素（如黄曲霉毒素、鱼贝类毒素等）、农药残留、兽药残留、清洁剂、消毒剂、不恰当的食品添加剂或其他有毒有害化学物质等。

② 确定关键控制点（CCP）。CCP 是可以被控制的点、步骤或程序，经过控制可以使食品危害被去除或减低到最低可接受水平。HACCP 是保证食品安全的最佳方法，它集中在加工步骤的控制和监控，在 CCP 控制和监控对食品安全有最佳效果。CCP 可以是食品生产加工中的任意步骤，包括原材料及其收购或其生产加工、收获、运输、产品配方及加工贮运各步骤。同时需要注意的是，CCP 的确定必须是在生产过程中消除或控制危害的重要环节上，不能太多，否则将会失去重点。

③ 制定关键限值（control limit，CL）。在关键控制点（CCP）确定关键限值是 HACCP 计划中最重要的步骤之一。对每个 CCP 需要确定一个标准值，以确保每个 CCP 限制在安全值以内。CL 为每一 CCP 预防措施的安全标准，在实际操作过程中，应制定更严格的标准，即操作界限（operate limit，OL）。当加工流程偏离 OL 时但仍在 CL 内时，即需加以调整，若偏离 CL，则需采取矫正纠偏措施。

④ 建立对 CCP 的监控系统。监控方式一般选择快速、简便的物理、化学或感官测试方法。因微生物检测耗时太长，一般不用。监控必须连续进行并经常作出评价，表明加工正在控制下进行，危害正被有效预防。

⑤ 建立当监测提示某个具体的关键控制点失去控制时所采取的纠正措施。要制定矫正及去除异常原因并确保 CCP 能恢复到正常状态的纠偏措施，并对系统异常期间的产品实行隔离，视具体情况决定其处理方法。

⑥ 建立确认 HACCP 系统有效运行的验证程序。建立有关以上几个原则实施过程及方案的档案并保存，包括计划书及有关文件、CCP 监控记录、矫正措施的记录、检查和确认的记录。

⑦ 建立审核程序。确认 HACCP，提供 HACCP 系统工作的证明建立确认步骤，确定 HACCP 系统能有效正确地工作。可采取随机验证的方法：对生产过程中半成品、成品、设备、操作人员进行随机抽样检测，往往可能及时发现新的或失控的关键危害点；每季度或每半年进行一次 HACCP 的评定；检查各种记录有无缺漏和错误。如属对外出口产品，应定期向进口商提供 HACCP 卫生监测记录，以及政府检验机构签发的证明文件。

（3）HACCP流程　建立和执行HACCP的步骤其实就是实现其7个基本原则的过程，包括以下几个步骤：①成立HACCP小组或委员会，该小组成员应包括每日直接参与加工活动的局部加工人员，还应包括微生物专家及产品、生产和卫生方面的专家。②设计一个详细的食品生产工艺流程图和厂房生产示意图，有助于HACCP小组成员进行危害分析。必要时还要描述食品及其流通形态，描述食品用途及消费对象，另外，流程图中还应包括企业内加工之前或加工之后的食品链中的每一步。③现场考核工艺流程图的准确性。④实施危害分析，鉴定出所有可能影响食品安全的危害，利用"决策树"来判断加工过程中的CCP。⑤建立CCP的管制界限，制定其异常时的矫正措施并对其实施连续监控。⑥对HACCP实施全过程的记录进行保存。⑦建立程序证实危害分析与关键控制点计划正在有效运行。

（4）HACCP优点及应用　HACCP是一种控制食品安全卫生的预防性体系，通过在加工过程中对CCP进行控制，将影响食品安全的某些危害因素消除在生产过程中，使危害不发生或一旦发生立即纠正。与传统的食品安全管理模式注重对终产品的检验有很大不同，它具有更高的安全性，对保证食品的安全卫生有更高的可靠性。另外，HACCP是一种系统化的程序，它可以用于食品生产、加工、运输和销售中所有阶段中的所有方面的食品安全问题。目前HACCP被世界各国公认是保证食品安全卫生最有效的方法，特别是随着近几年食源性疾病的发病率呈上升趋势，各国对食品的安全卫生日益重视，HACCP在食品加工行业的应用越来越广泛和深入。以美国为首的一些发达国家和地区如欧盟、日本、加拿大、澳大利亚等已将其法制化。各国企业在不同行业、不同领域均有应有。最突出的包括以下几个方面：水产品、肉类及其制品（火腿、香肠、培根等）、乳和乳制品（牛奶及加工奶、冰淇淋、酸奶等）、冷冻食品、罐头食品。我国对HACCP也日益重视，目前已在许多食品出口加工企业实施，并且取得质检部门HACCP验证证书，并成为水产品走向欧美市场的"通行证"。

6.2.2.2　ISO22000标准

（1）标准的由来　随着经济全球化的发展，生产、制造、操作和供应食品的组织逐渐认识到，顾客越来越希望这些组织具备和提供足够的证据证明自已有能力控制食品安全危害和那些影响食品安全的因素。然而，由于各国标准不一致，使顾客的要求难以满足，因此，有必要协调各国标准使之上升到国际标准。在这种形势下，国际标准化组织（ISO）TC34 成立了 WG8 工作组，开始研究和制定国际统一的食品安全管理体系 ISO22000。2004 年 6 月，ISO 发布了 ISO22000 国际标准草案，进入各成员国为期 5 个月的表决阶段，并于 2004 年第四季度发布了最终的国际标准草案（FDIS）。2005 年下半年证实发布了 ISO22000《食品安全管理体系对整个食品链中组织的要求》。这是国际标准化组织发布的继 ISO9000 和 ISO14000 后用于合格评定的第三个管理体系国际标准。ISO22000 将国际上最新的管理理念与食品安全控制的有效工具——HACCP 原理有效融合，在全球范围内产生巨大的影响。

（2）标准的目标　ISO22000 标准开发的主要目标有以下几个方面：①符合 CAC 的 HACCP 原理；②协调自愿性的国际标准；③提供一个用于审核的标准；④构架与 ISO9001 和 ISO14001 标准相一致；⑤提供一个关于 HACCP 概念的国际交流平台。

（3）标准的适用范围　ISO22000 适合于所有食品加工企业的标准，它是通过对食品链中任何组织在生产（经营）过程中可能出现的危害（指产品）进行分析，确定关键控制点，将危害降低到消费者可以接受的水平。

（4）标准简介　ISO22000 食物安全管理系统可以为整个食品供应链中组织要求的出台作为技术性标准，同时也能为企业建立有效的食品安全管理体系进行指导。这一标准可以单独用于认证、内审或合同评审，也可与其他管理体系，如 2000 年版的 ISO9001 组合实施。

ISO22000 采用了 ISO9000 标准体系结构，在食品危害风险识别、确认以及系统管理方面，参照了食品法典委员会颁布的《食品卫生通则》中有关 HACCP 体系和应用指南部分。ISO22000 的使用范围覆盖了食品链全过程，即种植、养殖、初级加工、生产制造、分销，一直到消费者使用，其中也包括餐饮。另外，与食品生产密切相关的行业也可以采用这个标准建立食品安全管理体系，如杀虫剂、兽药、食品添加剂、贮运、食品设备、食品清洁服务、食品包装材料等。

ISO22000 食品安全管理体系主要包括 8 个方面的内容：范围、规范性引用文件、术语和定义、食品安全管理系统、管理职责、资源管理、计划与安全产品的实施，以及食品安全管理体系的确认、验证与改进。从标准文本可以看出，本标准采用了 ISO9000 标准体系结构，同时在一个单一的文件中融合了危害分析与关键控制点的原则，在食品危害风险识别、确认以及系统管理方面，整合了国际食品法典委员会制定的危害分析和关键控制点体系和实施步骤，引用了食品法典委员会提出的 5 个初始步骤和 7 个初始原理。初始步骤包括：①建立小组；②产品描述；③预期使用；④绘制流程图；⑤现场确认流程图。初始原理包括：①对危害进行分析；②确定关键控制点；③建立关键限值；④建立关键控制点的监视体系；⑤当监视体系显示某个关键控制点失控时确立应当采取的纠正措施；⑥建立验证程序以确认体系运行的有效性；⑦建立文件化的体系。

作为管理体系标准，要求组织应确定各种产品和/或过程种类的使用者和消费者，并应考虑消费群体中的易感人群，识别产品非预期用途和处置，以及可能出现和产品不正确的使用和操作方法。一方面通过事先对生产经营全过程的分析，运用风险评估方式，对确认的关键控制点进行有效的管理；另一方面将"应急预案及响应"和"产品召回程序"作为系统失效的后续补救手段，以减少食品安全事件对消费者遭受的不良影响。该标准也要求组织与对可能影响其产品安全的上、下游组织进行有效的沟通，将食品安全保证的概念传递到食品链中的各个环节，通过体系的不断改进，系统性地降低整个食品链的安全风险（周结，2006）。

6.2.2.3 基于 ISO9000 食品质量管理体系

（1）ISO9000 标准体系的简介　ISO9000 标准是国际标准化组织（ISO）最初颁布的 ISO9000～ISO9004 五个标准的总称。1979 年国际标准化组织质量管理和质量保证技术委员会（ISO/TC176）成立，专门负责这一系列标准的制定。该委员会以英国 BS5750 和加拿大 CSAZ-229 两套标准为基础，并参照其他国家的质量管理和质量保证标准，在总结各国质量管理经验的基础上[特别是日本的全面质量管理（TQM）的实践经验]，于 1986 年正式发布了 ISO8402：1986《质量——术语》标准，该标准的发布对统一全世界的质量术语起到了重要作用。1987 年 3 月国际标准化组织正式发布了 1987 版 ISO9000 系列标准，即：ISO9000《质量管理和质量保证标准——选择和使用指南》、

ISO9001《质量体系——设计开发、生产、安装和服务的质量保证模式》、ISO9002《质量体系——生产和安装的质量保证模式》、ISO9003《质量体系——最终检验和实验的质量保证模式》与ISO9004《质量管理和质量体系要素——指南》。ISO9000系列标准满足了世界范围在生产、交流和合作方面对通用质量管理标准的要求，顺应了世界贸易向着有严格约束机制的方向发展的历史潮流。因此，ISO9000系列标准颁布伊始，就得到世界范围的广泛响应。1990年ISO/TC176决定对ISO9000系列标准实施修订，制定了《2000年展望》，并提出目标："要让全世界接受和使用ISO9000族标准；为提高组织运作能力提供有效的方法；增进国际贸易、促进全球繁荣和发展；使任何组织和个人可以有信心从世界各地得到任何期望的产品以及将自己的产品顺利销售到世界各地。"

1990年根据《2000年展望》提出的目标，ISO/TC176组织专家对1987版ISO9000系列标准实施了第一阶段的修改，即有限修改，于1994年颁布了1994版ISO9000标准，并将ISO9000系列标准定义为ISO9000标准。1994年完成第一次有限修改后，ISO/TC176对《2000年展望》进行了补充和完善，提出了《关于ISO9000标准的设想和战略规划》，对1994版ISO9000族标准从结构、逻辑到内容实施重大修订。2000年12月15日，ISO正式发布了2000版ISO9000族标准，即现行标准。ISO9000标准实质是一种先进的管理思想、模式、方法的体现，可帮助组织实施并有效运行质量管理体系，是质量管理体系通用的要求和指南；由于其不受具体的行业和经济部门限制，可广泛适用于各种类型和规模的组织，在国内和国际贸易中促进相互理解，成为沟通的一个重要桥梁。

（2）2000版ISO9000标准特点　2000版的ISO9000族标准包括四个核心标准以及其他标准、技术报告和小册子等，其中四个核心标准分别是：①ISO9000：2000《质量管理体系——基础和术语》，该标准提出八项质量管理原则，表述质量管理体系12项基础并规定质量管理体系80个术语；②ISO9001：2000《质量管理体系——要求》，该标准规定质量管理体系要求，用于证实组织具有提供满足顾客要求和适用的法规要求的产品的能力，目的在于增进顾客满意；③ISO9000：2000《质量管理体系——业绩改进指南》，该标准以八项质量管理原则为导向，为组织提高质量管理体系的有效性和效率提供指南，目的是组织业绩改进和顾客及其他相关方满意；④ISO9001：2000《质量管理体系——质量和（或）环境体系审核指南》，遵循"不同管理体系可以有共同管理和审核要求"的原则，该标准对于质量管理体系和环境管理体系审核的基本原则、审核方案的管理、环境和质量管理体系审核的实施以及对环境和质量管理体系审核员的资格要求提供了指南。它适用于所有运行质量和（或）环境管理体系的组织，指导其内审和外审的管理工作。

2000版ISO9000标准借助朱兰、戴明和菲根鲍姆等质量管理大师的质量理念和经营管理思想为自身注入了新的内涵。针对以前的不足，针对用户的需求，新版标准总结了质量管理的实践经验，吸收了管理学科发展的新观点、新思想，从整体上看，较前一版本的标准有了较大提高，体现出其明显的优势和特点，包括：①通用性更强，适用于各种组织的管理和运作。新版标准消除了前版对硬件产品制造企业的偏重，为各特定行业附加要求奠定了共同的基础。新标准采用过程方法模式，明确规定了"允许删减"的范围和内容，弱化了文件化要求，使标准具有更强的通用性，适用于各种组织的管理和运作。②结构简化，更利于使用。新版ISO9000标准以ISO9001标准为进行认证的唯一依据，其他标准如ISO9004则用于指导组织改进业绩、提高质量管理效率，或为质量管理提供技术工具和方法指导，结构简化，作用清楚，更有利于用户使用。③可操作性强。采用过程方法模式将质量管理与组织的管理过程联系起来，可操作性强。新版标准提倡采用过程方法来识别和建立体系，采用了过程方法来对质量活动运行进行控制，同时过程方法模式中又体现了PDCA的工作原理。过程方法符合质量活动的规律，更适合于所有行业的实际操作。④减少了强制性的程序文件数量要求。新版标准明确规定6种程序要形成文件，其他程序是否形成文件可由组织视需要自行确定。新标准注重组织的控制能力、证实能力和质量管理体系的实际运行效果，而不只是用文件化来约束组织的质量管理活动。⑤强化最高管理者的领导作用。"领导是关键"已是所有成功企业的共同经验。新版标准将"领导作用"列为八项质量管理原则的第二项，强化了最高管理者的责任。⑥强调持续的顾客满意是推进质量管理体系的动力。新版标准明确了顾客满意的概念，指出达到顾客满意是质量管理体系的基本目标，明确组织应定期测量其顾客满意程度，这些都是企业经营实践经验和管理学科新进展在标准中的具体体现和反映。⑦突出对质量业绩的持续改进，并要求加以证实。突出持续改进是新版标准的重要特点。新版标准将ISO9001和ISO9004设计成一对协调的标准，ISO9001规定了质量管理体系的最低要求，ISO9004为组织在此基础上提高质量管理、改进产品和过程提供了指导，并以附录形式提供了"自我评定指南"，鼓励和指导组织进行持续改进。⑧质量管理体系与环境管理体系相互兼容。新版ISO9000标准与ISO14000系列标准都采用相同的文件化管理体系原则，都遵循PDCA的管理体系运行模式，存在许多共同的过程和方法，并且将发布ISO19011质量和（或）环境管理体系审核指南，为质量管理体系与环境管理体系的一体化审核提供依据。这些都增强了两类标准的兼容性，更利于组织建立和实施综合管理体系。

（3）2000版ISO9000标准的基本理念与主要过程　2000版ISO9000标准一个非常突出的成果就是它的八项质量管理原则，概括说就是一个关键，即领导作用；一个基础，即全员参与；两个基本点，即以顾客为关注焦点和持续改进；三个方法，即过程方法、管理的系统方法、基于事实进行决策的方法；一个关系，即供方互利的关系。八项原则是开启ISO9000标准的钥匙，它贯穿于整个2000版ISO9000标准中，是质量管理的指导思想，也是编写质量手册和程序文件的基础。因此，要建立科学的教学质量管理体系，并使之有效、持续改进，就要求高等学校在进行质量管理时贯彻ISO9000国际标准的质量管理原则。

2000版ISO9000标准体系由管理职责，资源管理，产品实现，测量、分析和改进四大板块过程构成（曾俊，2009）。这四大板块过程是体系的四个支点，它们之间彼此相连，密不可分。也就是说，产品实现板块需要管理职责板块和资源管理板块的支持，管理职责中规定最高管理者在质量管理中的职责，要求最高管理者组织和确保有关管理承诺、质量策划及组织内职责和权限的规定和沟通、管理评审等活动。资源管理则为产品实现过程提供人员和物质上的支持，资源能否在产品实现过程中发挥最大价值，主要取决于管理职责板块。测量、分析和改进板块则通过分析本轮产品实现过程的不足，制定改进措施，输出结果作用于管理职责和资源管理板块，进而作用于产品实现板块，最后通过体系的持续改进进入更高的阶段。

参　考　文　献

王允圃，刘玉环，阮榕生，曾稳稳，杨柳，刘成梅，彭红. 2011. 食品热加工与非热加工技术对食品安全性的影响. 食品工业科技, 32 (7): 463-467.

师俊玲. 2012. 食品加工过程质量与安全控制. 北京: 科学出版社.

李文斌. 2012. 烹饪过程中控制食物的安全性问题之研究. 科技创新导报, 22: 235.

范晓翔. 2010. 国内外食品质量安全控制现状分析. 肉类研究, (1): 8-11.

彭芳珍, 佘锐萍, 余童生. 2004. 国际食品安全控制体系——HACCP. 中国兽医杂志, 4 (2): 59-61.

金征宇, 彭池方. 2014. 食品加工安全控制. 北京: 化学化工出版社.

周结. 2006. ISO22000标准在食品企业中的应用与探讨. 现场方法与实践: 86-87.

曾俊. 2009. ISO9000质量管理标准理论浅析. 合作经济与科技: 42-43.

索 引

A

氨法焦糖	82
氨基化合物	60
氨基咔啉类杂环胺	137

B

吡啶类杂环胺	137
丙烯酰胺	103
丙烯酰胺的形成机制	111

C

超临界流体萃取	190
传热机制	20
传统热加工	18

D

蛋白质交联裂解剂	103

F

非极性三酰甘油聚合物	167
分子内重排	157
呋喃吡啶类杂环胺	137

G

高效液相色谱-质谱联用技术	206
关键控制点	245

H

褐变反应	60
烘烤	25
红外加热技术	34
化学危害物	93
环化甘油酯单体	167

J

HACCP 基本原则	245
加工过程安全控制	240
加速溶剂萃取	189
煎炸	23
检测技术	181
焦糖化反应	60, 82
焦糖色素	86

K

抗坏血酸	60
苛性亚硫酸盐焦糖	82
喹啉类杂环胺	136
喹喔啉类杂环胺	136

M

美拉德反应	60
美拉德反应机理	63
膜萃取	188

N

凝胶渗透色谱 …………………… 186

O

欧姆加热 ………………………… 36

P

普通焦糖 ………………………… 82

Q

气相色谱技术 …………………… 199
前处理技术 ……………………… 182
羟甲基糠醛 ……………………… 145
氢化模型 ………………………… 158

R

热烫 ……………………………… 22
热致异构化 ……………………… 159

S

三维荧光扫描技术 ……………… 214
色谱技术 ………………………… 194
食品安全 ………………………… 94
食品安全控制 …………………… 245
食品安全体系框架 ……………… 243
食品非热加工 …………………… 4
食品挤压加工 …………………… 38
食品热加工 ……………………… 2
水煮 ……………………………… 28

T

羰基化合物 ……………………… 60
天冬酰胺 ………………………… 112
天然产物抑制剂 ………………… 102

W

晚期糖基化终末产物 …………… 94
晚期糖基化终末产物的安全控制 … 101
晚期糖基化终末产物的形成机制 … 100
危害分析 ………………………… 245
微波辅助萃取 …………………… 189
微波加热 ………………………… 30

X

现代热加工方式 ………………… 18

Y

亚硫酸铵法焦糖 ………………… 82
N-亚硝基化合物 ………………… 120
衍生化试剂 ……………………… 191
液相色谱法 ……………………… 202
异构化甘油酯单体 ……………… 167
油脂氧化物 ……………………… 164

Z

杂环胺类化合物 ………………… 133
质谱分析 ………………………… 205
自由基链式反应 ………………… 157